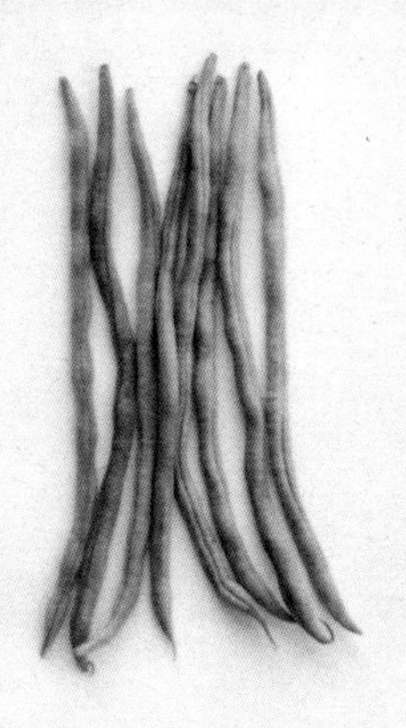

天马架豆王

天马架豆王结荚情况

秋紫豆

秋紫豆结荚情况

菜豆丰产情况

豇豆开花情况

地膜豇豆

豇豆甘蓝套种

豇豆春白菜套种

豇豆丰产情况

荷兰豆结荚状

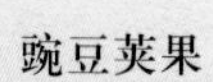

豌豆荚果

荷兰豆丰收

蚕豆豆荚和籽粒

蚕豆分蘖情况

扁　豆

丰产的大豆单株

菜豆枯萎病

菜豆细菌性
疫病病叶

菜豆炭疽
病病荚

豇豆白粉病病叶

豇豆疫病病叶

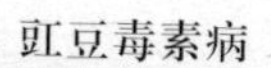

豇豆毒素病

北方蔬菜周年生产技术丛书⑦

豆类蔬菜周年生产技术

主　编　陆帼一

副主编　程智慧

编著者　张和义

金盾出版社

内 容 提 要

本书由西北农林科技大学园艺学院张和义教授编写。介绍了菜豆、豇豆、豌豆、蚕豆、扁豆、大豆的植物学特征、类型及品种，生长发育过程及需要的条件，周年生产技术，留种，病虫害防治，贮藏保鲜，加工利用等。内容全面系统，文字通俗简练，科学性、实用性、可操作性强。适合广大农民、蔬菜专业户、基层农业科技人员和农业院校有关专业师生阅读。

图书在版编目(CIP)数据

豆类蔬菜周年生产技术/张和义编著. —北京：金盾出版社，2003.1

(北方蔬菜周年生产技术丛书)

ISBN 978-7-5082-2189-2

Ⅰ.豆… Ⅱ.张… Ⅲ.豆类蔬菜-蔬菜园艺 Ⅳ.S643

中国版本图书馆 CIP 数据核字(2002)第 073827 号

金盾出版社出版、总发行

北京太平路 5 号(地铁万寿路站往南)

邮政编码：100036 电话：68214039 83219215

传真：68276683 网址：www.jdcbs.cn

彩色印刷：北京精美彩印有限公司

黑白印刷：北京金盾印刷厂

装订：第七装订厂

各地新华书店经销

开本：787×1092 1/32 印张：9 彩页：8 字数：195 千字

2009 年 2 月第 1 版第 3 次印刷

印数：16001—26000 册 定价：14.00 元

序　言

我国北方幅员辽阔，自然资源丰富。随着社会经济的发展，人民生活水平不断提高，对蔬菜产品的要求正在向着周年均衡供应、优质、多样、安全的方向发展。广大农民也在积极寻求蔬菜高产、高效、优质的脱贫致富门路。北方传统的一年春、秋两大季以大宗蔬菜露地栽培为主的生产方式，已远远不能满足人民生活水平提高的需要。解决北方蔬菜供应中存在的淡、旺季明显，种类、品种单一，商品质量差等问题，成为各级政府和蔬菜生产科技人员当务之急。在经过一段时间"南菜北运"的实践后，人们在肯定它在丰富北方消费者菜篮子所起重要作用的同时，也逐步意识到蔬菜"就地生产，就地供应"方针对改善北方城乡人民生活的现实意义。

蔬菜大多柔嫩多汁，不耐贮藏和运输。经过长途运输的蔬菜，其感官品质和内在营养成分难免有不同程度的损失。而如今的消费者越来越重视蔬菜的鲜嫩程度和营养价值，当不同产地的同一种蔬菜同时上市时，消费者往往更喜爱购买当地生产的刚采摘上市的鲜菜。这就提出了北方蔬菜周年生产的必要性。

另一方面，随着保护地设施的改造和更新，地膜、塑料拱棚、日光温室和加温温室等在北方地区的迅速发展，随着遮阳网、防虫网、无纺布等保温、降温、遮荫、防虫、防暴雨材料的推广应用，加上市场价格的杠杆作用，许多过去在北方很少种植的稀特蔬菜，或试种成功，或正在推广。在北方少数大、中城市郊区，蔬菜的生产方式和上市的蔬菜种类增多了，供应期延长了，淡、旺季矛盾缩小了。这就为北方蔬菜周年生产提供了可能性。

为了总结经验，进一步推动北方蔬菜周年生产的发展，更好地满足广大消费者和农村调整产业结构的需要，我们西北农林科技大学园艺学院的部分教师和科研人员编写了这套《北方蔬菜周年生产技术丛书》。丛书包括绿叶蔬菜周年生产技术、稀特蔬菜周年生产技术、根菜类蔬菜周年生产技术、甘蓝类蔬菜周年生产技术、瓜类蔬菜周年生产技术、茄果类蔬菜周年生产技术、豆类蔬菜周年生产技术、葱蒜类蔬菜周年生产技术及北方日光温室结构、建造及配套设备共9册。丛书的编写力求达到内容丰富，理论与实践紧密结合，技术先进实用，可操作性强，文字简练，通俗易懂。因限于水平，难以满足读者的需要，书中难免有缺点错误，敬请读者批评指正。在这里，我代表全体编写人员，对丛书中所引用的文献资料的作者表示诚挚谢意。

陆帼一

2002年3月28日

目　　录

前　言

豆类蔬菜是豆科中以嫩豆荚和豆粒供食用的种群，已有6 000年以上的栽培历史。豆类蔬菜包括菜豆、红花菜豆、长豇豆、莱用大豆（毛豆）、豌豆、菜豆、蚕豆、刀豆、扁豆、四棱豆、黧豆等11种。在北方栽培最多的是菜豆、豇豆、豌豆、蚕豆、扁豆、大豆。

豆类营养丰富，特别是蛋白质含量很高，发展豆类生产对改善人民群众的膳食结构，提高生活质量具有重要意义。不同种的嫩荚和豆粒各具风味，口感鲜美，可供速冻冷藏，或制作罐头，腌制，干制，或做成豆粥、豆沙、豆馅、豆糕等，深受人们的青睐。豆类的加工品不仅丰富了蔬菜及副食供应品种，而且可以用于出口创汇。

豆类的根系有丰富的根瘤菌，可以固定空气中的氮素。随着保护地的发展，豆类蔬菜生产有了很大的发展，但还不能满足人民群众生活水平日益提高的需要。因此，更快更多地发展豆类生产，为广大消费者提供品质优良的豆类产品，是摆在广大农民和农业科技人员面前的迫切任务。同时，也为广大农民提供了致富的门路。

一、菜 豆

菜豆也叫芸豆、梅豆、肉豆、四季豆、二季豆、豆角、绵豆、荷包豆、龙芽豆、白豆、玉豆、油豆。南方有的地方把菜豆称为刀豆，把蔓生的菜豆叫架豆或棚豆，把矮生的称为墩豆。菜豆原产于中美洲的墨西哥。卡帕尔等人报道，在墨西哥考古发掘中发现4 300～6 000年前的菜豆种子。南美洲的阿根廷等地为次生起源中心。

联合国粮农组织统计，全世界菜豆种植面积为2 500万～2 800万公顷，每年总产量保持在1 500万～1 700万吨，占食用豆类总产量的27.4%。主要分布在亚洲、拉丁美洲和非洲等地，主产国是印度、巴西、墨西哥、美国、罗马尼亚和中国。菜豆是16世纪传入我国的，因其适应性强，加之引入我国后经长期选择和培育，已形成很多类型和优良品种。现在，我国大部分地区，可在春、夏间和早秋露地播种菜豆，若用保护地还能在冬春季栽培，所以菜豆又有“四季豆”之名。100克嫩荚含蛋白质2克，碳水化合物4.2克，膳食纤维1.5克，抗坏血酸6毫克，还含有其他维生素及矿物质，除做鲜菜外，还可晒干菜、盐渍、做泡菜、速冻和制作罐头。老熟的种子，100克中含蛋白质15～31克，脂肪1.5克，这是一般的多汁蔬菜不能相比的，可以制成豆沙及各种糕点食品的馅。菜豆还可入药治病。种子性味甘平，有滋补、温中下气、益肾、解热、补元、利尿、消肿的作用，可治虚寒呃逆、呕吐、腹胀、肾虚腰痛、痰喘和脚气等；菜豆壳有通经活血、止泻功能，用于治疗腰痛、久痢、闭经等症；根有止痛功效，可用于治疗跌打损伤。现代医学研究表明，莱豆种子中所含的植物血细胞凝集素，有凝集人体红血素，刺激活淋巴细胞胚形转化，促进脱氧核糖核酸和核糖核酸合成等功用，可用于癌症的治疗与诊断。但莱豆含有血球凝聚素和溶血素，对人体有害，须煮熟后才能食用。

（一）植物学特征

1. 根

莱豆为直根系，根系发达，主根由种子内的胚根发育而成（图 1）。主根上生有侧根，侧根发达，上生多级细根、毛根和根毛。侧根上有根瘤。主根入土深 80 厘米以上，侧根长 60～70

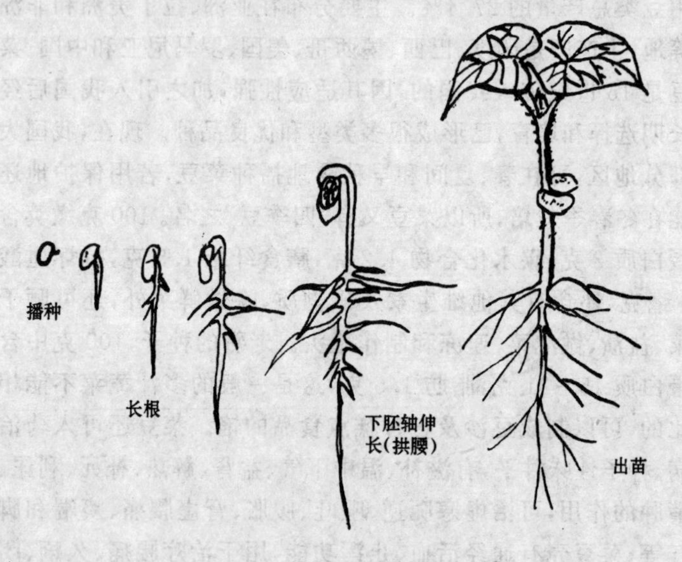

图 1　莱豆发芽出苗的过程

厘米，大多密集在地表下 10～30 厘米土层内。毛根少，再生力弱。生产上通常以直播为主，如育苗，须用营养钵育苗，带坨移栽。而且苗龄不宜太大，一般 1 对真叶期移栽。因根部有根瘤菌，能固氮，供自株需用，故可少施氮肥。为了促进根部发育和根瘤菌的生长，应注意深耕。菜豆的根瘤不如大豆和豌豆发达，生长慢，且数量少，所以施氮效果仍很明显。

2. 茎

菜豆茎的长短变化很大。矮生种主茎直立，高仅 30～50 厘米，节间短，特别是基部的节间长度更短，只有 2～3 厘米。当其长到 4～8 节时，顶部着生花序后，不再向上生长，而从各叶腋抽出侧枝。这些侧枝生长几节后，也在顶部着生花序。各侧枝的腋芽，也可抽出次生侧枝再形成花芽(图 2)。因而植株较矮，又称“矮菜豆”、“地豆”。矮菜豆的产量较低，品质较差，但早熟，并便于机械化操作。

蔓生菜豆的主茎生长点一般为叶芽，能不断地分生叶节，使植株继续向上生长，高达 2～3 米或更长，有 50～60 节，栽培时需设支架扶持，才能丰产，故常称“架豆”、“棚豆”、“蔓生菜豆”。蔓生菜豆的腋芽，尤其是主茎基部的腋芽多为叶芽，容易抽生侧枝。以后，各节中的腋芽，有叶芽和花芽之分，如果条件适宜，在同一节上能抽出侧枝和花序，但一般只抽出一种。花序着生于叶腋，一般品种主蔓从 5～6 片真叶处开始出现第一花序；侧蔓上花序的出现较早，以后随着蔓的伸长，从叶腋处陆续形成花序，开花结果。所以，蔓生种产量高，品质也好。

豆类蔬菜花序发育的好坏与各侧枝强弱有关。强健的侧枝多着生于主茎基部，所以在豆类蔬菜中，矮生种靠侧枝结荚，而蔓生种则以主蔓结荚为主，侧蔓结荚为辅。不论矮生种

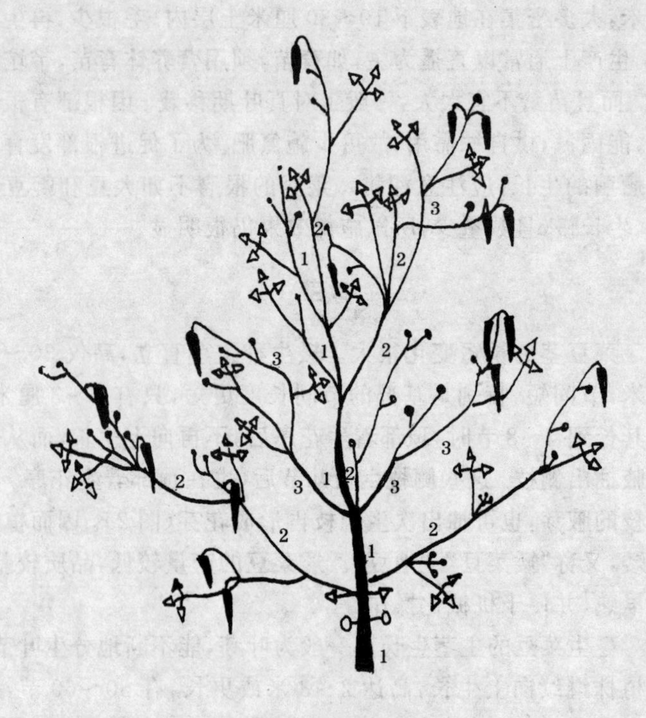

图 2　法国促成菜豆分枝结果习性

（1、2、3 代表枝级）

或蔓生种，为了提高豆荚和种子产量，主要靠增加花序数。由于矮生种受主茎生长限制，增加单株花序数比较困难，应以增加株数为主；蔓生种则可在适当增加株数的基础上，提高单株花序数。茎的颜色一般为淡绿色，但亦有紫红色或红紫色的。茎的颜色与花、籽实的颜色有关，凡茎带色的，花和籽实多数带色。因茎的颜色在苗期能表现出来，故可据此判断品种及其纯度。

3. 叶

种子发芽后，因子叶出土，故播种不可太深。子叶很小，无光合能力。初生叶为 1 对心脏形的单叶，从第三片真叶开始为三出复叶（图 3）。复叶上每个小叶近似阔卵形、长圆形或盾形，全缘，绿色或深绿色，叶面和叶柄有短茸毛。

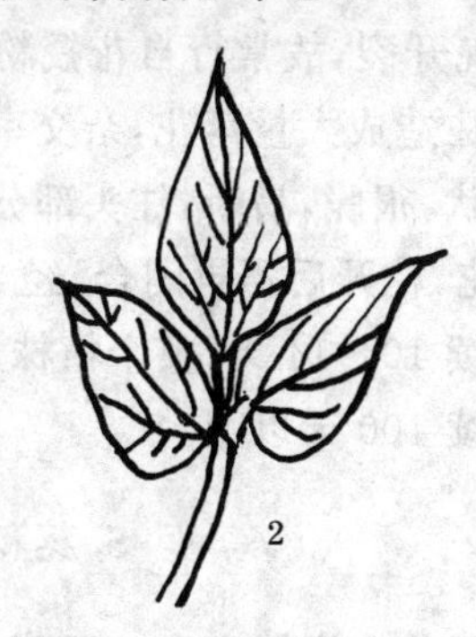

图 3　菜豆叶

1. 初生叶　2. 正常叶

4. 花

花梗由叶腋抽出。总状花序，其上着花 4～8 朵，有时 2 朵，多者 10 朵以上。每株花数，蔓生种为 80～200 个，矮生种 30～80 个。开花时，蔓生种一般从下而上渐次开放，后期基部叶腋或分枝上花序开放，全株持续开花期 35～54 天；而矮生种则相反，是从先端的花序渐次向下部的花序开放，全株开花期 25～30 天。菜豆植株上第一花序着生的位置，因品种熟性早晚不同而异，一般早熟种第一花序的节位在 4～8 节，晚熟种在 8 节以上。矮生种花期短，但始花期早，蔓生种花期长，但始花期晚。菜豆花的花冠由旗瓣、翼瓣和龙骨瓣组成，最外层的为旗瓣，中层两瓣相对生的为翼瓣，最内卷曲成螺旋状的花瓣为龙骨瓣。龙骨瓣包被着雄蕊和雌蕊，雌蕊花柱卷曲，柱头斜生，上有茸毛，去雄授粉较困难。雌蕊在开花前 3 天已有受精能力，在开花前 1 天受精结实能力最高。雄蕊 10 个，其中 9 个基部连合，称二体雄蕊。雌蕊先熟。花药在开花前 1 天或前 1 天傍晚开裂，故常行自花授粉。对花器损伤特别敏感，去雄授粉往往造成大量落花，杂交率仅有 0.2%～10%。雌蕊的花柱螺旋状，很脆，易断，柱头部分有毛，呈刷状。大多在早晨5～8 时开花，花开后不再闭合，经 2～3 天后凋萎。一个花序开花日期延续 10～14 天，整个植株开花期延续 20～25 天，蔓生品种能延续 100 天以上。

5. 荚和种子

菜豆的食用器官——豆荚是由子房发育而来的。菜豆的荚为细而长的圆筒形或扁圆筒形，呈直棒状或稍弯曲，表面平滑有短毛。嫩荚有浅绿、深绿、绿带紫红晕、绿带花纹、淡黄及白绿等颜色。老熟豆荚多为黄白色或黄褐色，或呈黄花斑条。豆荚两边缘有缝线(背维管束和腹维管束)，荚内两缝线处均有维管束。荚内靠近腹线处，还有着生种子的胎座，各种子间有横隔膜，豆荚先端有细而尖长的喙。基部有短的果柄。不同品种的豆荚除形状、颜色等不同外，对品质影响最大的是其软硬。图 4 是菜豆嫩荚的横切面，菜豆果实的子房部分为外表皮、外果皮、中果皮、内果皮和内表皮。以嫩荚供食的菜豆主要食用部分是内果皮。优良荚用种的内果皮很肥厚，荚的横断面呈椭圆形至圆形。鲜嫩幼荚的内果皮充满水分，呈透明的胶状体。豆荚变老时，内果皮水分消失而呈白色海绵状。最后在豆荚干枯收缩时，成为一层絮状物，附着于荚壳内壁。影响嫩荚品质的性状之一，是内果皮的厚度和失水干缩的快慢。优良品种即使到了豆荚充分长大后还能保持透明胶体。影响嫩荚品质的第二种性状是中果皮的性质，中果皮的细胞壁增厚硬化，使荚内形成一革质膜，优良的荚用种无这一革质膜。豆荚的变硬，主要是构成中果皮的细胞壁的纤维增厚所致，硬化的程度与品种及豆荚的成熟度有关。愈老愈硬，高温干燥及肥水不足时，易使豆荚硬化。从荚的质地上讲，菜豆有硬荚及软荚之分。软荚菜豆类的荚壁肥厚，粗纤维少，品质好，荚长大后仍能供食。硬荚种果实的横断面多为扁形，纤维多，有革质膜，品质差，嫩时可食，种子大，宜做青豆或干豆用。因嫩豆荚的主食部是内果皮，所以荚用者以内果皮肥厚、横切面近圆形、无革质膜者为佳，特别是两缝线处的维管束(俗称“筋”)不发达者更好。优良的菜豆品种，因纤维少，又缺乏革质膜，容易折断，手感柔软，且具弹性，豆荚干枯后收缩成不规则的形态，表面发皱，容易弯曲；而硬荚种则大体仍保持原来的形状。制罐头用的品种，要求豆荚不要太长，颜色鲜绿色或黄色，荚形要好。

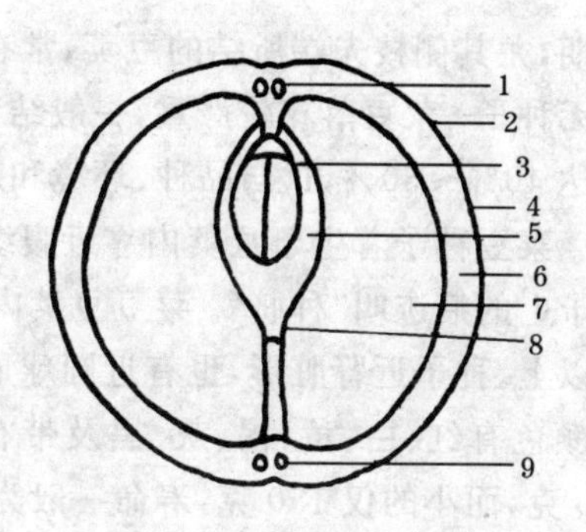

图 4　菜豆豆荚横切面

1. 腹维管束　2. 外表皮　3. 种子
4. 外果皮　5. 子腔室　6. 中果皮
7. 内果皮　8. 内表皮　9. 背维管束

豆荚在开花后 5～10 天显著伸长，15 天已基本长足。植株开花期所结豆荚，多数发育正常，荚内有正常的种子。开花后期，尤其侧枝先端所结的豆荚，常有发育不完全的种子或荚内无种子。菜豆落花较严重，一般结荚率只有20%～30%，高的达40%～50%，这与品种、环境和栽培技术有关。

菜豆种子着生于豆荚内靠近腹线处。成熟后着生处留在种子上的痕迹叫“种脐”。菜豆豆荚内有种子4～9粒，甚至10粒以上。种子近肾脏形，也有近圆球形、扁圆形和长圆形的。种皮颜色有红、白、黄、褐、灰、黑及带有斑纹等。千粒重300～700克，而小的仅150克，寿命一般为3～4年。

（二）类型及品种

1. 矮生菜豆

法国促成菜豆（嫩荚菜豆）

20世纪60年代从国外引入。早熟矮生种。株高30厘米左右。长势旺，分枝性强，一般从2～4节开始分枝，每节有侧枝1～2个，每株有侧枝10个左右。叶深绿色。花浅紫色。嫩荚浅绿色，圆棒状，稍弯，长约15厘米。种子肾脏形，浅黄褐色，并带有不明显的红色花纹。肉厚，纤维少，品质好。生育期80～90天，较抗病，每667平方米产量1 500千克左右。

黑梅豆（矮箕圆刀豆）

西安市农家品种。为春秋两用矮生菜豆品种。长势强，株高40厘米左右，分枝力中等。叶大，深绿色。花紫色。嫩荚绿色，马刀形，长15～18厘米。种子黑色。早熟，品质中等。易老化。再生结果能力强，春播后至早秋仍能继续正常结果。较丰产，每株结荚30～40个，每667平方米产量1 000千克左右。

供给者

中国农业科学院蔬菜花卉研究所从美国引进。植株矮生,长势较强,苗期呈紫色。植株高 40 厘米,开展度 50 厘米,5～6 节封顶,侧枝 3～5 个。花浅紫色,嫩荚绿色。单荚重 8 克左右。荚圆棍形,长 12～14 厘米,宽、厚各 1 厘米。单株结荚16～18 个。嫩荚肉厚,质脆,纤维少,品质好。种子紫红色。播种至收获 60 天左右。每 667 平方米产量 1 000～1 500 千克。能耐轻微霜冻。适于东北、西北、华北、华中、华东及华南地区春夏秋冬四季种植。

优胜者(77—10)

中国农业科学院蔬菜花卉研究所从美国引进。植株矮生,生长势中等,株高 38 厘米,开展度 44～46 厘米,5～6 节后封顶。苗期茎绿色,花冠浅紫色。嫩荚近圆棍形,荚顶端稍弯曲,荚浅绿色。荚长 15 厘米,宽 1 厘米。平均单荚重 8～9 克。肉厚,纤维少,品质好。

种子呈肾形,浅肉色,上有浅棕色细纹。抗菜豆烟草花叶病毒病和白粉病。播种至收嫩荚约 60 天,适应性强。每 667 平方米产量 1 000～1 250 千克。适于全国各地栽培,也适于与棉、粮、果间作。

新西兰3号

北京市种子公司从新西兰引进。植株矮生,高约 50 厘米,有 5～6 个分枝。茎绿色,叶片深绿色。花淡紫色,第一花序着生于 2～3 节,每花序结荚 4～6 个。嫩荚扁圆棍形,尖端略弯,荚长约 15 厘米,横径 1.2 厘米。单荚重约 10 克。嫩荚青绿色,肉较厚,纤维少,品质较好。每荚种子 5～7 粒,种皮浅褐色,有棕色花纹。种子肾形,表皮粗糙,千粒重约 333 克。较早熟,从播种至收嫩荚约 60 天。每 667 平方米产量 1 000～1 700 千克。适应性广，较抗病，适于北京、天津、河北、陕西、江苏、江西等地春夏露地及夏秋早熟栽培。

冀芸豆2号

河北省农业科学院蔬菜研究所选育。植株矮生，高35～40厘米。单株分枝5～7个。茎叶绿色，花白色。嫩荚扁圆形，绿色，长15～18厘米，宽1.3厘米。单荚重12克。荚背腹缝线均无纤维，表皮质膜薄，不易老化，肉质，品质好。早熟，耐热，耐寒，抗病，适应性广。适宜河北及华北部分地区与棉、粮等间作套种。每667平方米产量1 300千克以上。

农友早生

台湾农友种苗公司育成。植株低矮，不用支架。极早熟，花白色。豆荚绿色。荚形端直粗圆，长12厘米，宽1厘米，无筋，适宜冷冻、制罐头及家庭食用。自花结实率高，适宜冬暖大棚等保护地秋冬茬、越冬茬及冬春茬栽培。

五月绿2号

日本泷井种苗公司育成的极早熟品种。矮生，高40～50厘米，分枝力强，单株分枝5～7个。荚长约14厘米，横径1厘米，稍有弯曲，无筋，嫩荚浓绿色。肉厚，品质及商品性俱佳。白花。自花授粉率95%以上，结荚率高。适于棚室保护地冬、春栽培，也适于露地春、秋栽培。

初绿色2号

台湾种苗公司育成。矮生，高50厘米左右，分枝性强。花白色。自花授粉率高，结实性好。荚色浓绿，无筋，长12～13厘米，横径1厘米，荚嫩，品质好。适宜冬季保护地栽培。

推广者(P40)

中国农业科学院蔬菜花卉研究所从美国引进。植株矮生，生长势强，株高约40厘米，花浅紫色，嫩荚圆棍形，直而光滑，荚长14～16厘米，直径1厘米。单荚重约10克。嫩荚青绿色，脆嫩，纤维少，品质好。每荚有种子4～6粒，种子黑色，肾形。早熟。华北地区从播种至始收嫩荚约60天，每667平方米产量1 200千克。耐高温，耐运输。适应性广，抗病。适于华北、华东、东北等地区春、秋栽培。

江户川

辽宁省农业科学院园艺研究所从日本引进。植株矮生，长势较强，株高45厘米。嫩荚圆棍形，直而整齐，荚长12厘米，嫩荚绿色，肉厚，耐老，无筋，无革质膜。中熟。播种至始收嫩荚50～60天。春栽每667平方米产量1 400千克，秋栽产量1 000千克。适应性广。抗锈病和炭疽病。适宜江苏、上海、黑龙江及辽宁等地种植。

地豆王1号

河北省石家庄市蔬菜研究所育成。植株矮生，株高40厘米，分枝性强，单株分枝6～8个。叶绿色，嫩荚扁条形，老荚带紫晕。嫩荚长18厘米，宽2厘米。单荚重12克。嫩荚肉质，纤维少，无革质膜，品质细腻。种子肾形，种皮褐色，有黑色花纹。早熟，播种至嫩荚采收50天左右。每667平方米产量1 500千克。适宜华北地区春秋两季种植。

吉林快引豆

吉林农业大学园艺系对国外引进材料进行连续选择育成。植株矮生，株高40～50厘米，单株分枝数6～7个。花淡紫色，嫩荚圆棍形，长13厘米，粗0.8厘米。单荚重7～8克。嫩荚绿色，无筋，肉厚，鼓粒晚，不易弯曲，结荚整齐，后期不易裂荚。生育期短，80%的花在10～15天内开放，幼苗出土到嫩荚采收约50天。耐寒性强，较抗病毒病和炭疽病。每667平方米产量1 200～1 700千克。适于吉林等地春秋两季栽培。

86-1

江苏省农业科学院蔬菜研究所从国外引进品种中选择育成。植株矮生，直立，株高 43～53 厘米，分枝 6～8 个，花深红色。叶深绿色，较小。荚圆直，种粒不凸出，荚长 13～15 厘米，宽、厚均约 1 厘米左右，单荚重 7～8 克，单株结荚 18～22 个。嫩荚绿色，肉厚。种子黑色，千粒重约 390 克。较早熟，春季播种至采收嫩荚 58～63 天，全生育期 68～82 天。较抗病。耐热性强。春季结荚期长，耐衰老。每 667 平方米产量 1 200～1 400 千克。适于长江中下游地区春秋两季栽培。

早丰菜豆

天津市蔬菜研究所育成的极早熟、丰产、优质、抗病的栽培品种。嫩荚深棕色，圆棍形，长 14 厘米，无革质膜，口感好，可鲜食及速冻加工。从播种至嫩荚收获期 53 天，全生育期 83 天左右。白花。自花授粉率高。适宜冬春保护地栽培。

2. 蔓生菜豆

河南肉豆角

蔓生。中熟种。植株健壮，叶大，深绿色。花白色。嫩荚绿白色，扁圆棒状，长 18～20 厘米，荚肉肥厚，纤维少，质柔嫩，耐老，品质好。种子大，肾脏形，灰褐色，带有深褐色条纹。抗热，较抗病。春秋季均可栽培。每 667 平方米产量 2 000 千克左右。

白梅豆（西安架豆）

西安地区地方品种。蔓生。叶绿色，花白色，每花序结荚 4～5 个。青荚浅绿色，圆棍状，长 12～15 厘米，荚肉厚，质脆。种子白色。长势强，结荚多，易老化。中熟。春秋季均可栽培。每 667 平方米产量1 500千克左右。

丰收一号

中国农业科学院蔬菜花卉研究所引进。又名泰国白粒架豆。为早熟、丰产蔓生品种。长势强,高 3 米左右,一般从第六、第七节开始着第一花序。花白色,每花序结果 3~4 个。嫩荚浅绿色,稍扁,表皮光滑,荚面略凹凸不平,肉厚,纤维少,不易老。种子白色,肾形,略小,千粒重 360 克。耐热性强。春秋均可栽培,也适合保护地秋冬茬、越冬茬、冬春茬栽培。每 667 平方米产量 2 000 千克左右。适宜西北、华北和长江流域春秋季栽培。在北京也可保护地栽培。

双季豆

又名泰国褐粒架豆。蔓生,早熟。长势强,主蔓 3 米左右,分枝 4~5 个。叶色深绿,叶柄浅绿,叶面光滑。花白色。嫩荚草绿色,成熟后深绿色,结荚多,质脆,肉厚,品质好。荚扁圆棒形,长 20 厘米。种子长圆形,深褐色。春秋两季均可栽培。每 667 平方米产量 2 000 千克左右。

春秋 95-1 架菜豆

西北农林科技大学从自然变异株中系统选择育成。蔓生,株高 3 米多。结果早,坐果力强。荚长 16 厘米,横断面椭圆形,直径约 1.5 厘米。种子小,黄褐色。肉厚、质嫩、耐老,品质佳。抗寒,抗病,耐热。高产稳产。1995 年陕西关中夏初高温干旱,在试种的 13 个品种中,只有该品系坐果良好,其余均颗粒无收。

春秋两季均可种植。春季地膜栽培,3 月下旬播种;露地 4 月上中旬播种;秋季 7 月上中旬播种。行距 60 厘米,穴距 30 厘米,每穴 3 株。要早设支架,因结果早,挂果密,要早灌水,多施追肥。

春秋 95-2 架菜豆

西北农林科技大学从自然变异株中系统选择育成。蔓生，株高约 3 米，结果早，坐果力强。荚长 20 厘米，直径 1.2 厘米，近圆棍形，嫩荚绿色，纤维少。每荚有种子 8～10 粒。种子白色。早熟。第一花序着生于 2～3 节处。春秋均可种植。

秋紫豆

陕西省宝鸡市地方品种。晚熟种。蔓生，主蔓第六节以后坐荚。荚深绿色带紫晕，长 25 厘米，横径 1.6 厘米，厚 1 厘米。单荚重 16 克以上。无筋，籽粒少，品质优。嫩荚经炒煎后，原紫色消失变成翠绿色。种子黑色，扁肾形，千粒重 450 克。中早熟，从播种到收嫩荚约 70 天。耐寒，耐旱，耐瘠薄，抗炭疽病。不耐热。丰产潜力大。适宜秋季栽培，我国北方各地均可种植。每 667 平方米产量 3 000 千克左右。陕西省山区 6 月中下旬播种，以麦收后播种最适宜。单作行距 60～66 厘米，穴距 35～45 厘米，每穴 3～4 粒。每 667 平方米播种 5 千克。也可与玉米套种，每隔 5～8 行玉米，距玉米 6 厘米处种 1 穴，每穴 3～4 粒。

碧丰（绿龙）

中国农业科学院蔬菜花卉研究所从荷兰引进品种中选出的高产优良品种。植株长势强，抽蔓早。花白色，荚扁条形，长而宽，嫩荚绿色。单荚重约 18 克。荚长 22～25 厘米，宽 1.8～2 厘米，厚约 1 厘米，干物质含量 18.25%，鲜荚蛋白质含量 2.85%。每荚种子数 7～8 粒。种子大，白色，肾形。早熟，丰产，种子千粒重 450 克。从播种到收嫩荚 60～65 天，每 667 平方米产量 1 300～2 000 千克。我国南北各地均可种植。特别适宜保护地栽培，露地栽培适于北京、河北、山东、河南及江苏等地春秋两季播种。

白花菜豆

中国农业科学院蔬菜花卉研究所经选纯复壮的品种。植株蔓生，生长势中等。花白色。荚圆柱形，绿色。单荚重8～10克，长12厘米左右，宽1厘米，厚0.8～0.9厘米。纤维少，质脆，品质佳。每荚种子数5～7粒。种子白色，较小，千粒重369克。中早熟，丰产，生育期65天。每667平方米产量1500千克。适于制作罐头和速冻用。适于华北、华南、华东等地区春季露地栽培，也适于北方棚室栽培。

春丰4号

天津市蔬菜研究所选育。植株蔓生，生长势强，有侧枝2～3个，主蔓20节封顶。花白色。嫩荚近圆棍形，稍弯曲，绿色，长19～22厘米，厚、宽各1厘米。单荚重15～20克。肉厚，无筋，品质好。每荚有种子6～9粒。单株结荚30～40个。较抗锈病、病毒病，耐盐碱。早熟，播种至摘嫩荚50～55天。每667平方米产量2000～2500千克。适于北京、天津及河北等地种植。

芸　丰

辽宁省大连市农业科学研究所选育的品种。植株蔓生，分枝力中等。花冠白色。嫩荚淡绿色，近圆棍形，嫩荚长22厘米左右，宽、厚各1.4厘米。单荚重约14克。两侧缝线处纤维较多，荚壁肉质柔嫩适口，品质好。种子灰色，千粒重336克。早熟。耐贫瘠，耐旱，抗缩顶病毒病、炭疽病和锈病。播种到采收嫩荚约50天。每667平方米产量1850～2000千克。适于东北、华北及陕西、四川等地春秋季露地栽培和保护地栽培。

老来少

山东省诸城县地方品种。植株蔓生，株高2米以上，生长势中等。叶片浓绿色，花白色稍带紫红。嫩荚圆棍形，淡绿色，采收时逐渐变成白色。外观似老，但肉质厚而鲜嫩，纤维少，品质好。荚长 15～20 厘米，单荚重 8 克左右。种子丁香棕色，近肾形。早熟，播种至采收嫩荚约 59 天。较抗病，适应性广。每 667 平方米产量 1 500 千克以上。适宜山东、河北省及东北地区春秋季栽培。

57 号

吉林省长春市蔬菜研究所选育。植株蔓生，主蔓长 2 米以上，结荚部位低而且集中。荚呈长扁条形，长 12～16 厘米，宽 2 厘米，厚 1.8 厘米。单荚重 7～10 克。嫩荚绿色带红纹，纤维少，肉厚，品质好。每荚种子 3～5 粒，成熟时黄绿色有条纹，千粒重 530～650 克。抗逆性强，抗炭疽病，适应性广。早熟，出苗至收嫩荚约 60 天。每 667 平方米产量 2 500～3 000 千克。适宜华北各地春季栽培。

特选 2 号

从国外引进后经河南省陕县系统选育而成。植株蔓生，生长势旺，叶片肥大，浓绿色。主蔓长 350 厘米，侧枝 6～8 个。第一花序着生于 3～4 节，每序 6～8 朵，花白色。荚浅绿色，圆棍形，长 30～33 厘米，直径 1.4～1.5 厘米。每荚有种子 8～9 粒。单荚重 35 克。单株结荚 100～120 个。每 667 平方米产量高达 4 500 千克以上。早熟，从播种到收获嫩荚需 55～60 天。抗病，抗寒，耐旱，适应性广。3～8 月均可露地播种，分批上市。嫩荚纤维少，品质好。适应华北及长江流域春秋季栽培。

一尺莲

由国外引进的品种(993)，经系统选育而成。植株蔓生，生长势强，株高 3～3.5 米，叶色深绿，叶片肥厚，叶柄较长。分枝力强，主蔓可分 5 个侧枝，侧枝还可分枝。主蔓 3～4 节着生第一花序，花白色，每花序 5～8 朵花，可成荚 3～6 个。单株结荚

70～120 个。果荚绿色，圆棍形，长 30～33 厘米，直径 1.3 厘米。单荚重 30 克左右。果荚无筋无柴，实心耐老，品质极佳。抗病，抗热，耐涝，耐旱。中早熟，从播种到收嫩荚约 77 天。每 667 平方米产量 3 500～4 000 千克。种子褐色，千粒重 380 克。适于华北地区春播。

418

山西省农科院蔬菜研究所从地方品种中选择育成。蔓生，生长势强，叶片绿色，花冠白色。嫩荚浅绿色，近圆棍形，长 20 厘米，直径 1～1.6 厘米。单荚重 16～25 克。肉厚，质脆，纤维少，不易老化。每荚有种子 8～10 粒。种子长扁圆形，黄褐色。较早熟。从播种到收嫩荚约 60 天，耐热，抗病，商品性好。每 667 平方米产量 2 000～2 800 千克。适于山西及其气候因子相似地区春夏季露地栽培。

超长四季豆(8-23)

中国农业科学院蔬菜花卉研究所从法国引进。植株蔓生，生长势强。叶片大，深绿色，始花着生第五至第六节，花白色。嫩荚浅绿色，长圆条形，稍弯曲，酷似豇豆荚，长 20 厘米以上，最长 26 厘米，宽 1.1～1.2 厘米，厚 1.3～1.4 厘米。单荚重 15～16 克。嫩荚纤维少，味甜，品质极佳。每荚有种子 7～9 粒。种子间距离较大，种子粒大，深褐色，筒形，光泽强。千粒重 350 克左右。春播生育期 65～70 天，秋播 50 余天。单株结荚多，丰产。每 667 平方米产量 1 000～1 500 千克。适应北京、辽宁、山东及天津等地栽培，也适于保护地栽培。

特嫩 1 号

辽宁省大连市农科所选育。植株蔓生，高 2.5 米左右，茎粗壮，长势强，分枝少，始花节位为第二节，花白色。嫩荚翠绿色，肉厚，质地细嫩，筋已退化，荚长 20～24 厘米。宽 1.3 厘米，厚1厘米。单荚重17～19克。每荚种子7～8个。种子白色，千粒重250克左右。抗锈病和炭疽病。中晚熟，从播种到收嫩荚需50～70天。春大棚茬每667平方米产量3 500～4 000千克，露地1 000～1 500千克。为鲜食加工兼用品种。适于辽宁及华北地区大棚及夏秋季栽培。

双丰架豆王

从泰国引进。中晚熟。蔓生，长势强。叶色深绿，肥大。主蔓长350厘米以上。一般每株有5个侧枝。第一花序着生于主茎第五至第六节，每花序开花4～11朵。花白色。每花序结荚3～6个。荚绿色，长30～33厘米，横径1.3厘米。单荚重30克左右。单株结荚80～120个。从播种至采收嫩荚需75天左右。抗逆性、适应性和翻花结荚性强。抗病，耐热，丰产。无纤维，荚肉厚，商品性好。冬暖性大棚栽培每667平方米产量达6 000千克以上。

12号菜豆(双青)

广州市蔬菜研究所选育。植株蔓生。中早熟，从播种到收嫩荚需55～75天。生长势强，主蔓长3米左右，第一花序着生于主茎第五至第八节处，每花序开花期6～10天，结荚2～6个。花冠白色。荚圆棍形，白绿色，较直。长20厘米，宽1.2～1.3厘米。单荚重14～16克。荚脆嫩，纤维少，荚形整齐，耐老，耐贮运。种子肾形，白色，千粒重360克。适于南方各地种植，宜南菜北运和出口。也适于北方各省反季节保护地栽培。每667平方米产量4 000～5 000千克。

29号菜豆

广州市蔬菜研究所选育。蔓生，萌发侧蔓力中等。主蔓第五至第六节着生花序，花白色，每序结荚5～7个。嫩荚棒形，长14.2厘米，宽1.15厘米，厚0.9厘米。单荚重约10.5克。

嫩荚浅绿色，荚形整齐，结荚多，品质好。播种至初收，春季需65～70天，秋播需47～50天，可延续采收25～30天。抗锈病力强，最适南菜北运和出口。适宜全国各地棚室栽培。

双丰1号

天津市蔬菜研究所选育的极早熟、丰产、质优、耐热的品种。蔓生，株高3米，单株有2～3个侧枝，主蔓第一花序着生于第二至第五节，主蔓节数18～22节。叶色淡绿。白花，每花序坐荚2～6个。单株结荚30～50个。荚嫩绿色，长18～20厘米，粗1.1厘米，厚1厘米。单荚重14～17克。种皮白色，种子肾形，千粒重420克。春季播种至收嫩荚需55天，秋季为45天，采收期30天，全生育期85天。抗锈病力强，高抗枯萎病，耐热力强。适于春秋两季露地种植，也适于冬季塑料棚室、秋冬茬、越冬茬及冬春茬栽培。每667平方米产量6 000千克。

双丰2号

天津市蔬菜研究所选育的极早熟、丰产、优质、抗锈病、耐热性强的新品种。植株蔓生，株高3米，有侧枝2～3个，主蔓第一花序在第二至第三节左右。叶深绿色。白花，每一花序坐荚2～4个。单株结荚20～30个。嫩荚深绿色，长18～22厘米，粗度1.1厘米，厚1厘米。单荚重15～18克。种子肾形稍扁，种皮黄色，带有不明显的花纹。千粒重440克。春季播种至收嫩荚需55天，秋季为45天，嫩荚采收期30天，生长期85～90天。耐热性好，盛夏播种幼苗可正常生长。适宜全国各地春秋两季栽培。

鲁菜豆1号(86-77)

青岛市农业科学研究所新近选育的高产品种。蔓生，中早熟类型，株高2.5米，分枝力强。第一花序着生于主蔓第三至

第五节。花白色。嫩荚白绿色。荚扁条形，长25.5厘米，无筋，脆嫩。单荚重26.5克。自花授粉结实率高。种皮白色，千粒重390克，适于露地春秋两季和棚室栽培。每667平方米产量6 000千克。

红花青壳

四川省成都市地方品种。植株蔓生，茎、叶柄绿色带紫晕。叶绿色，花紫红色。第一花序着生于第四至第六节。每序结荚4～6个。嫩荚绿色。单荚重约8克。荚长约14厘米，宽1.1厘米，厚1厘米。荚肉厚，脆嫩，品质佳。每荚种子5～7粒，肾形，黑色。中熟。每667平方米产量750～1 200千克。

秋抗19号

天津市农业科学院蔬菜研究所选育。植株蔓生，生长势强，株高约2.8米，侧枝2～3个，主蔓第三至第四节处着生第一花序，每花序4～6朵花，花白色。每花序结荚2～4个。嫩荚近圆棍形，稍弯曲，荚长20厘米，横径1.2～1.3厘米。单荚重15克。嫩荚深绿色，肉厚，纤维少，品质好。每荚有种子7～10粒，种子肾形，种皮灰褐色。中熟，从播种到收嫩荚需60～65天，采收期持续30天。每667平方米产量2 000千克左右。抗枯萎病、疫病。耐盐碱。适于天津、河北及辽宁等地春秋季栽培，特别适宜秋季种植。

扬白313

江苏省扬州市蔬菜研究所育成。植株蔓生，生长势强，植株高3米，侧枝2～4个，主侧蔓第八至第十二节着生第一花序。嫩荚近圆棍形，先端稍弯呈镰刀形，荚长11～12厘米，横径约1厘米。荚浅绿色，味浓，品质好。嫩荚可鲜食，又可加工成罐头及速冻冷藏。每荚有种子5～8粒，种子肾形，种皮白色，表面光滑无斑。早熟。春季每667平方米产量1 500～2 000

千克，秋季产量 700～1 000 千克。适应性广。耐热，耐寒，耐涝，抗叶霉病，耐病毒病、根腐病和叶烧病。适于江苏及其气候相似地区春秋季露地种植。

甘芸 1 号

辽宁省大连市甘井子区农业技术推广中心育成。植株蔓生，长势旺。春季栽培始花节位第三至第四节，夏季栽培始花节位第七至第八节。荚大而粗，圆棍形，长 20 厘米，宽 1.4 厘米，厚 1.2 厘米。单荚重 19 克。嫩荚白绿色，肉质厚，纤维少，品质优。中晚熟，丰产，稳产。每 667 平方米产量 2 000～3 600 千克。抗逆性强，适应性广。适于东北、西北、华北、华东等地区栽培。

85-1

辽宁省大连市甘井子区农业技术推广中心育成。植株蔓生，长势中等，株高 3 米左右。蔓黄绿色，叶片绿色，花白色，种子白色。千粒重 350 克。第一花序着生在第二至第三节，以主蔓结荚为主。如果水肥条件好，可有 1～2 个分枝。嫩荚圆棍形，长 20 厘米，宽 1.5 厘米。单荚重 19.2 克。嫩荚白绿色，缝合线有筋，荚壳纤维少，品质优，风味佳。早熟，春播到开花需 52 天，开花到始收 17 天，采收期持续 25 天。秋播后 32 天开花，花后 16 天始收，持续 26 天。每 667 平方米产量 2 500 千克。抗炭疽病和锈病。适于北方各地春秋露地及保护地栽培。

78A

河北省邯郸市蔬菜研究所育成。植株蔓生，长势强。第一花序着生于第三叶节。嫩荚扁圆形，长 27 厘米。单荚重 3.3～6 克。嫩荚浅绿色，纤维少，品质好，不易老化。每荚有种子9～11 粒。中早熟，播种至始收约 58 天，全生育期约 100 天。每 667 平方米产量 2 000 千克左右。适于浙江、河北、山西、山东、河南、内蒙古、辽宁等地春秋两季栽培。

8511

河北省唐山市农业科学研究所育成。植株蔓生，生长势中等。叶片绿色，花白色。鲜荚绿色，扁条形，荚长10～20厘米，宽1.4～1.6厘米，厚1～1.1厘米。单荚重10.2克。种子肾形，褐色。极早熟，播种至始收50天左右，采收期集中。每667平方米产量900千克左右。耐寒，耐旱，抗病性中等。适于华北、东北和西北地区种植。

哈菜豆1号

黑龙江省哈尔滨市蔬菜研究所选育。植株蔓生，高2米以上。生长势中等，分枝2～3个。花白色，每花序结荚4～6个。嫩荚扁条形，荚长12厘米，宽1.7厘米，厚0.98厘米。嫩荚绿色，纤维少，品质好，适于炒食。早熟，从播种至采收嫩荚需50余天，全生育期80天左右。每667平方米产量约1500千克。适于我国北方各地春秋季栽培。

哈菜豆3号

黑龙江省哈尔滨市蔬菜研究所选育。植株蔓生，生长势强，株高3米以上，分枝2～3条。初花节位在第五至第六节，花紫色。嫩荚扁条形，种粒处略突起，荚长22厘米，宽2厘米。嫩荚白色，纤维少，鲜嫩，味美。中熟。每667平方米产量1400～1700千克。抗细菌性灰斑病。适于黑龙江各地春季种植。

齐菜豆1号

黑龙江省齐齐哈尔市蔬菜研究所选育而成。植株蔓生，生长势强，株高3米左右，分枝3～4条。始花节位第二叶节。花白色，嫩荚深绿色，长22厘米，宽2.1厘米，厚1.2厘米。单荚重21克，种粒处突起，无纤维，不易老熟。中早熟，播种到始收约 60 天。高抗锈病、炭疽病。每 667 平方米产量 2 300 千克。黑龙江省 5 月 10～15 日露地播种。宜垄栽，行距 60 厘米，穴距 30 厘米，每穴播种 3～4 粒。

78-209

江苏省农业科学院蔬菜研究所从国外引进品种中选育而成。植株蔓生，生长势强，主蔓长 3.5～4 米。第九至第十五节着生第一花序。嫩荚浅绿色，圆直整齐，荚长 14～15 厘米，宽、厚均为 0.9～1 厘米。单荚重 8.4 克。嫩荚中籽粒小，肉厚，荚面光滑，质嫩，适宜加工和鲜食。中熟，春播至始收嫩荚需65～70 天，采收期 23～25 天；秋播至始收53～58 天，采收期 23～31 天。耐热，耐寒，较抗叶烧病。每 667 平方米产量 1 200 千克，适宜长江中下游各地春秋季栽培。春季 3 月下旬至 4 月上旬播种，秋季 7 月下旬至 8 月上旬播种。

早白羊角

吉林省农业科学院蔬菜研究所育成。植株半蔓生，茎黄绿色，叶浅绿色，花深紫色。每花序着生 2～4 个荚，每株结荚 15～20 个。嫩荚绿黄色，老荚黄白色，圆棍形，种粒处突出，长 15 厘米，宽 1.2 厘米。单荚重 8.2 克。纤维少，品质优。每荚有种子 5～7 粒，种子浅褐色带黑色花纹，种脐周围褐色。早熟，播后 55～60 天收嫩荚，80 天收种荚。较耐旱，耐涝，抗病毒能力较强。适宜春季栽培。每 667 平方米产量 1 000 千克以上。

吉林地区 5 月上旬播种，行距 60 厘米，穴距 40 厘米，每穴播种 3～4 粒，6 月下旬至 7 月上旬收嫩荚。适于吉林省各地栽培。

满架联

山西省大同市南郊蔬菜研究所育成。植株蔓生，长势强，叶片肥大。花白色，第一花序着生在第二至第三节，节节着生花序，每花序结荚 4～6 个。嫩荚翠绿色，圆条形，种粒处略突起，稍弯曲，长 20～22 厘米，重 23 克，纤维少，品质好。种子白色，肾形，略扁，千粒重 450 克。中熟，播种至收嫩荚 75 天。耐涝，抗旱，抗炭疽病和锈病，适宜春季栽培，也可越夏栽培。每 667 平方米产量 3 000 千克以上。

山西地区春季栽培 5 月上旬播种，行距 50 厘米，穴距 40 厘米，每穴播种 4～5 粒。

商县九月寒

陕西省商县农家品种。植株蔓生，无限生长。生长势强，分枝多。叶片深绿色，花紫红色。嫩荚绿色，圆棍形，长 16～20 厘米，横径 1.3 厘米。荚肉厚，无纤维，品质好，嫩荚和老荚均可食用。单株结荚多，结荚时间长，产量高。种子淡灰褐色。晚熟。抗逆性强。

当地春季露地播种后 80 天左右始收嫩荚。夏季 7 月高温期不结荚，秋凉后再抽生新枝叶，继续开花结荚。每 667 平方米产量 1 500～2 000 千克。该品种可于 4 月套种在玉米地中，或于 6 月前套种在晚玉米地中，收获期最晚可延长到 9 月下旬。

（三）生长发育过程

菜豆生长发育的过程分发芽期、幼苗期、发棵期和开花结荚期 4 个生长期。

1. 发 芽 期

从种子萌动至初生叶展开后，幼株独立生活，为发芽期。

发芽过程中幼株根、茎、叶的生长，靠子叶中贮藏的养分。最初，根及茎的生长占优势；随着初生叶和复叶叶的展开，叶部干重的积累迅速上升。子叶养分消耗曲线和根、茎、叶干物重的增长曲线，均近似“S”形曲线。由于全株干重是子叶干重消耗曲线与根、茎、叶干重增长曲线的综合，所以全株干重曲线近似“V”字形。“V”字形的最低点表示幼苗从依靠子叶内贮藏养分的异养生长，转向依靠自身光合作用的自养生长的临界点，这时子叶的干重只有原来种子干重的20%～40%，而初生叶已完全展开，开始进入旺盛生长期。

2. 幼苗期

幼苗独立生活至团棵(4～6片复叶)为幼苗期。到团棵时，矮生菜豆开始发生侧枝，蔓生菜豆开始伸蔓，因而团棵是幼苗期和发棵期的分界线。幼苗的纯营养生长期很短，在第一片复叶展开后已开始花序分化，进入营养生长与生殖生长并进时期。据陆帼一等(1979)观察，“河南肉豆”菜豆(蔓生种)4月中旬露地播种，播后半个月左右，第一片复叶将展开时，在初生叶或第一片复叶的叶腋中出现花序原基，开始花序分化，由营养生长转入生殖生长。第一片复叶展开，还有4片未展开的复叶时，在第四至第五片复叶叶腋中已出现花序原基及侧花茎原基。有两片展开的复叶，共有7～8片复叶时，其中第六至第七片复叶的叶腋中已出现花序原基及侧花茎原基，这时最初分化的花序已分化，雌蕊突起。有4～5片复叶展开，共有10片左右复叶时，已出现花器分化完全、胚珠已形成的小花(图5)。每一朵花从开始花芽分化到开花，一般需25～30天。

菜豆开始花序分化后，几乎每个叶腋中都可分化花芽和侧花茎，侧花茎上又分化许多小花。但所分化的花序，特别是

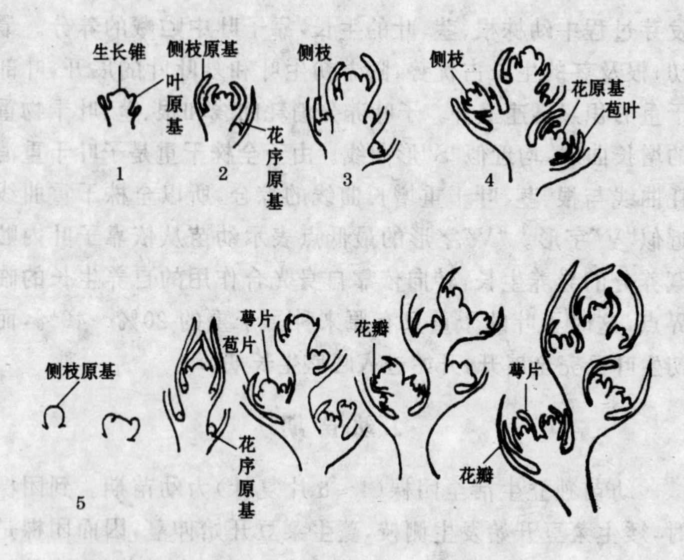

图5　菜豆花芽分化过程　（陆帼一）

1. 未分化　2. 花芽分化期　3. 苞叶分化期

4. 小花分化期　5. 侧枝原基分化为花序的过程

幼苗早期在低节位分化的花芽，由于植株营养状况不良，多半不能正常发育，结荚率一般只占花芽分化数的5%～10%。所以，研究豆类花芽分化及发育的生态条件和提高结荚率的栽培技术，对解决豆类早熟、丰产问题具有重要作用。

3. 发 棵 期

从团棵至现蕾开花为发棵期。矮生菜豆的主枝和侧枝同时生长，蔓生菜豆主蔓迅速伸长，茎蔓生长量最大，是生长的中心。同时，也是菜豆花芽分化、发育和孕蕾的时期。

4. 开花结荚期

从始花至采收终止为开花结荚期。主要特点是由营养生长占绝对优势转变为生殖生长占优势。

从始花至果荚长到3～4厘米,为开花着荚期。菜豆在一天中的22～24时有少数花开放,5～7时开花最多,9～10时还有一些花开放。播种期的早晚对开花的影响很大,从春到夏随播期的延后,从播种到开花的天数缩短。夜温15℃～27℃是开花的适温。在开花着荚期,矮生菜豆主要是侧枝及其叶片的生长,主枝和主枝叶片生长量很小。主枝、侧枝均开花着荚,以侧枝结荚为主。蔓生菜豆主蔓伸长和展叶速度很快,主蔓下部几节有侧蔓伸出,主蔓基部1～2个花序着荚,根系加大生长量,茎叶仍旺盛生长,果荚生长量小。本期时间短,只有5～7天。

岳青等对两个矮生菜豆品种研究表明,豆荚在花后1～3天缓慢增长,开花后4～10天迅速增重伸长,开花后11～14天转慢,花后15天基本停止伸长。豆荚重量在花后6～10天迅速增重,花后11～14天增重转慢,15天后重量不再增加。蔓生品种在一般栽植密度下,每个花序的花数及着荚率,有随节位上升而减少的趋势;栽植较密时,开花数以基部节位较多,中部最多,上部最少。基部节位的结荚数占植株结荚总数的37%左右,中部节位占41%～42%,上部占21%～22%,基部和中部节位花序结荚数多,对产量起决定作用。

从着荚至盛荚期为结荚前期。本期秧荚齐长,但仍以营养生长占优势,营养生长量达高峰,株体建成,大量结荚部位基本是茎叶干物质和叶面积最大的部位。

菜豆在开花前1天,花粉就有萌发力,开花前10时至花药开裂时，萌发率最高。上午6时刚开放的花朵的花粉萌发能力最强，贮藏6小时或者2小时的花粉，发芽能力弱。

从盛荚到采收末期为结荚后期。随着老根枯死、老叶脱落和豆荚大量增重，营养生长逐渐衰落，过渡到生殖生长占优势阶段。

（四）生长发育需要的条件

1. 温　度

莱豆喜温暖，怕寒，又不耐高温，在18℃～20℃中，枝叶的生长和开花良好。生长期间，气温应高于10℃，地温在9℃以上。种子发芽的最低温度为11℃，适温为23℃，最高35℃，低于10℃生长不良，到2℃～3℃时植株往往失绿。当温度回升到15℃以上，经2～3天后可恢复正常绿色。0℃时生长全部停止，－1℃时就会受冻。所以，春播后若遇连阴天，土壤温度降低、湿度过高常发生烂种现象。幼苗生长的临界地温为13℃，13℃以下根少而短粗，基本不着生根瘤。

据千叶、忠男用“最佳”品种作材料，以生长圆锥体开始肥厚、顶部成为平坦状的时期，作为花序分化的标准，看出花芽分化与温度的关系是：在23℃下，从播种到花芽分化为10天，积温230℃；从出苗到花芽分化为5天，积温115℃；在17℃下，相应为14天；23.8℃，为7天，积温119℃；在9℃下，处于子叶展开状态，几乎不生长；9℃可能是其生育温度的最低界限。莱豆花芽分化的适温为20℃～25℃；当温度高于27℃～28℃，特别是超过30℃时，将影响花粉的形成。花粉发芽的适温是20℃～25℃，最低为5℃～8℃，超过35℃时发芽显著降低。雌蕊的受精能力，从开花前3天到开花前1天，结荚率最高。花粉管在17℃～23℃时伸长良好，约经2小时即可受精。当温度低于10℃或高于30℃时，结荚均差。花粉发芽最适宜的空气相对湿度为80%以上，花粉耐水性很弱。开花期遇到15%的低温时，有籽豆荚数和每荚的籽粒数都降低。地温的临界温度是13℃，而发棵期和开花结实期的临界温度为10℃。

2. 光　照

菜豆为短日照植物，缩短日照时间能提早开花结实。但多数品种对日照反应不敏感，特别是矮生菜豆，几乎都属中日照植物。因此，矮生菜豆对播种期要求不严，利用保护地可反季节栽培，可一年多茬栽培。日照长短，不影响花芽分化。菜豆喜强光，光线不足时，花芽发育不良，落蕾率增加，开花数及结荚数均减少。

据巽、堀的研究表明，菜豆4叶期光合能力为12～23毫克/平方分米·小时，光饱和点为20千勒。在不同照度下，光合适温较广，光合成主要取决于温度(图6)。

3. 土　壤

菜豆对土壤的适应性较强，但忌酸。适宜的pH值为5.3～6.3，不能低于4.9。耐盐力、耐洼涝力弱。氧气是菜豆种子发芽的重要条件。崛、杉山等试验证明，氧气浓度在5%以上时，菜豆种子有10%发芽，发芽快；浓度在2%以下时，发芽率明显下降，发芽也慢。适宜栽培在排水良好、土层深厚、含钾多、不缺磷的壤土或砂壤土中。忌与豆科连作，因为前茬豆类作物病菌和害虫遗留在土壤中，继续种植豆类作物容易使病

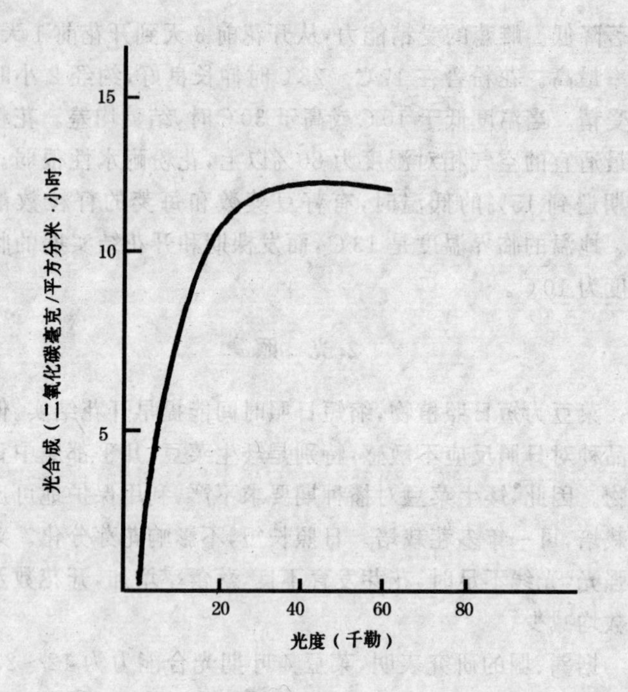

图 6　菜豆的光合成　（巽、堀，1996）

注：品种为江户川矮生；4 叶期

虫害严重发生。同时，前茬根部会分泌大量的有机酸，增加土壤的酸度，使土壤中噬菌体繁衍，从而抑制根瘤菌的活动和发育，易使土壤中的磷转化为不溶性而难于吸收利用，妨碍种子发育，造成空荚。因此，一般种过豆类的田块，应隔 2～3 年再种。

4. 湿　度

开花结实期，特别是软荚种对水分要求严格。开花始期，淹水 12～24 小时，会造成落蕾、落花；开花终期和豆荚肥大期，淹水24小时以上，茎、叶和果荚变褐色，大部腐烂、脱落。忌地下水位高，结荚期土壤水分以60%～70%为宜；地下水位高于30厘米时，容易出现涝害，下部叶片黄化，提早落叶，结荚率低。所以，通常地下水位应低于50厘米较好。对空气湿度要求严格，相对湿度以65%～75%为宜。在花粉形成期，空气湿度小，土壤干旱，花粉内容物将被破坏，花粉呈畸形，不孕或死亡，开花数少，产量低；空气湿度过大，土壤积水时，花粉不能发芽。结荚期缺水，嫩荚生长慢，降低产量和品质。

（五）周年生产技术

1. 栽培季节

菜豆生长的适宜季节为月平均温度10℃～25℃，尤以20℃左右为最适宜。因此，我国无霜期很短、夏季气温不太高的高寒地区应夏播秋收，其他南北各地春秋两季均可露地栽培，并以春播为主。华北北部、东北和西北的单主作区，露地栽培矮生菜豆可分为春秋两茬；蔓生菜豆则多数为春夏播种，直到秋季霜前的连秋栽培。各地春季露地直播的播期不一，东北多数地方在4月下旬至5月中旬播种；华北和西北地区多在4月上中旬至5月上旬播种；山东、河南省多数地区在3月下旬或4月上旬至下旬播种。春季露地断霜前在保护地播种育苗的，播期比露地直播提早20余天。秋季露地直播，华北地区多在当地早霜出现前100天播种，矮生菜豆比蔓生菜豆晚播15～20天。利用地膜覆盖、塑料大棚和温室等方式进行保护地栽培，可使北方的消费者常年吃到菜豆。现将华北地区菜豆全年主要栽培方式、播种期、收获期等列于表1。

表 1　华北地区菜豆周年栽培安排

栽培方式	播种期	定植期	收获期	备　注
春季露地定植或地膜覆盖	3 月下旬至 4 月上旬	4 月下旬至 5 月初	5 月底至 6 月中旬	矮生菜豆阳畦或改良阳畦育苗
	3 月底	4 月下旬	6 月中旬至 7 月下旬	蔓生菜豆改良阳畦或温室育苗
春季露地直播或地膜覆盖	4 月中旬	—	6 月上旬至下旬	矮生菜豆
	4 月中旬	—	6 月下旬至 8 月上旬	蔓生菜豆
秋季露地直播	7 月中旬至下旬	—	9 月中下旬至 10 月下旬	矮生菜豆
	7 月上旬	—	9 月上旬至 10 月上中旬	蔓生菜豆
塑料小棚春提前	2 月上旬	2 月底至 3 月上旬	4 月中旬至 5 月上旬	矮生菜豆温室栽培
塑料小棚秋延后	8 月上旬至中旬	—	10 月中旬至 11 月上旬	矮生菜豆直播
塑料大棚春提前	3 月上旬	3 月下旬	5 月中上旬至 7 月上旬	矮生菜豆温室育苗
塑料大棚秋延后	8 月上旬	—	10 月上旬至下旬	矮生菜豆直播
温室冬春茬	11 月中下旬至 12 月上旬	12 月中下旬至 1 月上旬	2 月上旬至 4 月上旬	蔓生菜豆温室育苗
温室秋冬茬	9 月上旬至下旬	—	11 月中旬至 12 月下旬	矮生菜豆直播

注：引自《豆类蔬菜高产优质栽培技术》，眭晓蕾，任华中编著，中国林业出版社

2. 春菜豆露地栽培

(1)整地做畦　菜豆对土壤的选择性不严。早熟栽培的以砂壤土为较好，晚熟栽培的最好选择土层深厚的粘壤土。忌连作。连作后生育不良，病虫害增加，产量锐减。所以一般应隔2～3年后再种。春菜豆的前茬多为秋菜等。

菜豆的主根可深达50～60厘米，根系再生力弱，发育时需要充分的氧气，所以应深耕。因菜豆侧根强大，且多分布在15厘米深的土层内，所以将大量基肥施到浅层效果更佳。春菜豆可于2月中旬播种，每667平方米施厩肥约3 000千克，过磷酸钙15千克，草木灰100千克，浅耕耙耱后做成宽1.2～1.4米的平畦。

(2)直播播种　菜豆因其根系再生力差，故多行直播。直播菜豆在断霜前10天，当4厘米土温达10℃以上时播种。东北地区可在4月下旬至5月上旬播种，华北和西北地区多在4月上中旬至5月播种。陕西气候差异大，如关中播期多在4月上中旬，汉中在3月下旬到4月上旬，而陕北则较关中略晚。播种过早，土温低，如果湿度又大，则种子易腐烂。

为保证菜豆发芽整齐和苗全苗壮，播前必须精选种子。选择本品种籽粒饱满、种皮颜色一致的种子，剔去已发芽、有病虫、机械损伤和混杂的种子。贮存2年以上的陈籽发芽力弱，不宜采用。播前1～2天晒种，还可进行药剂消毒。对炭疽病，可用1%福尔马林溶液浸种20分钟，而后用清水洗净晾干。对细菌性疫病，可用50%福美双可湿性粉剂拌种，用药量为种子量的0.3%～0.5%。为增加根瘤菌量，每667平方米用50克左右的根瘤菌加少许水湿润与种子拌匀。播前数日浇水润畦，晒至土不粘手时播种。忌浇“明水”，浇明水会使土表板结而透气不良，降低地温，影响发芽，甚至造成烂种。每畦播2行，穴距20厘米、每穴播4～6粒。每667平方米播种3～4千克。矮生菜豆，植株低，占地小，一般平畦可按35厘米见方的距离穴播；垄作时，可按行距50厘米、穴距26～33厘米的密度播种。因菜豆发芽后子叶出土，子叶中含有丰富的营养，即使在无光无肥料的情况下，利用子叶所含有的营养就可使花芽分化，因此，要保护子叶使其安全出土。播种不要过深，4～6厘米即可，覆土要细。

菜豆种子的饱和吸水量为种子重量的100%～110%，在20℃～22℃的水温中，浸种后5～20分钟开始吸水，8～10小时达到饱和。浸种的时间过长，细胞内蛋白质、酶类、生长素等物质外渗而损耗，影响发芽；同时，会因其渗出后附着在种子上，招致细菌活动而腐烂。应特别指出的是，干燥种子迅速吸水时，很易使子叶与胚轴处产生龟裂，养分逸出，成为腐烂菌的营养而使种子腐烂，妨碍发芽(表2)。另外，豆类种子吸收水分数小时后，开始代谢活动，需要大量的氧气，当氧的浓度达5%以上时，发芽良好。如果播种前浸种时间过长，或者播种后灌水过多，土壤缺氧，则膨胀湿润的种子会因积蓄大量的酒精或乳酸而引起腐烂或幼芽枯死。再则，北方春天多风，水分蒸发量大，空气湿度小，浇水后水分容易蒸发，造成土壤板结，致使种子出土困难，易造成缺苗断垄。因此，为保证豆类蔬菜出苗整齐，要在播种前灌水造墒，在墒情合适时播种，播种后出苗前忌浇“蒙头水”。北方春天多大风，蒸发量大，可采用地膜覆盖保墒。

表 2　菜豆种子浸种前的含水量与浸种后子叶的龟裂出现率　(山本,1955)

浸种前的含水量(%)	龟裂出现率(%)		
	未浸种	浸种 2 小时	浸种 10 小时
3.0～5.0	0	96	93
8.0～10.0	0	46	52
13.0～15.0	0	0	2
18.0～20.0	0	0	0

(3)育苗移栽　为提早菜豆上市期和延长供应期,保证苗全苗壮,可采用育苗移栽的方法。

播种用温床、酿热温床或电热温床均可。前者是利用有机物质发酵时产生的热提高苗床温度,进行育苗的。酿热温床的结构与冷床相似,惟床坑较深,床底中部稍高,四周略低,呈鱼脊形,填入新鲜马粪、厩粪、麦草等发热材料后,再铺培养土或放入营养钵。电热温床是用电加温线作为电热能转换元件加温的苗床,即在阳畦、温室或拱棚等保护设施内,将电加温线(电热加温线)铺到培养土下,通电后将电能转换为热能,以提高床土温度的温床。利用电热温床育苗,具有设备简单,投资较少,安排维修方便,控温容易,规模可大可小,机动灵活等优点,适合我国当前生产的实际,是一种有发展前途的育苗新形式。目前,习惯上把给空气加温的叫空气加温线,给土壤加温的叫电加温线。我国使用的电加温线是由塑料绝缘层、电热丝和两端的导线接头构成。空气加温线的绝缘层,选用耐高温的聚氯乙烯(如上海市农机所生产的 DKV 系列)或聚四氟乙烯注塑(浙江省鄞县大嵩地热线厂生产)。而土壤加温用的电加温线,用聚氯乙烯或聚乙烯注塑。因考虑到土壤中有水、酸、碱、盐等导电介质，以及散热面小和圆弧转弯处易损坏等特点，所以，绝缘层的厚度达0.7～0.95毫米，比普通导线厚2～3倍。电热丝是电加温线的发热元件，采用低电阻系数的合金材料构成。为防止折断，除400瓦以下电加温线外，其他产品都用多股电热丝。电加温线和导线的接头，采用高频热压工艺，不漏水，不漏电。

电加温线发出的热量，在土中向外水平传递的距离可达25厘米左右，15厘米以内的热量最多。因此，愈靠近电加温线的土壤，土温愈高。

使用加温线时，无论新线或旧线，都要进行一次通电检查。对绝缘层破损或露出芯线的，均须修复。检查方法是：对未使用的线，用拇指和食指，从线的一端向另一端理线，发现绝缘层变细、变软或旧线变色者，可能是断线处；对正在使用的加温线，因已埋入床土中，不能将其起出检查，只有细心观察床面，发现床面冒热气或幼苗被烧烫萎蔫处，很可能是断线处，可扒开少量床土查看确认。如果查不出，则须借助于断线检测器检查：将电加温线一端接火线，另一端空着，用胶布暂时封上。将检测器顺电加温线移动，检测器发出红光为正常，不发光处为断线的地方。如无检测器时，可用万用表或简易检测器查找。简易检测器的制法是：将一只喇叭（或耳塞机）与一节干电池联接（图7）。检查前，先将检测器两端接通，如果喇叭发出"咔咔"声，表示检测器正常。把检测器两端分别与电加温线的两条引线联接，如喇叭无声（或万用表不通），说明线已断。测出断线后，将温床两端的电加温线扒出，用针扎入电加温线某一点上，例如d点，把检测器一端接在d点的针上，另一端接在M点上。如接通后喇叭无声，说明断线部位在Md之间。把检测器接在Mb，喇叭发出咔咔的响声，说明断线部

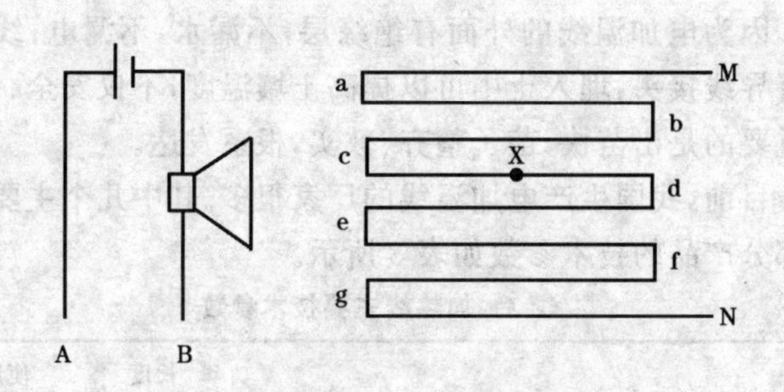

图 7　用简易检测器检测断线的方法

A,B 为检测器两端　N,M 为电加温线引线

a,b,c,d,e,f,g 为电加温线两端测点　X 为断线处

位在 bd 之间。依此顺序,可很快找到断线点在 cd 间的 X 处。断线处找到后,切断电源,再接线:先将两断线头各剪去一小段绝缘层;另找 2～3 厘米长、内径 3 毫米的聚氯乙烯塑料管,套在断线一端。然后将芯线头对绕,用锡焊牢后,把套管移到芯线对绕处。套管两端用 Hm-2 型热熔胶或胶水(用环已酮加废聚氯乙烯调成)封口。接线后,绝缘层留下的针眼,用热熔胶封严(图 8)。

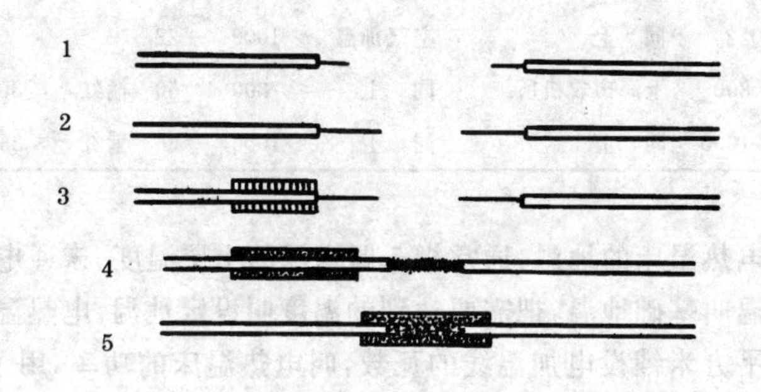

图 8　断线修复步骤

1. 断线　2. 断线绝缘层　3. 套管　4. 接芯线　5. 橹套管

因为电加温线的外面有绝缘层，不漏水，不漏电；线的两端有导线接头，埋入土中可以提高土壤温度，不仅安全、省电，更重要的是出苗快，苗子整齐、敦实，根系发达。

目前，我国生产电加温线的厂家很多。其中几个主要厂家的部分产品的技术参数如表 3 所示。

表 3 加热线主要技术参数

型　号	生产厂家	用　途	功率（瓦）	长度（米）	色　标	使用温度（℃）
DV20205	上海市农机所	土壤加温	250	50	粉红	≤40
DV20406	同　上	同　上	400	60	棕	≤40
DV20608	同　上	同　上	600	80	蓝	≤40
DV20810	同　上	同　上	800	100	黄	≤40
DV21012	同　上	同　上	1000	120	绿	
DR208	营口市农机所	同　上	800	100		
DP22530	鄞县大嵩地热线厂	同　上	250	30		
DP0810	同　上	同　上	800	120		
DP21012	同　上	同　上	1000	120		
F421022	同　上	空气加温	1000	22		
DKV-800	上海市农机所	同　上	800	50	橘红	≤35
DKV-1000	同　上	同　上	1000	66	紫红	≤35

电热温床的地温，通常指 5 厘米深的土层温度。未通电时的床温叫基础地温，把需要达到的温度叫设定地温。电热温床内每平方米铺设电加温线的瓦数，叫电热温床的功率，用 W/m^2 表示。功率大，升温快，但成本高；功率小，则达不到设定温度。因此，选择功率的大小，应以基础地温和通电时苗床地温

要达到的温度(设定地温)为依据来确定。葛晓光、赵庚义等，用148组观测数据，建立了功率选定计算回归方程，功率(y)与日均设定地温(x_1)和基础地温(x_2)的关系为：$y=60.885+5.605x_1-4.994x_2$。孟淑娥等根据这个公式和其他试验材料，提出电热温床功率选定数值(表4)。表中数值是在不设隔热层，按日通电时间8～10小时制定的。如需在短时间内达到设定温度，应增加10瓦/平方米左右。如有隔热层，功率可降低10%～20%。

表4 电热温床功率选定表 (单位:℃,W/m²)

(孟淑娥等,1984)

设定地温(℃)	基础地温(℃)			
	9～11	12～14	15～16	17～18
18～19	110	95	80	—
20～21	120	105	9080	80
22～23	130	115	100	90
24～25	140	125	100	100

功率选定后，按电加温线的型号，确定布线距离(表5)。也可先求出每米长的加温线的瓦数后，再按选定功率算出布线间距，其计算公式是：

布线间距(米)=每米线的瓦数(瓦/米)/选定的功率(瓦/平方米)。

表5 不同电加温线平均距离表 (单位:厘米)

选定功率(瓦/平方米)	400瓦/60米长	600瓦/80米长	800瓦/100米长	1000瓦/120米长
70	9.5	10.7	11.4	11.9
80	8.3	9.4	10	10.4

续表 5

选定功率（瓦/平方米）	400 瓦/60 米长	600 瓦/80 米长	800 瓦/100 米长	1000 瓦/120 米长
90	7.4	8.3	8.9	9.3
100	6.7	7.5	8	8.3
110	6.1	6.8	7.3	7.6
120	5.6	6.3	6.7	6.9
130	5.1	5.8	6.2	6.4
140	4.8	5.4	5.7	6.0

每条电加温线可以铺设的面积，等于电加温线的功率除以选定功率。如用功率为 800 瓦的电加温线，选定功率为 100 瓦/米^2 时，其铺床面积＝800÷100＝8(平方米)。

电热温床分地下式和地上式两种。前者的床面与地面相平或略低于地面，保湿、保温性好，宜建在地下水位较低处，常用来播种育苗；后者的床面略高于地面，有利于土温提高，多建在地下水位较高处，做移苗用。

电热温床最好设在塑料棚室内，以便更有效地克服灾害性天气的不良影响。

电热温床由隔热层、电加温线、培养土、玻璃窗或塑料小棚及控温仪器箱组成。控温仪器箱内装有控温仪、交流接触器、闸刀、空气开关、电度表等。控温仪常用 7151DM 型、KWD 型、BKW 型、WK 型或可控温 0℃～50℃的其他型号。交流接触器按负载大小选用。一般用 CJ-10 系列 380V 线圈电压的交流接触器。电度表可用 DT8 型三相四线功率表。电源线宜用三线或四线的电缆线。

电热温床一般宽 1.3～1.5 米，长度按需要而定。铺地热线前，先将床底铲平，再铺一层干草如稻草、麦秸等，厚 5～10

厘米，做隔热层，阻止热量向下传导。在草上铺细沙或炉渣灰，厚1～2厘米，而后布线（图9）。因电加温线通电后，距其愈近处温度愈高，试验证明，苗床内种子紧挨地热线播种效果最好。控制地温为22℃～25℃，黄瓜、番茄、菜豆2～3天可出苗。具体做法是：铺好电加温线后，灌足底水，立即播放种子。然后盖土2～3厘米厚。出苗前，用地膜覆盖床面，保温保水。出苗后再除去地膜。这种用法因覆土浅，加温线容易起取，省

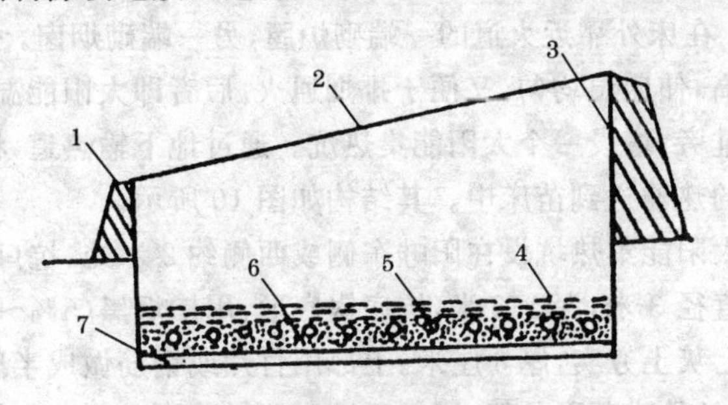

图9　电热线温床横剖面图

1. 南墙　2. 玻璃窗　3. 北墙
4. 培养土　5. 地热线　6. 散热层　7. 隔热层

工、不伤线。布线时，线与线间距离要均匀。线要拉直，线与线间勿交叉、重叠，严禁将其绕成圈状在空气中通电，也不能将线截断或剪短用。如果苗床面积大，可多用几根线，一根铺完后再铺一根。单相电路中使用电加温线时，两根线不能串接，只能并联。三相电路中使用时，应采用Y型接法，禁用△型接法。布线时，只能在引出线上打结固定，绝不能在电加温线上打结。电加温线额定电流较大，如DV20810为4安培，DV21012为5安培。因而在市电（220V单相）上使用时，应采用5安培以上的电度表，否则会损坏电表。从土中取出加热线时，应先断开电源，再将床土清除，露出线后再取，或浇湿后再

拉取。切勿硬拉，或用锹、镢、铲等硬器具挖取，以免切断加热线或损伤绝缘层。用过的电加温线，应擦干净，放阴凉干燥处保存，防止鼠、虫咬破绝缘层。

温室育苗也可用火炕式温床或太阳能温床。前者适宜无电和少电地区应用，有火炕式阳畦和火炕式拱棚两种：在床底开2～4条火道，火道上平盖1层砖或大机瓦，并用草泥抹严，防止干裂串烟。然后，铺1层园土，厚约5厘米。最上面铺培养土。在床外靠近火道的一端砌炉膛，另一端砌烟囱。火道前低后高，使床温均匀，又便于排烟通火。后者即太阳能温床，是在阳畦旁，增设一个太阳能集热炕。通过地下输热道，将集热炕中的热输送到苗床中。其结构如图10所示。

太阳能集热坑设在阳畦东侧或西侧约2米处。坑口圆形，上口直径3米，深1.3米，坑底锅底形，用掺烟黑(5%～10%)的三七灰土夯实，厚6厘米。上部用竹片或钢筋做成半球形穹架，铁丝扎成环形骨架，用无色透明塑料薄膜盖严。集热坑中的热，经地下输热道进入温床下的迂回道中，再由排气窗中排出。新的暖气又从集热坑中补充。雨雪天，在温床上要加盖草帘保温，并且要关闭排气烟囱和集热坑的进气孔。

温室育苗时的播种：由于菜豆根系再生力弱，不耐移植，宜用营养钵、纸筒或营养土块等保护根系的方法育苗。因从种子发芽到花芽分化需30天左右，所以育苗的播种期可比直播者早约3周。精选种子后，用50℃～55℃温水浸泡4～6小时，当大部分种子膨胀、少数种子皱皮时从水中取出，沥干水分，用湿毛巾包好，放25℃～28℃处催芽，每天用温水冲洗2次，约经2天即可发芽播种。育苗土一般用肥沃园土60%～70%，充分腐熟的厩肥20%～30%配制，最好再加入过磷酸钙1%～2%，草木灰5%～10%，硝酸铵0.5%，掺和均匀后

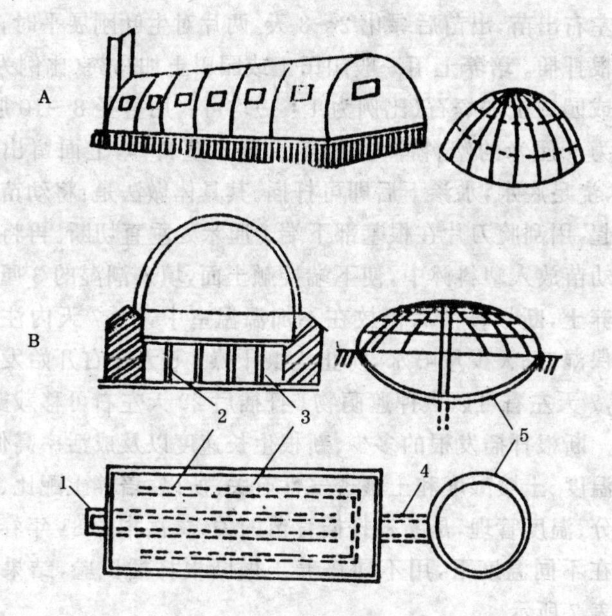

图 10　太阳能温床

A:立体图　B:平面图

1. 抽气烟囱　2. 迂回输热道　3. 阳畦　4. 输热道　5. 太阳能集热坑

装入营养钵、纸筒或营养土块中，整齐地排放到育苗畦中，浇透水后播种，每钵播 3～4 粒，覆土厚 3～5 厘米。

最近，日本开始采取断根扦插育苗的方法。断根扦插塑料钵育苗法，比未断根塑料钵育苗法、苗床移栽育苗法、塑料钵直播育苗法，单株产量可提高 10%～20%。这种育苗方法除提高产量外，还可以大大提早下货期。此外，在扦插过程中可以淘汰炭疽病株，切断炭疽病由种子带病而引起的初次传染源，因而可以防止炭疽病发生和蔓延。断根扦插方法是在终霜期前 30 天，先浇足底水，播种在木箱中或畦面上。播种密度按 2 厘米×2 厘米距离播种后，上面覆土厚 2～3 厘米。播种后 7

天左右出苗，出苗后绿化 2～3 天，两片对生叶刚展平时，即可断根扦插。培养土用一般园田土或园田土加马粪(比例为 1∶1)或园田土加蛭石(比例为 1∶1)均可。用直径 8～10 厘米、高为 9 厘米的塑料钵，把培养土装入塑料钵，上面留出 3 厘米，浇足底水，水渗下后即可扦插。其具体做法是：将幼苗连根拔起，用刮脸刀片在根基部下端 1 厘米处垂直切断。再将断根的幼苗放入塑料钵中，使下端接触土面，填入潮湿的 3 厘米厚培养土，断根扦插后仍放在不加温温室中，5～7 天内注意遮荫保湿，每天少量喷水，防止土壤干燥。5 天左右开始发生新根，7 天左右可以去掉遮荫物。扦插后 20 天左右可移栽露地。

断根扦插发根的多少、新根生长速度以及成活率高低，均与温度、土壤湿度和土壤透气性有关。所以，培养土配比、土壤水分、温度管理，是断根扦插育苗的关键。岳彬 1981 年春夏两季在不同温度下，用不同培养土做断根扦插试验，结果如表 6，表 7 所示。

表 6 不同培养土发根及成活率调查 (岳彬，1981)

培养土种类	根数		根长(厘米)		成活率(%)		备注
	断根	未断根	断根	未断根	断根	未断根	
园田土	25.0	11.0	11.5	16.5	100	100	扦插后第九天
蛭石	25.0		11.5		100	100	
园田土	31.0	13.0	21.5	33.0	100	100	扦插后第九天
蛭石	26.0		25.5		100	100	

注：1981 年 3 月 23 日播种，4 月 3 日扦插。整个育苗过程都在不加温的温室中进行，平均最低温度 14℃，平均最高温度 32.7℃

表 7 不同培养土发根及成活率调查 （岳彬，1981）

培养土种类	根数		根长(厘米)		成活率(%)		备注
	断根	未断根	断根	未断根	断根	未断根	
园田土	16.2	19.8	11.1	23.2	70.0	90.6	
园田土＋蛭石	25.0	23.4	16.1	25.1	75.0	70.0	
园田土＋马粪	20.0	22.0	16.2	21.0	75.0	80.0	扦插后第十六天
蛭石	18.8	21.6	27.8	22.4	80.0	80.0	

注：1981 年 7 月 8 日播种，7 月 19 日扦插。整个育苗过程都在露地进行，平均温度 27℃，最低温度 23℃，最高温度 37℃

从表中看出，断根扦插育苗在春季不加温的温室中进行，比夏季高温时期成活率高。透气性好的培养土比透气性差的培养土，新根生长速度快。在春季不加温的温室中，断根扦插比未断根的新根数量显著增加，但夏季时期差异不明显。

菜豆播种后，在 20℃～25℃温度中发芽出土，经 3～4 周，2 叶 1 心或 3 叶 1 心时定植。定植前 7～8 天开始低温锻炼，白天维持 15℃～20℃，夜间逐渐降到 8℃～12℃。菜豆幼苗对通风降温反应敏感，揭盖覆盖物时应由小到大，由弱到强。通风过大过猛，幼叶易失绿发白或干枯，俗称“闪苗”。苗期要控制浇水，做到不干不浇，即使浇水，水量要小，以利于培育壮苗。

幼苗形态诊断：光照弱或遮光，子叶脱落早，胚轴长，茎细，第一叶小，展开角 30 度～40 度，呈徒长状。20℃左右时，叶片最大，温度高，叶呈圆形；温度低，叶片细长。干燥时，子叶早落，胚轴长约 4 厘米，茎短，第一复叶发生迟，叶较小。正常苗第一叶展开角为 45 度左右。夜温高，光照不足，第一叶变长；夜温低（15℃左右），植株发育好，第一片叶大；夜温过低，尤其白天温度也低时，生长受抑制，胚轴、茎、叶柄等长度都短，叶片展开迟，叶柄夹角大，叶片从叶柄基部下垂。盐分浓度高时，叶柄夹角也大。高温、日照不良，第一叶叶柄长。水肥适宜，叶片大；氮、磷不足，叶小，易脱落；氮、磷充足时，叶片细长；氮、磷相等或钾比氮多时，叶稍圆而略细长；钾不足时，叶脉间黄化，叶缘呈茶褐色；钙不足时，叶片下卷，呈降落伞状。

（4）中耕、设支架　菜豆在苗期主要是根系及腋芽的萌生，为使根强芽壮，必须适时中耕。早春地寒，中耕后疏松土壤能显著提高地温。中耕要早，一般于出苗前后或定植成活后，宜用小锄中耕 1 次，深 3 厘米左右。尤其雨后应及时中耕。由于菜豆从地表 4～6 厘米处就能生根，所以中耕应浅；尤其是在开始拉蔓前用大锄中耕时，深 3～5 厘米时即可。中耕时要打碎土块，在植株四周培土效果更好。

菜豆蔓高 30 厘米时，应及时插架，可于第二次中耕前在畦中浇 1 次水，待畦土稍干时中耕后插架。用“人”字架、花架、篱架等均可，一般多用“人”字架。架高 2.5 米以上，架下插牵，上绑横杆。插架后进行 1～2 次人工引蔓，使茎蔓均匀地分布到架上。

（5）灌水追肥　菜豆耐旱力强，但过分缺水时，不仅生长不良，落花严重，产量降低，而且果实粗硬，品质不良。但若湿度过大，又易引起烂根和罹病，也会使授粉不全，着果不佳。特别是在苗期，水分太多时，植株生长虽然繁茂，但根系不良，耐旱力差，且常有叶片发黄、茎叶变弱的现象。菜农掌握了这一特性，总结出“干花湿荚”的经验，即于苗期适当控制灌水，现蕾时酌情轻灌 1 次，催蕾增花；开花时一般不灌，至结荚后再开始大量灌水，每隔 7～10 天就浇 1 次。尤其在夏季，及时灌溉还能降低温度，有利于着果。

及时供给菜豆营养元素非常重要。菜豆的氮素有2/3来自根瘤菌，当其进行强烈固氮作用时，不会缺氮。但为多收嫩荚，合理施用氮肥具有重要作用。在苗期，特别是3叶期前，根瘤尚未形成，加之春季地温低，根瘤菌也不够活跃，这时常因缺氮而引起叶尖发黄、生长停滞。所以，适时施用少量速效氮肥，可促进植株发育，增强根瘤的固氮能力，提高坐荚率。菜豆对磷、钾肥的需要量较大，磷不但是菜豆的主要养料，而且能提高根瘤菌的活力。菜豆在开花期正是大量吸收和累积养料之时，所以追肥宜早，并应掌握"少吃、多餐"的原则。在齐苗后和分枝始期，每667平方米施硝铵10～15千克；开始结荚后，植株生长发育甚快，每667平方米可加施草木灰50千克，过磷酸钙10千克，并顺水灌人粪尿1次。开花中期喷2%的过磷酸钙或0.2%磷酸二氢钾，更能提高产量。

春菜豆收获末期，当豆荚减少、生长缓慢、叶片衰老脱落时，对易萌发侧枝的品种还可重新灌水施肥，使其萌发侧枝，继续开花结果，可继续采1个月，对解决秋淡很有帮助。

(6)采收　菜豆出苗后，一般约经50天开始开花，花后15～20天开始收获，收获期约30天。春菜豆从6月下旬开始供应，7月底收完。菜豆供食部分主要是内果皮，当荚已长成形、种子开始生长时，纤维少，糖分多，是采收适期；之后，中果皮细胞壁增厚，纤维增多，品质降低。所以，菜豆要在果实充分肥大、皮未变硬前及时采收，这时采收的豆荚，不仅品质好，且能节省植株养分，有利于后期结果，从而提高总产量。

3. 秋菜豆露地栽培

秋菜豆的生长初期，正是夏季高温季节，生长末期温度又较低，对生长均有不良影响，故栽培上应防止早期高温和末期低温，以提高产量。

秋菜豆应选抗病、耐热、丰产的品种。多为蔓生种，如白梅豆、延安菜豆、晚熟肉豆角（又名泰国褐粒架豆）、河南肉豆、上海小青荚和95-1等。

秋菜豆的前茬一般为春甘蓝、莴笋、早洋芋等。前作物收后，结合翻耕，每667平方米施入墙炕土3 500千克，耕翻耙耱后，做成平畦。在夏季雨水较多的地区或低湿地要做高垄或高畦，并挖排水沟，以利于排水。

秋菜豆宜直播，播种必须适时。播种过早，开花初期遇高温容易落花落果；播种过晚，影响产量。秋菜豆的播期，应尽量使开花始期错过高温季节，又能在早霜来临前收获完毕。在此前提下，尽量延长供应期，因此，应分期播种。如用蔓生品种，可于6月下旬至7月中旬陆续播种。最好在当地霜前100天左右播种。如地墒足，可以趁墒播种；地墒不足，应先开沟灌水，水渗后播种。夏季地表容易干燥，故播种前沟内灌水要多些。播种后覆土要厚些，以免土壤缺水。也可在畦面覆草，可起到降温、保湿和防暴雨的作用。一般播种后5～7天即可出苗。秋菜豆的田间管理大体同春菜豆。因苗期处于高温季节，所以灌水要多些。一般在结荚后追肥，每667平方米施尿素20千克。

秋菜豆可与其他蔬菜间作套种，一般可与夏番茄或黄瓜实行套种。于7月中下旬除去番茄、黄瓜下部30厘米左右老叶，清除畦面的残叶，每667平方米在畦面沟施腐熟厩肥2 000～3 000千克做基肥，随后在植株旁挖穴点播菜豆，每穴播3～4粒。发芽生长后，菜豆即攀援番茄或黄瓜的架杆向上生长。此时，逐渐除去番茄、黄瓜的叶片。待番茄或黄瓜采收完毕后，将番茄、黄瓜的茎蔓齐地剪去，菜豆即利用原有架杆生长。

秋菜豆与番茄或黄瓜套种，由于番茄、黄瓜的遮荫，有利于菜豆的出土和幼苗的生长，可减少菜豆的落花落果，提早采收供应，还节省了大量的支架和劳力。

秋菜豆于播种后 50 天可开始收获，10 月中下旬采收完毕。每 667 平方米产量 1 000 千克左右。

4. 春季地膜覆盖栽培

地膜覆盖，是将一定厚度的聚乙烯或聚氯乙烯薄膜覆盖于畦面，以增加土壤温度，保持土壤水分，加速根系及地上部分的生长发育，实现早熟高产的措施。可使菜豆比露地早出苗 10 天左右，成熟期提前 7～10 天，增产 20%～30%，而且，植株生长旺盛，有利于二次结果。

(1)品种选择　宜选较耐低温、品质好、产量高的品种，如优胜者、供给者、新西兰 3 号等矮生种，或选择碧丰、春丰 4 号、云丰 1 号、双丰豆、95-1 等蔓生种。

(2)整地做畦　整地质量是地膜覆盖技术成功的关键之一。要注意施足基肥，及早深翻，开春后及时耙耱保墒，达到土质细绵，地面平整，底墒充足。宜用高畦或高垄，畦宽 60～70 厘米，高 10～15 厘米；垄要直，行距要一致。畦、垄以南北向为宜(图 11)。风大、少雨地区或灌水不多的地区，也可用平畦(图 12)。垄面要细碎，无棱角，呈圆头形。覆盖前可用木制凹形磙子镇压 1～2 次，使垄面平整无土块。筑垄过程应捡去残枝、根茬和砖石碎块，防止扎破地膜。覆膜前缺墒的地块，应及早灌水。

近年来，地膜覆盖方式有了新的改进，出现了改良式地膜覆盖和地膜沟栽培技术。改良式地膜覆盖栽培，又分为沟播法

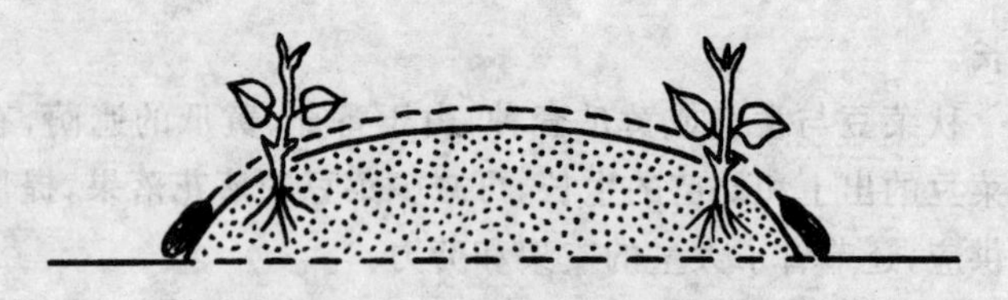
图 11 小高畦地膜覆盖栽培

图 12 有支撑物平畦短期覆盖栽培

和穴播法两种形式。沟播法是在整地做垄后，每隔 1 沟加宽垄沟至 40 厘米，沟底距沟顶 15～25 厘米，在沟底播种矮生或蔓生菜豆，播完盖地膜。出苗后，在幼苗顶部薄膜上扎眼通风。穴播法是在高畦或平畦上，按株行距挖 15 厘米深的穴，穴内播种，播后盖地膜，出苗后在穴顶扎破地膜通风(图 13)。地膜沟栽法是在改良式地膜覆盖基础上，培育壮苗，于晚霜前 15～20 天定植到膜下。按定植方法不同，可分为垄面沟栽覆膜和垄沟沟栽覆膜两种(图 14)。垄面沟栽培覆膜的，先在垄顶按一定的株行距，开沟坐水定植秧苗，定植后覆膜，沟深以平铺地膜后，使膜与沟间有一定空间为宜。一般为 15～20 厘米，深的可达 25 厘米，以免因高温或霜冻对幼苗造成伤害。垄沟沟栽覆膜的，垄沟沟底距沟顶 15～25 厘米，沟内按定植密度坐水栽苗，覆土用沟帮土，然后用垄台上的土做拱架，横向覆膜，每隔 5～7 垄在垄台上压一层土。以上两种方法，待菜豆缓苗后，在苗上方的薄膜处划“一”字口通风。晚霜过后，将苗从膜内引出。土台上的土撤回原沟，整平，使地膜落地。

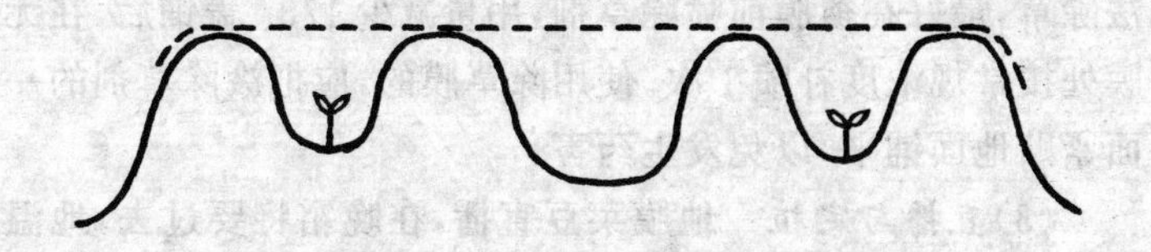

图 13　垄面沟栽覆膜

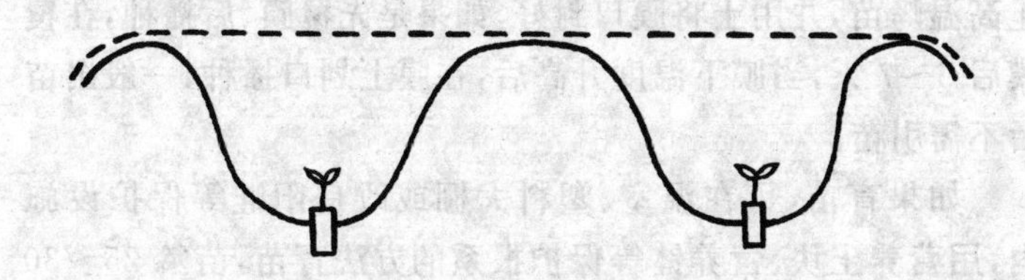

图 14　垄沟沟栽覆膜

筑垄后立即铺膜，以利于保墒增温。覆膜应选晴天中午进行，避免在低温时铺膜，热胀后遇风，易上下搧动而破裂。铺膜有两种方式：一种是先铺膜，到播种或定植时，在膜上划切口；另一种是先播种，然后覆膜，再在膜上划切口，让苗钻出膜外。不论采用哪种方法，都应在整地后或播种定植后，立即覆膜，防止水分蒸发。高垄人工铺膜作业最好 4 人同时操作，其中 2 人分别在高垄两头将膜顺畦面展开、拉紧，使膜紧贴畦面；另 2 人将膜两侧及两头用土压紧。平畦栽培时，将四周畦埂稍拍实，将膜压于畦埂上用土封严。为防止膜上积水，可在畦埂间插入弯成弓形的细竹竿，支撑地膜，晚霜过后再将地膜铺在地面上。覆膜应一垄一幅。展膜要缓，放平拉紧，使膜完全紧贴垄面。膜边要用土压严压实，防止漏气透风。有的地方，地膜两侧不压土，常导致畦面中央水少，两侧水多，中间长势差。两垄之间，留 20 厘米不盖膜，以便灌水。由于覆膜后，无法除草，最好在覆膜前喷除草剂，用量减少1/3。盖铺后，在无膜处按常规浓度补喷1次。使用除草膜的，应把涂除草剂的一面紧贴地面铺平，以免发生药害。

(3)直播与定植　地膜菜豆直播，在晚霜将要过去，地温回升到12℃以上时进行。播后，随时检查出苗情况，见小苗将出土时，将出苗处地膜划开，等小苗出土后，将其引出膜外，防止高温烤苗，并用土将膜口封好。如果是先覆膜、后播种，在覆膜后5～7天，当膜下温度升高后，在膜上划口播种，一般出苗后不需引苗。

如果育苗，可在温室、塑料大棚或改良阳畦等保护设施内，用营养土块、营养钵等保护根系的方法育苗，苗龄25～30天，晚霜过后定植。可以先铺膜，后定植；也可以先定植，后铺膜。前者，是按株行距用刀划出定植孔，将定植孔下的土挖出后栽苗，再将挖出的土覆回，压住定植孔周围的薄膜。先定植，后铺膜，是在栽苗后灌水，待地面稍干后，按幼苗位置，将膜切成"十"字形的定植孔，将苗从孔中套过，再将薄膜平铺到地上，四周用泥土压紧。这种方法，定植速度快，但容易碰伤苗的叶片，也不容易保持畦面平整。

(4)田间管理　地膜覆盖田的管理与一般田基本相同。但是，它是在精耕细作基础上，加速作物生长发育的一项技术措施。此项措施只有在肥水条件好、管理精细的前提下，才能充分发挥作用。必须注意提高整地质量和覆膜后环境条件的变化，防止出现疯长、早衰、倒伏等问题；并从品种选择、种植密度、施肥等措施上做出相应的改变。地膜覆盖是终生的覆盖，地膜破裂后立即用土封严。膜下有杂草时，中午用脚踩平，便可捂死。施肥最好在铺膜前一次施足。基肥不足者，也可在后期灌水时追肥，或叶面喷施。

覆膜后，外界供水相对减慢变少。故覆膜前应注意墒情，土壤湿度以手能捏成团，掷地可散为宜。如覆膜时土壤水分不足，覆膜后地温增高，土壤水分上升，会使5～10厘米以下土层干燥，植株扎根浅，易早衰，必须灌足水，使水充分渗到垄的中心。

5. 小拱棚短期覆盖栽培技术

小拱棚短期覆盖栽培，是利用小拱棚和风障改善小气候，育苗移栽菜豆，提早上市的一种栽培方式。其定植期一般在终霜期前10～15天，采收期比露地育苗移栽的提早20天左右，比露地直播的提早30天左右。其技术要点如下：

一般选早熟、耐低温、采收集中、果荚品质较好的矮生种，如供给者、沙克沙等。每667平方米施优质农家肥3 000～4 000千克，深翻耙平，做成长6～10米、宽1米的平畦。育成苗龄不超过25天的壮苗，露地终霜前10～15天，扣小拱棚后气温不再出现0℃时，选晴天上午定植。栽后立即扣棚。定植初期，密封保温。缓苗后，超过25℃时开始通风，20℃闭风。通风后适当灌水。当露地菜豆能正常生长时，棚内菜豆已进入开花期，此后可于早晨或傍晚撤掉小拱棚。撤棚后松土1次，而后每667平方米随水追施硫酸铵20千克，或硝酸钙15千克。管理方法基本同露地栽培。

6. 塑料大棚栽培

塑料大棚是用塑料薄膜覆盖的拱圆形和屋脊式大棚，一般高2～2.5厘米，宽6～15米，长30～60米。大棚采用的骨架有竹木、钢筋混凝土、钢材、镀锌钢管等，棚架上用农用聚氯乙烯薄膜或聚乙烯薄膜覆盖。利用塑料大棚进行菜豆春提前和秋延后栽培的效益显著。

(1)塑料大棚春提前栽培　塑料大棚春提前栽培，主要选用碧丰、丰收1号、春丰4号等蔓生菜豆；也可选择早熟、采收集中、丰产抗病、品质好的品种，如供给者、推广者等矮生菜豆。一般都行育苗，播期是按菜豆在棚内的安全定植期及生理苗龄推算的。当棚内气温不低于5℃，10厘米深处地温在10℃以上，并稳定1周左右时，方可定植。华北中南部为3月中下旬，东北和内蒙古地区为4月中下旬。蔓生菜豆适宜定植的生理苗龄为25～30天，矮生菜豆为20～25天，幼苗有4～5片真叶，苗高6～8厘米。由此推算出华北中南部地区，菜豆的适宜播种期为2月下旬，东北及内蒙古地区为3月中下旬。为防止定植后植株徒长，可在幼苗两叶期喷1 000毫克/升的矮壮素。

菜豆定植前15～20天覆盖薄膜。大棚跨度为6～10米的，用3块塑料薄膜，顶部1块，底部2块，在两个肩部通风；跨度为10～15米的，采用4块塑料薄膜覆盖，即顶部、肩部各2块，设顶部1个、肩部2个共3个通风口。前作收获后深耕，翌年土壤化冻后耙地，每667平方米施腐熟农家肥3 000～5 000千克，过磷酸钙20～30千克，草木灰100千克，或硫酸钾20千克。与土混合后，做成平畦，畦宽1.3～1.6米，长6～14米，如行地膜覆盖，则做成高畦，畦宽60～70厘米，高10～15厘米。

大棚内10厘米土温达10℃时定植，华北中南部为3月中下旬，选择晴天上午定植。每畦2行，行距50～60厘米，穴距20～30厘米，每穴2～3株。矮生种一般栽在棚内边缘畦块，或与黄瓜隔畦间作，行、穴距30～33厘米，每穴3～4苗。可先按行距开沟灌水，将苗按穴距放入沟内，水渗完后覆土。

定植后 2～5 天内密闭大棚，使白天温度维持在 25℃～28℃，夜间 15℃～20℃。缓苗后 5～7 天蹲苗，降低棚温，白天保持 15℃～20℃，夜间 12℃～15℃，防止徒长。开花结荚后，白天棚温保持 20℃～25℃，夜间 15℃～20℃，棚温不可低于 15℃，或超过 25℃。一般可通过通风调节棚温，开始时通顶风、肩风，外界气温 15℃以上时通底风，夜间最低温度达到 15℃时，昼夜大通风。及时中耕培土，从缓苗后开始，直到开花前中耕 2～3 次，结合中耕向茎基部适当培土。一般缓苗后浇 1 次缓苗水，至开花初期一般不浇水，直至初花坐荚后开始浇水追肥，促进植株生长和豆荚肥大。前期水量要小，浇水后加大通风量，以排除棚内湿气。追肥最好是粪稀和化肥交替进行，每 667 平方米每次施粪稀 500～600 千克，或复合肥 15～20 千克，整个结荚期追施 2 次粪稀，2～3 次化肥。第一茬嫩荚采收后 667 平方米施复合肥 15～20 千克，并连续浇 2 次水，促使各叶腋内抽出新花序，结两茬嫩荚。在植株生长期，叶面喷洒 1%葡萄糖或 1 毫克/升维生素 B_1，可促进光合作用；开花期用 0.5%尿素喷洒叶面，可减少秕荚，增加幼荚内种子重量。蔓生菜豆高 30 厘米左右时，及时用细竹竿插架，或用尼龙绳牵引。竹竿用“人”字架或排架。在钢架大棚中，多用拉绳的方法，顺畦方向，在大棚肩部拉粗尼龙绳或铅丝，而后在其上按穴距绑吊绳，吊绳下部可拴在畦面的绳上或小木棍上，也可直接拴在幼苗的茎蔓上。插好架后，进行 1 次人工引蔓，使茎蔓沿竹竿或吊绳向上，沿顺时针方向缠绕。

定植后，矮生种经 25～30 天收嫩荚，蔓生种经 35～45 天开始采收。隔 3～4 天收 1 次，采收期为 40～45 天。每 667 平方米产量 3 500 千克。

（2）塑料大棚秋延后栽培　菜豆大棚秋延后栽培，由于采收期比露地延迟半个月，而且管理比番茄、黄瓜简单，所以在全国发展较快。

秋大棚延后栽培，多选用蔓生品种。在西北北部等霜期早的地区，或大棚内前茬作物收获较晚时，可选用生育期较短的中早熟品种，如双季豆、丰收1号等。华北、华南、西北和东北的中南部等霜期晚的地区，或前茬作物拉秧较早时，选用生育期相对较长的中晚熟蔓生品种，如秋抗19号、78-209菜豆等。

秋大棚延后栽培，可以在温室或大棚等保护地内育苗，也可在露地育苗。华北、东北和西北中部地区播种期为7月上旬，东北和西北北部播种期为6月上中旬，苗龄20～25天。育苗期正处高温多雨期，除播种时浇足水外，一般不再浇水。苗床要求通风良好，气温不可超过35℃，否则要搭棚遮荫，防止日光暴晒和雨水冲淋。

前茬作物收获后，清理地面，每667平方米施腐熟农家肥3 000～4 000千克；翻耙后整平耙细，做成宽1～1.2米的平畦，每畦栽2行，坐水稳苗或栽后浇水，株距20～25厘米，每穴3～4株。

定植后3～5天浇1次缓苗水，稍干，中耕蹲苗，连锄2～3次，每次中耕向根部培土。幼荚4～5厘米长时，加强肥水管理，每隔7～10天浇1次水，共浇4～5次。每浇2次水，施粪稀或化肥1次，每次每667平方米施粪稀500～600千克，或尿素15～20千克。10月中旬后，植株生长势减弱，减少浇水施肥。

定植初期，温度高，注意通风降温，9月中旬后天气转凉，缩短通风时间，减少通风量；平均气温15℃时，紧闭棚膜。临近初霜，或夜间外界气温降至10℃以下时，棚四周加盖草苫、纸被防寒保温，尽量将夜温保持在15℃以上。争取将生育期延长至11月上中旬。

北方大棚菜豆，多在9月中下旬开始采收。10月上中旬为盛收期，10月中旬后生长势变弱，每667平方米产量1 500～3 000千克。

7. 日光温室栽培

日光温室也称不加温温室，主要靠太阳辐射热。目前，我国北方日光温室基本上都是采用塑料薄膜作为采光屋面的透明覆盖材料，故称之为塑料薄膜日光温室。日光温室栽培菜豆，主要是利用设施的优势，重点解决冬季早春的鲜豆供应。

日光温室栽培菜豆主要在冬春季进行，具体播种期按需要而定。如果在春节上市，则应在11月中旬播种。如果在4月上旬至5月上旬供应，则在1月下旬到2月上旬播种。可以直播，也可采用营养土块或纸袋育苗，3～4叶期起苗定植。日光温室栽培菜豆，生长期长，需肥量大，应重施基肥，一般每667平方米施充分腐熟的鸡粪4 000千克，过磷酸钙60千克，草木灰100千克或硫酸钾20千克，2/3撒施，1/3集中施入垄下。撒施后深翻30厘米，耕细耙平，而后做高垄。大行距60～70厘米，小行距50～60厘米，垄高10～15厘米，宽40～50厘米，垄沟宽40厘米。用宽150厘米的地膜，行隔沟盖沟法盖膜。每垄种植1行，每穴2～3株，穴距25～30厘米。播种后出苗前，温度保持在28℃～30℃，促进迅速出土；出苗后降低温度至18℃～20℃，以防止徒长；真叶展开后保持20℃左右。育苗移栽的，移栽前进行18℃～20℃低温炼苗。抽蔓期，茎叶迅速生长，花芽不断分化发育，棚内昼温保持20℃～25℃。夜温12℃～15℃，不应低于9℃。开花结实期昼温保持20℃，不应超过 30℃。苗期严格控制浇水。定植时一次浇足底水，定植后一般不再浇水，特别干旱时只浇小水。开花结荚后，要加强肥水管理，一般 7 天浇水 1 次，每隔 1 水追肥 1 次。每 667 平方米每次追施尿素 5～10 千克。浇水时，选晴天上午顺膜下沟暗浇，浇后通风排湿。幼苗抽蔓后，用吊绳吊架，待龙头即将爬到棚顶时落蔓，春节后一般不再落蔓。结荚后期，植株开始衰老，应进行剪蔓，以改善通风透光环境，促进侧枝再生和潜伏芽开花结荚，延长采收期。温室栽培菜豆，光照弱，温度低，湿度大，容易落花落荚，可在开花期用 5～10 毫克/千克的萘乙酸喷洒，或在伸蔓期开始喷施 200 毫克/千克增豆稳，10～15 天喷 1 次，连喷 3～4 次。喷施增豆稳，不仅可以增加分枝，促进花芽分化，增花增荚，而且能够减少落花。

蔓生菜豆要及时搭架，或吊绳引蔓。植株生长后期，要及时摘除收荚后的病叶、老叶和黄叶，蔓爬至薄膜处时要摘心。

温室菜豆也可行秋冬栽培。秋冬菜豆对品种没有特别要求，一般选用较耐低温、抗病的蔓生品种为佳。施农家肥后整平土地，培土起垄，垄高 15～18 厘米。按 55 厘米行距开沟，深 30 厘米，每 667 平方米施过磷酸钙 30～40 千克，草木灰 100 千克或硫酸钾 10 千克，与土混匀后顺沟浇水。北方大部分地区 8 月下旬露地直播，播时先按穴距 25 厘米在垄上开穴，穴内少灌些水，水渗后点籽 4～5 粒，覆土 3～5 厘米。第一片基生叶出现后，查苗、间苗、补苗，每穴留 4 株(矮生菜豆)或 3 株苗(蔓生菜豆)。齐苗后浇 1 次水，加强中耕培土。3～4 片真叶时，结合插架浇 1 次抽蔓水，同时每 667 平方米追施硝酸铵 15～20 千克，或硫酸铵 25～30 千克，然后控制肥水，进行蹲苗。现蕾后浇 1 次水，第一花序豆荚坐住后，加大浇水量，5～7 天浇 1 次水；隔 1 次水追肥，每 667 平方米施硫酸铵 20～30

千克或复合肥15～20千克。盛果期，减少水量，一般不再追肥。为防止落花，可用10～20毫克/升的萘乙酸喷花。结荚中后期，叶面喷施0.01%～0.03%钼酸铵或3%磷酸二氢钾，或1%尿素加代森锌等，这样可提高产量，改进品质。

9月中下旬，外界温度低于15℃时，扣棚保温，白天超过25℃，通顶风降温，使温度保持在20℃。10中旬后，视天气情况，缩短白天通风时间，直至不通风。当夜间最低温度达到10℃时，薄膜上开始覆盖草苫。

植株生长期间要及时搭架顺蔓，并摘除下部老叶。

为提高温室效益，还可实行间作套种。例如天津市静海县将菜豆与菜花隔畦间作，一高一矮立体种植。

（六）留 种

菜豆属自花授粉作物，但不同品种间也有的是天然杂交，特别是在天气晴朗、气温高时，自然杂交率较高，最高可达13%左右。品种间有差异，相距90厘米时杂交率可达8.26%，相距8米时为2.63%，一般为4%以下。传粉昆虫主要是蓟马、蚜虫，有时是蜜蜂，所以宜隔离采种。一般种子田在有高秆作物做屏障时，相隔2～4米即可，而良种田相距20米较好。原种田则相隔100米。因为矮生菜豆开花时顶端的花先开，所以应选强壮植株中部所结之荚留种，而蔓生菜豆是从下向上渐次开花，后期果实很不充实，故种用菜豆宜选留着生在蔓上1/3～2/3高度之间的果实做种，其余的嫩荚应及时摘除。种荚应待其荚皮变黄时采收，晒干后脱粒。

原种圃的去杂去劣工作分3次进行：第一次在初花时除去病株、畸形株和生长不良株。矮生品种内除去蔓生株和顶端缠绕的半蔓生株，除去花、叶、茎等方面不符合品种性状的植株。第二次在第一批豆荚达商品采收成熟度时，根据豆荚性状，除去非本品种的植株和其他不良株。第三次在采收前，根据成熟荚性状和豆粒性状等淘汰混杂或变异株，并根据后期感病情况淘汰其他不良株。良种圃可根据情况进行一二次，生产圃进行一次去杂。对原种还应进行粒选，淘汰杂粒、小粒、碎粒、病粒。对混杂群体，可在原种圃内根据荚数、荚形、荚质、粒形等选择单株，分别脱粒后，翌年分单株播种，淘汰不良株系，用选留株系混合繁殖原种。对蔓生种分株选择有困难，可在原种圃内随机选取优良种荚，每荚播种 1 穴，出苗后以穴为单位进行淘汰，用选留穴系的种子繁殖原种。

据报道，种子的质量与气候有关。在冷凉处留的种子，要比在温暖处留的种子比重大，而且光泽好，播种后产量也高。

种子的发芽力与成熟度及其贮藏条件关系密切。据井上、铃木(1962)用“杰作”试验，在开花后 15 天采收的种子完全不发芽；20 天的稍能发芽；25 天后采的随着采收期的延长，发芽率依次增加；35 天采的发芽率可达 100%。带荚催熟的效果很显著，用开花后 15 天采收而完全不发芽的，经 5 天后熟也可获得发芽力。用开花后 20 天采收发芽率仅有 10%的种子，经 10 天后熟，发芽势即可达 100%。开花后 25 天采收，后熟 5 天达 100%。因此，种荚收获后都应进行后熟。

菜豆收获不可太晚，否则会引起裂荚落粒而降低产量。多雨或高湿地区，种子易在荚内发芽。因此，矮生种一般在全株约有一半豆荚干枯时，可一次采收。这样，既可减少籽粒脱落，又可通过后熟，保证后期花所结种子也有高度发芽率。收获时，可连根拔起或用镰刀割下，每 5～10 株 1 束，倒立地上使其后熟干燥。机械收获时，从地表稍下处割断，使数行堆成一长条，留地上风干后熟。蔓生种分期采荚收获，或先割断茎蔓后，拔架一次收获。

收获最好在早晨露水未干时进行，防止豆荚开裂，收后经3～5 天后脱粒。大量脱粒，可用脱粒机。菜豆田内留生产用种时，可把蔓生种初期和后期结的荚做青荚食用，矮生种可把初期结的荚做菜用。但从种子质量看，种株下部荚内的种子千粒重大，播后出苗早，根系发达，叶片宽大，青荚产量高，因此，应尽量留初期荚做种。

菜豆种子的发芽力一般可保持 3 年，生产上以用新籽为佳。隔年陈籽，发芽率虽低，但有提早开花结实之说。与种子寿命关系最大的是温度、湿度和种子含水量，在这些因素中，任何一种因素降低后都有利于种子的贮藏。据中村(1958)试验，在纸袋中贮藏的种子于第二年即失去发芽力，密封干燥器中贮藏的第三年失去发芽力，石灰坛子中贮藏的经 4～5 年才失去发芽力，而在加有氯化钙的干燥器中贮藏的，到第七年仍有很高的发芽力。从中村 1973 年发表的 15～20 年试验结果中可看出，把种子与生石灰一块进行密封，10 年间发芽率就迅速降低，而用二氯化钙的 5～9 年发芽率仍很高。中村认为，菜豆种子贮藏的适宜湿度为 30%，湿度低于 10%时容易丧失发芽力。据格伏兹田伐等报告(1971)，充分干燥的种子在密封容器内经 18 年仍有发芽力，但经 10 年后长成的植株生长弱，产量低。种皮不透水，种子不吸胀而不能发芽的现象称“种子硬实”，这种现象在菜豆栽培中时有出现。种子硬实与品种特性、种子含水量和贮藏条件等有关。莱皮迪夫认为，硬实与种子含水量有关，含水量为 15.14%时，无硬实；含水量为 14.11%时，硬实发生率平均为 1%；含水量为 5.59%时，硬实发生率为 90%，说明种子含水量偏低，易发生硬实。

(七)病虫害防治

1. 病害防治

菜豆锈病

【症　状】 该病为叶部重要病害,世界各地均有严重发生。主要侵染叶、荚、茎、叶柄等地上部分。通常先在下部较老叶片上发生,逐渐向上发展,后期嫩荚也可受害。叶片上开始产生直径小于0.3毫米的苍白色圆形小肿斑,2～3天后肿斑破裂,呈红褐色的夏孢子堆,夏孢子堆逐渐增大,再过7天左右,达到固有大小时,不再增大。夏孢子常出现在叶背面,但多数品种叶表面和叶背面均可出现。有的品种只产生坏死斑。夏孢子堆的大小一般为0.3～0.8毫米,个别品种达0.8毫米以上。有的品种,夏孢子堆周围产生新的圆环形小型夏孢子堆,呈现"⊙"形。有些品种,夏孢子堆周围产生淡黄色晕圈。寄主叶衰老时,在叶片上陆续产生黑色孢子堆(冬孢子堆)。在茎上或叶柄上发病,病斑长形;在嫩荚上发病,病斑呈圆形(图15)。一片叶上的病斑多达数千个。叶脉上发病,叶片呈畸形。发病严重时,叶片干枯,畸形,提早落叶,严重影响产量。

【病原菌及传播途径】 菜豆锈病属真菌中的担子菌,为单主寄生的长形锈菌。可形成夏孢子、冬孢子、性孢子和锈孢子,无论哪一个世代都寄生在菜豆上,不进行转主寄生。夏孢子单胞,圆形或卵形,黄褐色,基部有短柄,表面有微刺。冬孢子单胞,圆形或椭圆形,基部有长柄,顶部有半圆透明的乳状突起,胞壁黑褐色,平滑或有小瘤状突起。除菜豆外,不侵染豇豆、红花菜豆和豌豆等。

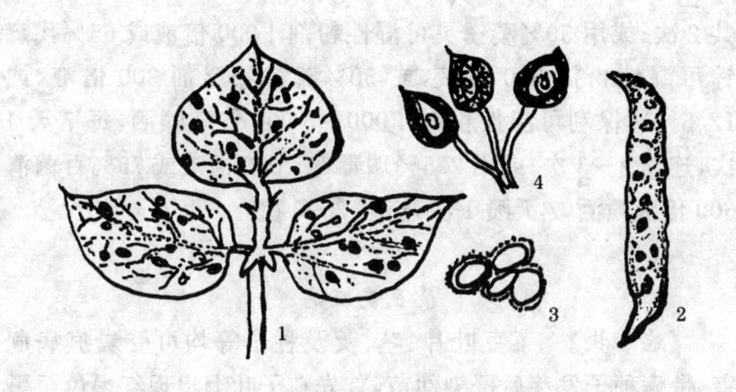

图 15　菜豆锈病

1.病叶　2.病荚　3.夏孢子　4.冬孢子

菜豆锈病有高度变异性，世界各国已鉴定出 150 多个生理小种。由于各地气候和栽培品种的不同，不同地区均有不同的生理小种，因而发病较复杂。我国华南地区春菜豆锈病发病期在 5～7 月，华北在秋菜豆上发生，病期在 8～10 月。本病以冬孢子形态在被害植株残体上越冬，越冬后的冬孢子在春季发芽后产生担孢子，侵染寄主。在南方温暖处，以夏孢子形态越冬，越冬后发芽，芽管侵入寄主，此菌夏孢子随气流传播，人、畜或工具也可传播；性孢子（担孢子）和锈孢子可直接从寄主表皮侵入，而夏孢子只能从气孔侵入。温度为 21℃～26℃和相对湿度为 95%以上时，易于发病，阴雨多露是诱发锈菌发芽、侵入和流行的重要条件。其侵入 10 天左右散出夏孢子，进行再传染。

【防治方法】　①选用抗病品种，如供给者、12 号玉豆、农安 3 号等。②实行2～3 年轮作。秋菜豆地最好远离春菜豆。合理密植。注意排水，加强通风排湿。③发病初期，用 25%可湿性粉锈宁（三唑酮、百里通）2 000 倍液喷洒，每 10 天喷 1 次，共2次;或用50%萎锈灵可湿性粉剂1 000倍液或65%代森锌可湿性粉剂500倍液,或50%硫黄悬浮剂300倍液,或12.5%速保利可湿性粉剂4 000～5 000倍液喷洒,每7天1次,连喷2～3次;或用2.5%瑞毒霉1 000倍液或75%百菌清600倍液喷洒,7天喷1次,连喷2～3次。

菜豆炭疽病

【症　状】 菜豆叶片、茎、荚及种子等均可受炭疽病危害。带病种子发芽后侵染幼苗,首先在子叶上出现红褐色至黑色圆形溃疡病斑;胚轴上产生锈色小斑,后变成条形,凹陷或龟裂,严重时幼苗折倒枯死。叶片上叶脉变成黑色或暗褐色,沿叶脉扩展成多角形或三角形的小条斑。叶柄、茎、花梗和萼片上均可形成褐色病斑,病斑凹陷、龟裂,严重时植株萎缩。结荚期多雨时,该病侵害嫩荚,形成典型病斑:开始时产生小型褐色病斑,以后扩大成长圆形病斑,直径达1厘米左右,病斑中央凹陷,黑褐色至黑色,病斑周围呈淡褐色或粉红色,荚上病斑常穿透荚肉而扩展到种子上。种子上病斑呈黑色或褐色,有时多达种子表面的一半,并伸入到子叶和胚内。当天气多雨潮湿时,茎和荚上病斑产生肉红色的粘稠物——分生孢子(图16)。

【病原菌及传播途径】 炭疽病病菌属真菌中的半知菌,只产生分生孢子,分生孢子盘黑色,其上密生无数分生孢子梗和刚毛。分生孢子梗无色,单胞,杆状。分生孢子着生于分生孢子梗顶端,单生,无色,圆形或卵形。本菌发育适温为22℃,最高34℃,最低0℃～4℃,孢子致死温度45℃,10分钟。除菜豆外,该病原菌还侵染扁豆、豇豆、蚕豆和绿豆等。以菌丝形态在种子上越冬,也能以菌丝和孢子形态附在被害植株残体上

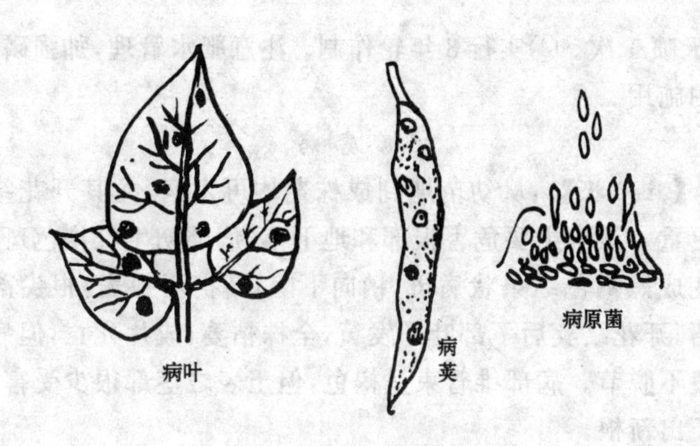

图 16 菜豆炭疽病

越冬，种子上的菌丝可存活 2 年以上，在土壤中的植株残体上存活 1 年左右，以种子传染为主，也可土传。种子发芽时，子叶病斑的休眠菌丝立即恢复生长；幼苗出土后，子叶上的菌丝很快产生分生孢子，分生孢子随雨滴再传到胚轴上。以后的分生孢子随雨滴、风、昆虫等，从伤口或表皮侵入寄主。空气相对湿度为 100%，温度为 17℃时容易发病。相对湿度低于 92%，温度高于 27℃或低于 13℃时很少发病。夏季高温多雨季节也不发病。夜间低温、少雨、少露及日光充足的天气，可抑制发病。阴天、低洼地、连作或密植，发病加重。

【防治方法】 ①选用抗病品种。实践表明，矮生种不如蔓生种抗病性强，如吉林花皮扁荚种抗病性好。坚持在无病区采种，从无病株上留种。②播种前选无病斑种子，并用相当于种子量 0.2%的 50%四氯苯醌可湿性粉剂拌种；或在 45℃热水中浸种 10 分钟，以杀灭种子病原菌，切断初侵染源。③对发病田块，用 65%代森锌 500 倍液，或 75%百菌清可湿性粉剂 600 倍液，或 80%炭疽福美可湿粉性剂 800 倍液，或 70%甲基托布津加 75%百菌清可湿粉性剂 800 倍液，从苗期开始每

10天喷1次。④实行3年轮作制。注意肥水管理,加强磷、钾肥的施用。

根腐病

【症　状】 从幼苗期到成株期均可发病,尤其开花结荚期更重。该病主要危害根部和地下茎,病部初生红褐色斑痕,后变成黑褐色纵条状病斑,稍向下陷,渐扩至根表,根尖部分腐朽。开花结荚后下部叶子发黄,全株枯萎,成片死亡,但病叶一般不脱节。病部维管束呈褐色,但土表之茎部很少受害,仍能长出新根。

【病　原】 病原菌由菜豆腐皮镰刀孢菌引起。土传,主要靠带菌肥料、工具、雨水及灌溉水等传播。在高温高湿条件下,极易发病。病菌发育适宜气温为29℃～30℃,土温在20℃～25℃时最易发病。

【防治方法】 ①加强田间管理。实行2年轮作倒茬,采用小高垄栽培,防止大水漫灌和大雨淋溅淹苗。夏季阵雨后及时轻浇水,以利于降低地温。②药剂防治。发病初期,可用50%多菌灵可湿性粉剂1 000倍液加70%代森锰锌可湿性粉剂1 000倍混合液,或77%可杀得可湿性微粒粉剂500倍液灌根,每株灌药0.25～0.5千克,每隔10天灌1次,连灌2～3次,灌药后不可浇水。也可选用70%甲基托布津可湿性粉剂或50%多菌灵可湿性粉剂加10倍干土拌匀,穴施于菜豆根茎周围,用药量为每100平方米0.25千克左右。

病毒病

【症　状】 菜豆受病毒病危害后,叶先呈明脉,缺绿而皱缩,以后变成颜色浓淡不一的花叶状,植株矮化,开花延迟。高温、干旱或管理不善时,尤其是种子带毒时危害严重。

【病　原】 主要由菜豆普通花叶病毒、菜豆黄化病毒及黄瓜花叶病毒菜豆系引起。主要靠蚜虫及汁液接触传染，种子带毒率30%～50%。蚜虫多及高温干旱时发病重。

【防治方法】①选用抗病品种。②选用无病种子，或用0.3%磷酸三钠溶液浸种15分钟，捞出用清水冲洗干净再播种。③彻底防治蚜虫。用生物农药1%杀虫素(7051)3 000倍液，或用2.5%溴氰菊酯1 000倍液喷洒。发病初期，用1.5%植病灵乳剂1 000倍液或抗毒剂1号300倍液或80增抗剂100倍液喷洒，每10天喷1次，连喷3～4次。

菜豆细菌性疫病

【症　状】该病主要危害叶片，茎和豆荚也被害。叶片染病从叶尖或叶缘开始，又称缘枯病。初呈暗色油渍状斑点，扩大后呈不规则形的褐色病斑，病部变薄，半透明，周缘有黄色晕环，并溢出黄色黏液，干燥后呈白色或黄色菌脓；嫩叶被害扭曲成畸形；茎上多发生红褐色条斑，微凹陷；豆荚上初生暗绿色油浸状斑点，后扩大为不规则形，红色或褐色，有时略带紫色，最后变为褐色病斑，凹陷，常有黄色黏液。受病种子脐部常有黄色菌脓，多数种皮皱缩，产生黑色凹陷斑点。幼苗出土时，子叶呈红褐色溃疡状，第一片真叶叶柄着生处，或着生小叶的节上生水渍状病斑，后扩大呈红褐色，病斑绕茎1周，可使幼苗折断或枯死。

【病　原】由菜豆黄单胞菌引起。菌体短杆状，极生单鞭毛。生长最适温30℃，最高温38℃，致死温度50℃，10分钟。耐酸碱度范围为pH值5.7～8.4，最适酸碱度为pH值7.3。病菌除危害菜豆外，还可危害豇豆、扁豆、绿豆和小豆。

病菌主要在种子内越冬，能存活2～3年。病叶在土中腐烂后失去生活力。播种带菌种子，长出的幼苗即可发病，其子叶及生长点上产生菌脓，经风雨和昆虫传播，从菜株的水孔、气孔和伤口等处入侵。此外，幼苗子叶发病后有时没有菌脓，病菌在植株内的输导组织内扩展，蔓延到各部，轻者菜株矮缩，重者死亡。田间温度为24℃～32℃，植株表面有水滴或呈湿润状时有利于发病。高温高湿或暴风雨后转晴，气温急剧上升，最易发病。

【防治方法】 ①选用无病种子，或播前进行种子处理。可将种子在45℃温水中浸泡10分钟，或用50%福美双可湿性粉剂或敌克松原粉，按种子重量0.3%拌种。②与非豆科作物实行2年轮作。③发病初期，及时用0.5%的波尔多液，或抗生素“401”1 000倍液，或链霉素50万～100万单位，或50%代森铵1 000倍液，每隔7～10天喷1次，共喷2～3次。

菜豆灰霉病

【症　状】 菜豆成株茎蔓、叶、豆荚等均可受该病危害。在茎蔓部一般从根茎上10～15厘米处发生云纹状，周缘深褐色，中部有淡棕色到浅黄色病斑。干燥时，病部表现破裂，形成纤维状；潮湿时，表面密生灰色霉层，有时也发生在茎蔓分枝处，被害部呈水渍状，凹陷，上端枝叶萎蔫，潮湿时斑面密生灰霉。豆荚被害，呈水渍状腐烂，其上密生灰霉(图17)。

【病　原】 由真菌灰葡萄孢侵染所致。

【防治方法】 ①加强通风管理，上午保持较高温度，下午适当延长通风时间，加大通风量，降低棚内湿度，夜间适当提高棚温，减少叶面结露。②发病初期适当控制浇水，浇水应在上午进行，以便降低湿度，减少夜间结露。③发病后及时摘除病叶病荚，集中销毁。④发病初期及时喷药，常用的药剂有50%扑海因可湿性粉剂1 000倍液，或50%速克灵可湿性粉剂2 000倍液，或25%多菌灵可湿性粉剂400～500倍液，或75%百菌清可湿性粉剂500倍液，每7～10天喷1次，共喷2～3次。

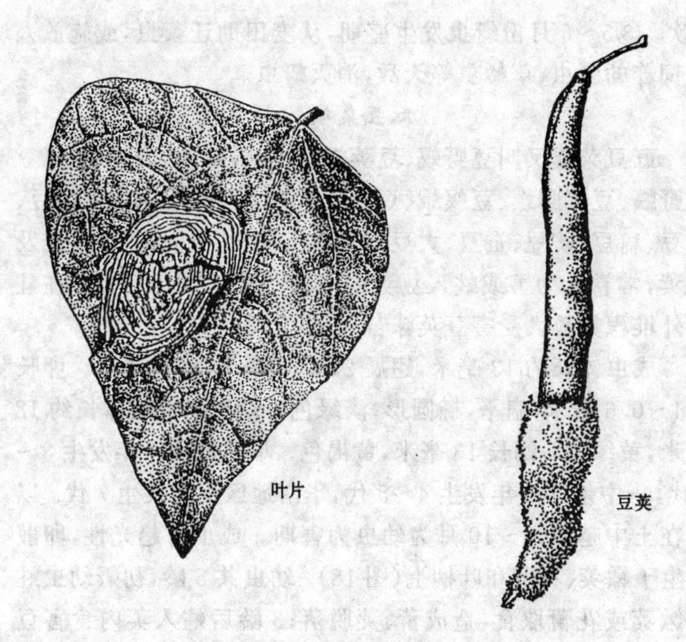

图 17　菜豆灰霉病　（王就光）

2. 害虫防治

蚜　虫

蚜虫俗称腻虫、油汗。其身体虽小，但繁殖快。常成群密集于叶片上，刺吸叶液，并排出蜜露，招引蚂蚁，引起霉菌，影响光合作用；同时，蚜虫又是多种病毒的传播者，所以必须早治，把它消灭在发生初期。

防治方法：①蚜虫对银灰色有忌避作用，可用银灰色膜覆盖。②及时使用 40%乐果乳剂或 50%辛硫磷乳油 2 000 倍液，或 80%敌敌畏 2 000 倍液，或 20%速灭菊酯 6 000 倍液，或 25%溴氰菊酯 5 000～6 000 倍液，隔 1 周喷 1 次，连喷 2～

3次。③5～6月份蚜虫发生盛期，从麦田助迁瓢虫，或施放人工饲养的瓢虫、草蛉虫等天敌，消灭蚜虫。

豇豆荚螟

豇豆荚螟又叫豆野螟、豆荚螟、大豆卷叶螟、豇豆螟、豇豆蛀野螟、豆荚野螟、豆螟蛾、豆卷叶螟、大豆螟蛾。寄生在豇豆、菜豆、扁豆、豌豆、蚕豆、大豆等作物上，以幼虫为害豆叶、花及豆荚，常卷叶为害或蛀入豆荚内取食幼嫩豆粒、荚孔，并在蛀孔外堆积粪粒。受害豆荚味苦，不堪食用。

成虫体长约13毫米，翅展24～26毫米，暗黄褐色。卵长0.4～0.6毫米，扁平，椭圆形，淡绿色。幼虫老熟后体长约18毫米，黄绿色。蛹长13毫米，黄褐色。华北地区1年发生3～4代，华中地区1年发生4～5代，华南地区1年发生7代。以蛹在土中越冬，6～10月为幼虫为害期。成虫有趋光性，卵散产生于嫩荚、花蕾和叶柄上(图18)。幼虫共5龄，初孵幼虫蛀入嫩荚或花蕾取食，造成蕾、荚脱落；3龄后蛀入荚内食害豆粒，被害荚在雨后常腐烂。幼虫亦常吐丝缀叶为害。老熟幼虫在叶背主脉两侧做茧化蛹，亦可吐丝坠落土表或落叶中结茧化蛹。该虫对温度适应范围广，在7℃～31℃下均可发育，但最适温为28℃，空气相对湿度为80%～85%。

防治方法：①及时清除田间落花、落荚，并摘除卷叶和豆荚，减少虫源。②在豆田设黑光灯，诱杀成虫。③采用灭杀毙(21%增效氰马乳油)6 000倍液，或40%氰戊菊酯6 000倍液，或2.5%溴氰戊菊酯3 000倍液，或生物农药1%杀虫素(7051)3 000倍液，从现蕾开始，每隔10天喷蕾喷花1次，在整个花期共喷3～4次。

豆荚斑螟

豆荚斑螟又叫豆荚螟、豇豆荚螟、洋槐螟蛾、槐螟蛾。主要

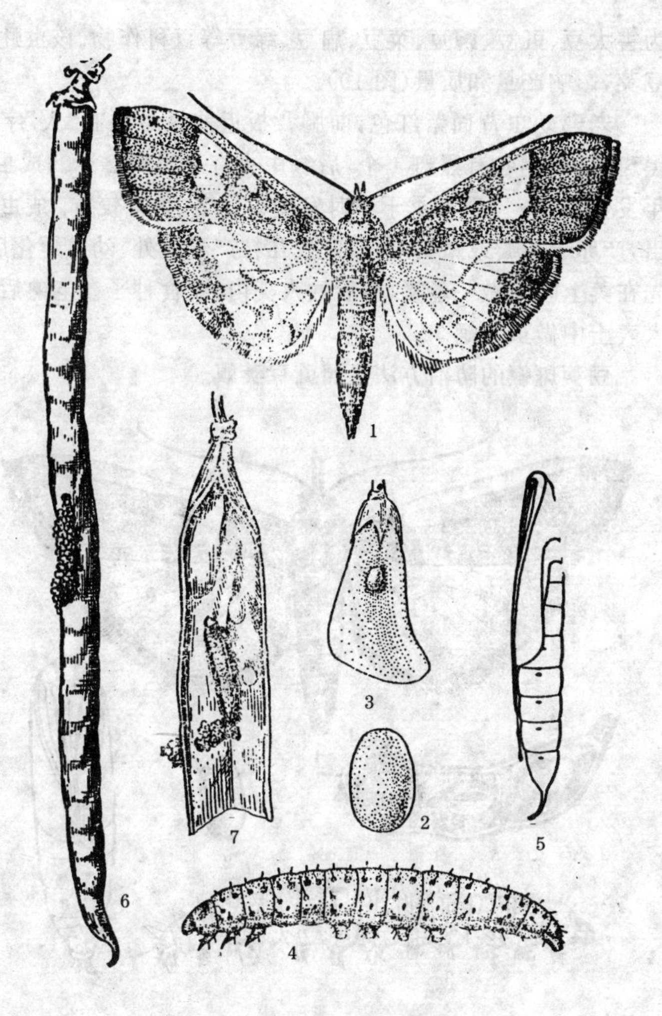

图 18　豇豆荚螟　（王就光）

1. 成虫　2. 卵　3. 产于花瓣上的卵

4. 幼虫　5. 蛹　6～7. 豆荚被害状

为害大豆、豇豆、豌豆、菜豆、扁豆、绿豆等豆科作物。该虫蛀食豆荚，影响产量和质量(图 19)。

老熟幼虫背面紫红色，前胸背板近前缘中央有“人”字形黑斑，其两侧各有黑斑 1 个，后缘中央有小黑斑 2 个。成虫 1 年发生多代。一般秋季干旱时发生数量多，为害较重。成虫夜出，产卵于花瓣或嫩荚上，散产或几粒产于一处。幼虫孵化后，先在荚上吐丝做一丝囊，然后蛀入荚内，咬食种子。老熟后落入表土中做茧化蛹。

豆荚斑螟的防治方法参照豇豆荚螟。

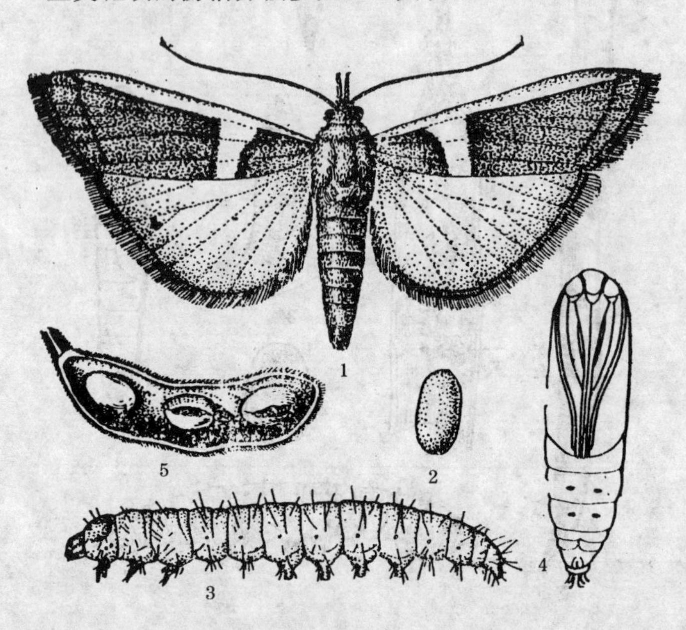

图 19　豆荚斑螟　(王就光)

1. 成虫　2. 卵　3. 幼虫　4. 蛹　5. 豆荚被害状

(八)贮藏保鲜

1. 贮藏的品种

不同品种的菜豆耐藏性不同。耐藏品种有青岛菜豆、丰收1号、沙克沙、矮生棍豆、法国芸豆等。一般秋豆比夏豆耐贮藏,紫色比绿色耐贮藏,白色居中。

应注意的是:受霜冻和冷害(气温<1℃～2℃)的菜豆不能贮藏。注意防止豆荚尖部受机械伤。

2. 贮藏的环境条件

菜豆采后,豆荚易褐变(锈斑)、老化(纤维化,黄化,豆粒膨大)、冻害、失水(萎蔫)、受气体伤害和腐烂等,是导致菜豆保鲜难、贮藏期短的根本原因。菜豆贮藏的最佳条件是:温度8℃～10℃,相对湿度90%～95%,氧气6%～8%,二氧化碳1%～2%。菜豆采收后呼吸作用旺盛,而且对低氧和高二氧化碳十分敏感,氧气<5%和二氧化碳>2%都会促使锈斑加重。菜豆为冷敏感蔬菜,低于8℃时产生冷害,其症状是呈水浸状斑块或凹陷,或出现锈斑等;温度超过10℃又易老化、腐烂。因此,国外常有人提出将菜豆放入6℃以下,甚至0℃贮藏,在冷害之前食用。一般冷害发生的时间与温度的关系是:0℃～1℃时2天,2℃～3℃时4～5天,4℃～7℃时12天。受冷害菜豆的货架寿命仅1～2天。据北京市农林科学院蔬菜贮藏加工中心等单位研究结果,贮藏温度以10℃为最好,6℃时发生冷害,14℃时商品率下降。

人工气调贮藏时,可松开袋口通风或抖入一些消石灰,使袋内氧气和二氧化碳含量保持在2%～4%。如库温比较恒定地保持在9℃～10℃，袋内不出现水汽，贮藏期可长达60天左右。

3. 贮藏的方法

(1)筐藏与箱藏　将适期采收的豆荚去掉过小、鼓粒、破损的豆荚，将鲜嫩、整齐的豆荚装入干净的木箱或筐内。上面盖两层纸，摆在菜窖的架子上，每隔5～7天翻检1次，可贮藏1个月不变质。

(2)塑料薄膜帐贮藏　选好豆荚，一层一层地平摆在筐里或木箱里，中间留出空隙，搬入菜窖后，将筐或箱罩上塑料薄膜密封。开始每天把薄膜帐打开1次换气，以后每隔3天打开1次换气，此法可贮藏2个月左右。也可用塑料袋小包装，注意定期换气。将塑料袋放入菜窖内，温度保持在7℃～10℃，可贮藏1个多月。

(3)沙子埋藏法　窖内铺5厘米厚的湿沙子，上面摆5～7厘米厚的菜豆，而后铺1层沙子，再摆1层菜豆，共摆3层，上面覆盖5厘米厚的沙子。每隔10天倒1次堆，可贮藏1～2个月。

(4)白菜夹菜豆贮藏法　立秋前，每畦种2行菜豆，开花期设风障防风。立秋前后将播种的大白菜移栽到豆角畦里侧。下霜前，选个大、柔嫩、未鼓粒的豆荚摘下，夹于白菜叶片中，每叶1根，中心也插些，再将白菜梢捆上，使之继续包心。1棵白菜可插20多根豆荚。立冬时随白菜一起收获，入室贮藏，到需要时扒开，抽出菜豆上市。

(5)减压贮藏　将采摘并整理好的菜豆放入密封冷藏室，用真空泵抽气，使贮藏室内气压降低，形成一定的真空度。当达到要求的低压时，新鲜空气首先通过压力调节器和加湿器，使空气相对湿度接近饱和，形成一个低压、高湿的环境，有利于菜豆的贮存。

(6)低温贮藏　将菜豆装入筐或木箱等容器中，存放于冷库中，将冷库温度调为8℃左右，相对湿度为85%～90%，可使菜豆贮藏1个月以上。

(九)加工利用

1. 菜豆干

豆类用水洗净后切成段，投入沸水中漂烫5分钟，取出沥干水；冷却后均匀摊放在烘箱内的烘筛上，烘制温度保持在60℃～70℃，经6～7小时后取出。

2. 菜豆制罐

选用圆荚菜豆品种，挑选肉质肥厚、脆嫩无筋的豆荚，剔除残荚、病荚和畸形荚。洗净后切去两端尖细部分，放入2.5%食盐水中浸泡10～15分钟(盐水与豆荚比例为2∶1)，经清水冲洗后，投入100℃沸水中预煮3～5分钟，在豆荚硬度适中、色泽青绿时捞出，用冷水冷却，切段装罐。条装的长度为7～10厘米，段装的长度为3～6厘米。同一罐中豆荚的大小、色泽必须一致。装罐后，注入2.3%～2.4%的盐水。在高温下排气、密封和杀菌。

3. 速冻冷藏

将原料漂洗后切去两头的柄和尖，在100℃热水或蒸汽中预煮，以破坏酶的活力，再放入沸水中煮2～3分钟，捞出立即放入冷水中冷却到10℃以下。然后，用聚乙烯或其他塑料盒包装，在-38℃～-45℃中迅速冻结，再放入-18℃左右冷藏室中长期保存。

4. 腌芸豆角

腌100千克芸豆角用盐30千克。将豆荚去尾和尖，用开水烫2～3分钟，晾干放入缸内，层层加盐，顶部加盐量要多。当天倒缸，每天1次，连倒3天，即可出缸。出缸后，用50千克开水将12.5千克盐化成盐水，再放入缸内腌制。产品不能暴露于阳光下，1周后再倒1次缸，15天后即可食用。

5. 酱八宝菜

备咸苤蓝10千克，咸黄瓜5千克，咸豆角2千克，藕2千克，咸白萝卜2千克，黄酱20千克，酱油10千克。把咸苤蓝切成梅花状菱形块，豆角切成一手指长，其他菜切成小片或细丝，入清水中泡42小时，脱去部分盐分，然后装入白布袋内，沥干水分，投入酱缸内酱渍10天即可食用。

6. 酱什锦菜

备苤蓝20千克，黄瓜15千克，莴笋10千克，豆角10千克，豇豆角10千克，胡萝卜15千克，花生米5千克，生姜1千克，杏仁4千克，甜面酱80千克。将各种菜洗净，切均匀(花生米、杏仁去皮)，放入盐水缸内浸泡，每天倒缸1次，共倒3～4次，捞起装入白布袋内控干水分，投入酱缸中酱渍(可先在回笼酱内酱3～4天)，10天即可食用。

7. 芸豆咖喱

将清水倒入锅内，旺火烧开，将芸豆倒入，烧开后盖上锅焖 15 分钟。将芸豆捞出，汤留下。取另一炒锅烧热，倒入植物油，将小茴香煸炒，倒入葱花炒至发黄，加入姜、茴香粉，番茄酱煨 15 分钟，而后加入芸豆、豆汤、辣椒粉、盐和柠檬汁，旺火烧开，盖上盖，文火煨 30 分钟，装盘趁热食用。

8. 烩白芸豆

将白芸豆放盆内，用适量水浸泡约 8 小时。把葱头切成 6 毫米见方的丁，蒜瓣拍成泥。锅内倒适量清水，将白芸豆滗去水与板肉皮一起放锅内，旺火烧开，转微火煮烂(约煮 2 小时)，捡出肉皮。炒锅内倒生菜油，旺火烧至 6 成热，放进葱头丁炒至微黄，加番茄酱炒出红油，将白芸豆倒入锅内，加精盐、胡椒粉、味精、干辣椒和蒜泥，炒匀晾透。每份约 200 克，盛入盘内即可。

9. 瓤 芸 豆

将芸豆洗净后片开，猪肉剁成馅。芸豆片中间夹猪肉馅，挂糊后，入锅油炸，再排在碗内，加汤，上蒸屉蒸熟后上盘。蒸出的汤调味勾芡浇在芸豆上，淋上花椒油即成。

10. 干烧四季豆

将四季豆去筋，掰成约 3.3 厘米长的段，冬菜切碎。油下锅烧滚，放四季豆炒一下，略加汤汁和盐、味精、醪糟汁、葱花等调料同煮，至水干时即可起锅。

11. 粉蒸四季豆

用四季豆、米粉、食油、酱油、酒酿、豆酱、花椒粉等调匀，像蒸肉一样蒸成长 3.3 厘米的菜豆段，即可食用。

12. 酱烤四季豆

将四季豆洗净，摘去老筋，掰成 3.3 厘米左右的段。锅内加入素油烧热，将四季豆下锅炒至变色，加水，烧到半熟再加豆瓣酱、酱油，烧至豆稍酥烂，再加糖烧到汤汁近干、味道浓厚即成。如果喜欢吃辣的，加一些辣油即可。

13. 素炒豆角

豆角去尖和筋，洗净榨菜泥沙，切成丝。锅中放猪油烧热，先将干辣椒炸成黄色，再放入豆角，待豆角炒至 6 成熟时，投入榨菜丝和味精、盐、大葱、淀粉、调料，并适当倾汤炒熟。

14. 炸豆角须

豆角须洗净，切成 7 厘米长的段。鸡蛋清加少许淀粉、盐、味精拌匀，抽打起泡时给豆角须上浆，然后一根一根地炸至金黄。把炸好的豆角须一起下锅再炸 1 次，装盘蘸椒盐食用。

15. 炝 豆 角

将豆腐、嫩豆角、番茄、木耳切成丁。汤勺放旺火上，加适量清水，放入豆腐、豆角焯透，捞出，控净水，装盘备用。葱末、姜末、精盐、味精、番茄、香油、花椒油、木耳兑在一起，倒在焯好的豆腐、豆角盘内拌匀即成。

16. 清拌刀豆

鲜刀豆洗净，用刀切成菱角形。清水烧开，投入刀豆，煮熟，捞起撒上麻油和盐即成。

17. 芸豆拌豆腐干

将豆腐干片成小片，放沸水中烫一下，捞出，控净水。芸豆去筋丝，切抹刀片，放在溶有少许碱的沸水中烫好，捞出放凉水中投凉，沥干水分，放在盘中间，豆腐干置周围。酱油、味精、盐、姜末、白糖、花椒油兑成调味汁，浇在盘中即成。

18. 食疗方法

菜豆以嫩荚或成熟的种子供食。菜豆中含有蛋白质、无机盐、脂肪、糖类及多种维生素及微量元素锌等，蛋白质含量低于毛豆和扁豆，但维生素、无机盐含量较高，含钠较少，是心脏病、高血压及忌盐者的营养保健食品。菜豆性温，味甘，有温中下气、益气补元之功，可治虚寒呃逆、呕吐、腹胀、肾虚腰痛和痰喘。菜豆还是一种滋补食品，可促进人体多种酶的活性，使人精力充沛，增强抗病力；菜豆还含有尿素酶，使肝昏迷者获治或减轻症状。

（1）*菜豆鸽肉汤*　备鸽肉 50 克，菜豆 30 克，山药 20 克，将鸽肉煮烂，加入菜豆和山药，投入适量调味品，肉、汤一起食用，连服数次，有健胃、强精力、增食欲等功效。

（2）*菜豆甘草蜜糖汁*　将菜豆子 30 克、甘草 2 克用水煮后加冰糖 15 克、蜂蜜 2 克调匀，早晚各服饮 1 次，连服 5 天，可治疗小儿百日咳和年迈者咳嗽。

（3）*什锦菜豆*　菜豆切粗粒，笋切粒焯水。猪肉加菜豆粗粒，加生油、生粉、胡椒粉、麻油搅匀。油锅爆蒜茸，放入菜豆粒、胡萝卜粒、笋粒炒均匀。热油锅爆猪肉粒，再加上述材料炒匀，勾芡汁上碟。

(4)菜豆焖肉排　热油锅爆蒜茸、姜片和肉排，下调料，煮开后改文火焖熟肉排。另用油锅爆菜豆，将肉排回锅，加胡萝卜片、葱白，生粉勾芡，上碟。

(十)菜豆生产中常出现的问题

1. 落花落果

菜豆植株花数多，增产潜力大，但如果温度、湿度、日照长短及土壤盐碱度等各种原因不适植株生长，常造成严重的落蕾、落花、落荚现象，结荚率一般只有20%～30%，但最多不超过40%～50%。

(1)落花、落果的原因

①养分不均衡，营养不良　豆类蔬菜的开花结荚与营养生长有密切关系。一般植株基部的花序开花结荚比中、上部的花序多。中部比上部多，花序之间着果有互相制约的倾向。前一花序结荚多时，后一花序结荚常较少。按每个花序来说，基部1～4朵花结荚率较高，其余常脱落。这种现象的产生主要是由于养分不均衡及营养不良等造成的。

从源—库关系分析，田中等(1975)用某叶同化^{14}C后，其叶节下的茎和在该叶节抽出的分枝及花序等得到最多的同化物，从而提出同化叶及其同节的茎叶和花序是一个源—库单位的想法，这枚同化叶是源，同一单位内的茎、分枝和花序是库。在叶生长期间，光合产物的运转率低，叶本身起着库的作用。当叶充分生长，光合产物运转率提高，这时如果叶的上部茎叶正在生长，这些生长中的茎叶便成为主要的库，如果叶位靠近地面，侧根也是重要的库。随着生育，茎叶不断伸长与生长，特别是当主茎结束伸长，同化叶的叶节处抽出了分枝、花序等器官时，便构成源—库单位。在这个意义上说，菜豆个体是由许多小源—库单位联系一起的。这个源—库关系，因种类有不同的特点：矮生菜豆开花期叶的光合产物运转到该叶源—库单位，主茎花序上较多；豆荚发育期由于结荚少，库比源小，豆荚发育不能充分利用叶的光合产物，而积累于茎叶中使光合产物的运转呈停滞状态。所以，为提高矮生豆类的产量，应注意改善库的状态。

蔓生种与矮生种不同，在开花期基部叶的光合产物，运转给花序的少，运转给该叶源—库单位上茎叶的较多。在豆类发育期，同化叶的光合产物，则运转到花序的多。但由于蔓生种的茎叶生长与花序及豆荚的形成同时进行，都起库的作用，大量光合产物用于茎叶的生长，便出现营养生长与生殖生长对光合产物的竞争，抑制开花结实，造成落花落荚。所以，开花初期的落花落荚，是由于植株正在迅速营养生长，大量的光合产物用于茎叶生长而引起的；中期各花序陆续开花结荚，但光合产物有限，库能超过源能，花荚之间争夺养分，便引起落花落荚；后期源能变弱，但植株继续开花结荚，源能不适应库能的要求，便继续落花落荚。因此，蔓生豆类应不断改进源能，以适应库能的需要，也就是应使营养生长适应开花结荚的需要，特别是结荚后，必须保持一定的叶面积和较高的光合效能。

②环境条件不适宜影响开花结荚　环境条件包括温度、光照、湿度、气体等，这里着重讨论温度与光照对开花结实的影响。豆类开花结实对高温的适应，虽因种类而异，但对高夜

温都较敏感。在高夜温中，菜豆花芽发育不良，即使开花时温度适宜，结荚仍少，因为高温中花粉发育不良，或者影响正常授粉，或者花蕾发育不完全，不能正常开花；或者呼吸作用强，光合产物积累少而造成养分不足等。各种豆类蔬菜开花结实时，以长日照和强光照较为有利，这是因为长日照不仅有利于光合作用，而且能显著增加根瘤菌。

据井上试验(1959)，菜豆雌蕊的适温范围较广，如授粉前在 10℃～45℃恒温中处理 4 小时，而后用健全花粉授粉，除 10℃和 45℃时不能结荚外，在 15℃～40℃范围内结荚相当好。但授粉后置于 10℃～45℃恒温中 4 小时，在 15℃～25℃时结荚最好，30℃～40℃时非常差，10℃及 45℃时完全不结荚，可见花粉比雌蕊的适温范围小。

菜豆开花结荚期，适宜的空气相对湿度为 60%～80%，土壤湿度为田间最大持水量的 60%～70%。湿度对开花结荚的影响与温度密切相关，在较低温度下，湿度的影响小，而高温下则影响非常大。在高温干旱条件下，花粉畸形、早衰或萌发困难。如遇高温高湿，花药不能正常破裂散粉，雌蕊柱头黏液浓度降低，不利于正常授粉和花粉在柱头上的萌发，均会引起落花落荚。

渡边对花粉萌发与温度、湿度组合关系试验指出：温度 20℃～25℃，相对湿度 90%～100%为花粉萌发和花粉管伸长的适宜条件；温度低于 10℃或超过 32℃时便失去发芽力。菜豆花粉耐水性很差，在 14%的蔗糖液中发育良好，在水上放置 5 分钟的花粉粒发芽能力很差，放在水中的花粉粒几乎不萌发。夏季连阴雨天，菜豆结荚少与柱头黏液浓度过低、花粉耐水性差有关。

菜豆的花发育到开花前 3 天，雌蕊开始有受精能力，开花前1天受精能力最高，结荚率达一半以上，受精能力可保持到开花第二天，但受精率降低。雌蕊对温度的适应范围比花粉广。井上等在授粉前将植株在不同温度下定温处理4小时，再用健全花粉授粉，结果是：在10℃和45℃下定温处理的未结荚，与在15℃～40℃下定温处理的结荚率无多大差别（表8）。

表8 温度处理后的雌蕊机能 （井上，铃木，1959）

处理温度（℃）	处理时间（月/日）	处理数（个）	结荚数（个）	结荚率（%）
10	8/18	10	0	0
15	8/24	10	6	60.0
20	8/22	10	6	60.0
	8/25	10	7	70.0
25	8/22	10	6	60.0
	8/25	12	7	58.3
30	8/20	10	8	80.0
	8/25	11	7	63.6
35	8/24	10	5	50.0
	8/25	10	6	60.0
40	8/20	10	6	60.0
	8/25	11	5	45.5
45	8/20	10	0	0

菜豆在土壤湿度大时生育旺盛，开花数多，但因争夺养分，结荚率不高；相反，在低湿中开花数少，结荚不多，种子少。

（2）防止落花落果的措施　①选育适应性广、抗病性强、坐荚率高、丰产的品种。②适期播种，合理密植。充分利用最有利于开花结荚的季节。③提高管理水平。适时打老叶；加强肥水管理，初花期不浇水，第一个花序坐荚后重点浇水施肥。

④适时采收，及时防治病虫害。⑤用 15 毫克/千克的吲哚乙酸或 2 毫克/千克的对氯苯酚代乙酸喷洒花序，可减少落花落荚。

2. 菜豆畸形荚

正常荚果直或稍弯，具有本品种特有的色泽等性状。而畸形荚形状各异，常见的有弯曲荚、扭曲荚、短荚等，特别是弯曲荚最常见。

(1)畸形荚的病因　菜豆畸形荚主要是由于环境条件不正常所致，与植株营养状况也有直接关系。一般夜温低于 10℃易出现弯曲荚，昼夜温差较大或忽高忽低，易产生扭曲荚；白天温度高于 30℃以上，除引起落花、落荚外，坐住的荚也多为短荚，每荚的种子数和种子重量减少。长势弱的植株，容易弯荚；肥料不足或过多时，荚果也容易弯曲。

(2)防止畸形荚的措施　①选择发芽率高、发芽势强的种子，适时播种。②白天温度要保持在 20℃～25℃；夜间保持在 15℃以上，不能低于 10℃或忽高忽低；增加光照。③追肥灌水应掌握"苗期少，抽蔓期控，结荚期促"的原则，适时、适量灌水追肥。结荚期可交替喷布磷酸二氢钾 300 倍液和尿素 200 倍液。④进入结荚后期植株衰老时，及时打去植株下部病老黄叶，改善通透条件，促进侧枝萌发和潜伏的花芽开花，正常结荚。⑤出现短荚及时采收。

3. 菜豆烂籽和硬籽

菜豆播种后，出现缺苗断垄，此时扒开可发现菜豆种子有两种情况：一是种子已吸水膨胀，但未露出芽或刚出芽尖就腐烂，俗称烂籽；二是种子在土中如同刚播入一样，硬而光滑，俗称硬籽。

(1)菜豆烂籽和硬籽的原因　烂籽是由于播种过早，土温过低，影响种子萌芽或幼芽生长，出苗慢，种子吸水膨大部位容易出现腐烂。特别是低洼地和地下水位高、土质黏重、排水不良的地块，或播种后遇到寒流侵袭并持续较长时间低温时，会加重烂籽。另外，种子丧失发芽力或发芽势弱，也易烂籽。如遭受丝核菌、腐霉菌等侵染，烂籽表面生有霉状物，常称之为霉籽。细菌侵染则种子腐烂。

硬籽是由于种子贮藏时环境过于干燥，使种子发生硬实。菜豆种子含水量为5.9%时，就会有9%左右的种子发生硬实现象，播后种子不萌动，成为硬籽。

(2)防止菜豆烂籽和硬籽的措施　①选择地势平坦、排水良好、土质肥沃的地块种植菜豆。播前要整好地。保护地栽培要提前扣棚烤田，提高土温。②耕层土温稳定在15℃以上时，适时播种。播后地温为20℃有利于出苗。播种要精细，覆土不要过厚，深浅要一致。③种子要精选，播前晾晒12～24小时。播种开穴后，在穴内稍浇些水，随之撒入一点细土，然后点播种子，覆好土。播后至出苗期不灌水，以保持土温和土壤通透性。④苗病重的地块，要用药剂消毒土壤或做好种子处理。⑤菜豆种子硬实现象与贮藏环境关系密切。在菜豆种子含水量为6.8%、空气相对湿度为30%的条件下，不会产生硬籽现象，而且种子能维持最佳生命力。⑥如贮藏环境过分干燥，发现硬实种子，可放在空气湿度为65%的环境中贮藏一段时间，便可消除硬籽现象。⑦因烂籽或硬籽造成缺苗断垄后，应及时补苗。补苗应抓住出苗后第一片基叶出现到三出复叶出现前这段时间及时补栽。

4. 菜豆敌敌畏烟剂烟害

受害株叶片变淡褐色，焦枯，严重时叶片干枯死亡。

(1)病因　由于敌敌畏烟剂用量过大，靠近植株过近，或烟剂点燃后烟扩散不均匀，积累在局部造成的。

(2)防止措施　①使用敌敌畏烟剂熏烟防治菜豆害虫，必须严格按说明书规定的用药量，不能随意加大用量。②烟剂燃放点应均匀，离植株有一定的距离，最低应距 0.5 米以上。棚过矮，或棚密闭后气流移动小，烟剂燃放点应适当增多，以利于烟剂点燃后烟均匀扩散。③烟剂熏烟后要及时通风换气。④烟害出现后，只要植株叶片没有完全枯死，可对受害重的植株及时追肥、灌水，加强管理，促使植株恢复正常生长。⑤菜豆植株恢复后，可适当喷施一些促进性激素，使其尽快生长发育，挽回损失。

5. 缺素症

(1)菜豆缺钾症

缺钾时下部叶片的叶脉间变黄，并出现向上反卷现象。叶缘、叶脉间褐色坏死。上部叶片表现为淡绿色。出现缺钾时，每 667 平方米追施硫酸钾 10～15 千克，或草木灰 100 千克；也可用 0.1%磷酸二氢钾与 1%草木灰浸出液结合喷施。在下茬蔬菜定植前，每 667 平方米施用硫酸钾 15～20 千克作为基肥。

(2)菜豆缺钙症

钙在植物体内代谢过程中，对蛋白质的合成、碳水化合物的输送以及对植物体内有机酸的中和，都起着重要作用。钙不足，将导致生长缓慢，叶缘失绿黄化，腐烂；顶端叶片淡绿色或淡黄色;中下部叶片下垂,呈降落伞状,籽实不能膨大,生长点死亡。老叶虽仍保持绿色,但根点受到影响。

蔬菜需钙较少,而土壤含钙较多,除了极酸土壤外,一般不缺钙。但在连续多年种植蔬菜的土壤上,如不增施含钙肥料也会发生缺钙。此外,氮、钾肥过多,或由于土壤干燥,土壤溶液浓度大,会阻碍对钙的吸收;同时空气湿度小,蒸发快,水分供应不足时,也容易产生缺钙现象。

沙土或酸性土壤容易发生缺钙,施基肥时,应增施农家肥。在中性沙性土壤中,应施用过磷酸钙做基肥。对酸化土壤应施用石灰,并且要深施。避免一次性施用大量的钾肥和氮肥,并要适当灌溉,保证水分供应。缺钙时,应急措施是用0.3%氯化钙水溶液喷洒叶面,每周喷2次。

(3)菜豆缺镁症

镁是构成叶绿素的重要元素,并且对果实的成熟、果实的大小和品质有影响。缺镁症状在蔬菜生育初期比较少见,随着作物的生长,叶绿素开始减少,叶色变黄,先是老叶的叶脉间多肉部分失绿发黄,有时从叶缘开始黄化,严重时只在粗叶脉两侧残留绿色,其他部分全部变黄,叶脉间发生坏死,叶片过早脱落。

土壤中含镁量低,如沙土、砂壤土或酸性、碱性土壤中容易发生缺镁。有时土壤中虽有镁,但因施钾过多,发生拮抗作用,抑制蔬菜对镁的吸收,也容易缺镁。另外,土壤温度过低,氮肥用量过多,农家肥不足,都将造成镁缺乏。

缺镁时,可增施农家肥料或含镁的矿物质肥料予以补充。注意土壤中钾、氮含量,避免一次用量过多,阻碍对镁的吸收。缺镁的应急措施是将钙镁磷肥施入植株两侧,同时,也可用1%～2%硫酸镁水溶液喷洒叶面,每隔1周喷1次,连喷2～

3次。

(4)菜豆缺硼症

硼可增强光合作用,促进碳水化合物的合成、运输和糖的代谢,调解植株内有机酸的形成和运转,使有机酸不在根中积累。缺硼时根系不发达,生长点死亡,叶发硬,易折断,蔓顶干枯,有时茎裂开;花发育不全,果实畸形,籽粒少,严重时无粒。在多年种植蔬菜的土壤上,如果农家肥施用较少,又不施硼肥,很容易发生缺硼。在酸性砂壤土上,一次施用过量的石灰肥料,易发生缺硼症。土壤干燥会影响对硼的吸收。在农家肥施用量少、土壤偏碱的环境中,硼的有效性降低,易出现缺硼症。此外,钾肥施用过量,会影响对硼的吸收,易发生缺硼症。

土壤缺硼,可在施基肥时,每667平方米施0.5～1千克硼砂。增施农家肥,提高土壤肥力。注意不要过量施用石灰肥料和钾肥,要及时灌水,防止土壤干燥。发现蔬菜缺硼时,可用0.2%的硼砂或硼酸水溶液喷洒叶面。

6. 菜豆脉间黄点叶

菜豆脉间黄点叶在菜豆生长后期出现,使植株生长缓慢,叶片变小,植株中、上部叶片绿色稍淡,叶脉虽仍为绿色,但叶脉呈绿色网状。叶脉间叶肉出现密集排列的黄白色圆形小斑点,后扩大相连成片。严重时,连片呈褐色枯斑,似灼烧状。病株结荚少。

(1)病因　系缺锰所致。锰是叶绿素的组成物质,又在叶绿素合成中起催化作用,缺锰会出现褪绿黄化症状。

(2)防治措施　①土壤黏重、通气不良的土壤,或质地轻、通透性良好、有机质少的石灰性土壤易缺锰,应注意施用锰肥。每667平方米施用硫酸锰10～205千克,2～3年施用1

次。老水田也易缺少有效锰，稻、菜轮作菜田要注意施锰肥。②增施农家肥。土壤有机质的存在，可使锰还原而增加活性锰含量，充分保证锰的供应。③土壤水分状况直接影响土壤氧化还原状态，如土壤干旱，锰向氧化状态变化，有效锰降低，因而导致缺锰。因此，对沙性土壤做好灌水十分重要。④植株出现缺锰症时，叶面喷布 0.2%～0.3%硫酸锰溶液，或0.2%～0.3%氯化锰溶液加 0.3%生石灰。

7. 菜豆脉间白化叶

菜豆发生脉间白化叶时，植株矮化，整个叶片叶色淡绿，植株中、下部叶片主脉、侧脉虽保持绿色，但脉间叶肉褪绿，继而发展到脉间白化。严重时叶缘卷曲，下部叶片黄枯，叶缘褐色枯死，植株生长缓慢，结荚减少，而且易于落花、落荚。

(1)病因　白化叶是植株缺镁所致。镁是叶绿素的组成成分，并促进碳水化合物的代谢。缺镁叶绿素形成受阻，叶片淡绿甚至褪绿白化。镁在植株体内较易移动，缺镁首先在植株中、下部叶片上表现出症状。酸性土壤或含钙多的碱性土壤容易缺镁。低温，尤其是土温偏低时，将使根系对镁的吸收受到阻碍。在保护地冬春季生产时，经常出现缺镁症。另外，肥料元素之间的相互作用，也会影响对镁的吸收，施肥时要考虑其影响。

(2)防治措施　①增施充分腐熟的农家肥。缺镁地块应注意施用含镁肥料，酸性土壤施用碳酸镁，中性土壤施用硫酸镁。镁肥可与基肥配合施用，要浅施。②注意氮、磷、钾肥合理配合，适量施用。尤其钾肥不能过多，土壤中钾浓度过高将影响到对镁的吸收。土壤中虽有镁存在，缺乏磷也将影响到镁的吸收。③保护地生产，冬春季节要做好增温、保温工作，尤其要提高土温，最低保持在15℃以上。要早扣棚烤田，适当控制灌水，加强中耕松土。④出现缺镁症状时，叶面及时喷布0.5%～1%硫酸镁溶液。

8. 菜豆叶脉坏死

菜豆发生叶脉坏死时，植株矮小，生长势弱，叶片主脉变褐坏死，严重时连接主脉的侧脉、支脉也变褐坏死。叶片绿色变淡，呈淡绿色或淡黄绿色，叶片生长不均匀，常自叶尖向叶背面卷曲。严重时，叶脉上也有褐色小斑点或条斑，叶片在高温时略显萎蔫状。

（1）病因　叶脉坏死由多种原因引起。菜豆发生病毒病，可使叶片叶脉变褐枯死，但这种叶脉坏死只在田间少数植株上出现，并且病株上可见叶片呈现花叶或疱斑，叶片形状不正，有时叶片扭曲。如果多数植株叶片出现叶脉变褐坏死，可能是生理原因所致，铜过剩和锰过剩均可使叶脉变褐坏死。铜过剩叶脉变褐，且多是在植株顶部叶片出现，而且最初叶背的叶脉易变褐，后发展到叶正面叶脉变褐枯死。锰过剩，叶脉变褐，多发生在植株中部叶片，颜色为深褐色，有时沿着变褐坏死的叶脉边出现褐色小斑点。

（2）防治措施　①增施充分腐熟的农家肥，调节土壤酸、碱度，勿使土壤过酸或过碱。②铜过剩的地块，如面积较小，可采用排土、客土的办法消除过多的铜。③磷浓度增加，可降低铜的浓度。铜过剩时，可适当增施磷肥，减缓铜的毒害。④锰过剩的地块，可多施些石灰质肥料及磷、镁肥，抑制植株对锰的过量吸收。⑤雨后，及时排除积水，避免土壤过湿，以免土壤中锰处于还原状态。但也不要使土壤过于干旱。⑥注意钙肥的施用，土壤缺钙易引发锰过剩而发生锰中毒症。

二、豇　豆

豇豆又叫长豆荚、长豇豆、婆豇豆、带豆、裙带豆、长豆、饭豆、羹豆、豆角、腰豆、黑脐豆。因其豆多红色，且荚必双生，故古籍中称为䜒䜋(音绛双)。原产地说法不一，一般认为原产于非洲。日本星川清亲在《栽培植物的起源与传播》一书中写道：非洲热带从乞力马扎罗山麓到海拔 2 000 米的丘陵高山区，广泛分布着野生豇豆原始种。这里栽培豇豆的历史很长，据美国 Reading 农业生物大学的研究，五六千年前豇豆在埃塞俄比亚已得到驯化。后来可能经过海路向东传至印度，再扩展到埃及、阿拉伯，进而传入西亚和地中海沿岸。16 世纪由西班牙传入美洲的西印度群岛，1700 年传到美国。我国的豇豆大概是经丝绸之路传入的，9 世纪再由我国传到日本。豇豆适宜高温多湿的环境，是西非人民的主食。目前，西印度群岛、印度、日本及地中海沿岸各国大量栽培，北美南部主做饲料和绿肥。

豇豆的特点是生长迅速，从播种到收获只需 60～80 天。产量稳定，需肥不多，在瘠薄土壤上亦可生长。豇豆耐阴，还可当作间作物种植。所以，栽培广泛，遍及我国南北，尤以夏季更多。100 克豇豆嫩荚含蛋白质 2.9～3.5 克，维生素 C 28～30 毫克。此外，还含有多种氨基酸、维生素、无机盐，其中嫩荚含钙比蚕豆、毛豆还多，营养丰富。可以炒、煮、腌、泡，口味极佳。尤其是将其切碎，焖软后做馅，更是幼儿和慢性病患者的佐食佳品。其籽粒含淀粉很多，与大米混煮或做馅，口味甚佳。李时珍称赞豇豆“可菜，可果，可谷，备用最多，乃豆中之上品”。豇豆性甘平，能健脾补肾，籽煎汤服食可治白带、白浊；生嚼缓咽，能消积食，治腹胀、呃气；带壳煎服能治糖尿、口渴、多尿等症。豇豆的根也能健脾益气。《滇南本草》记载："捣烂敷疔疮。根、梗烧灰调油擦破烂处，又能长肌肉"。《重庆草药》谓："治脾胃虚弱，白带白浊，痔疮出血"。我国有一种分布很广的野生豇豆(*V. uexillata*)可能是家种豇豆的原始种，它的根可代替参做补气药。

近年来，豇豆生产发展很快。据 1981 年不完全统计，全世界豇豆生产面积约 770 万公顷，产量约 227 万吨。主产于非洲、南亚、远东和东南亚，其次为中南美洲和澳大利亚，其中非洲占总产量的 2/3，特别是尼日利亚、尼日尔、埃塞俄比亚为最多。在亚洲，以印度、中国、印度尼西亚、菲律宾、马来西亚为最多。豇豆籽粒中含蛋白质量多，是发展中国家主要的蛋白质来源之一，但因产量低，病虫害严重，发展受到影响。

我国豇豆栽培历史悠久，资源丰富，加之营养丰富，品质优良，栽培容易，已成为炎夏不可缺少的主要蔬菜，栽培遍及全国各地。目前，我国豇豆每 667 平方米嫩荚最高产量已达 5 500千克(陕西耀县解放队)。1981 年浙江省农业科学院与杭州四季青公社常青大队采用之豇-28 进行密植，增施基肥，防治病害，在 2 001 平方米丰产田获得头茬每 667 平方米产量 2 735千克，连同回蓬豇豆，每 667 平方米产量 3 995 千克。但全国平均产量较低，同一地区产量差异也较大。所以，掌握豇豆的特性，改进栽培技术很有必要。

(一)植物学特征

豇豆为豆科豇豆属中能形成长形豆荚的栽培种。

1. 根

根系发达，主根深 50～80 厘米，但主要根系分布于 15～18 厘米的土层中，根的再生能力弱，有根瘤着生。在豇豆产区，原有的根瘤菌足以感染，无需接种，但固氮能力不强，每年 667 平方米土地上可固氮 5～16 千克。幼苗生长初期，根瘤菌首先从主根上开始形成，不久侧根上也形成，后期根瘤几乎全部着生在侧根上。结瘤多少和有效程度受环境的影响。早期施磷肥和低氮、中耕等，有利于结瘤。结瘤还受光周期的影响，16 小时的光照，可降低结瘤。种子萌发期，初生根每昼夜伸长 2～3 厘米，幼苗 2～3 片真叶期主根每天向下伸长 1.5～2 厘米，同时在地面 5 厘米以下耕作层内，侧根大量分生，根系基本在开花前形成，开花结荚的前、中期吸收能力达高峰期，后期根系衰老，机能减退。根系有向性生长，向肥料、水分适宜、土壤较疏松处生长。长豇豆适宜多种土壤，适应土壤 pH 值为 4.3～7.2，而以 pH 值 6～7 为宜。豇豆需要充足的肥力，以氮、磷肥为主。根系在较湿润的土壤中生长良好，忌水淹，田间积水 1～2 天，就能引起叶片发黄和落叶。短期干旱，影响不大，且有利于根系深扎。生根适宜土温为 27℃左右，低温时根系生长慢，35℃以上抑制根系生长(图 20)。

2. 茎

茎光滑，有蔓生、半蔓生和矮生之分。我国作为蔬菜和农作物栽培的有长豇豆及矮豇豆两种，前者又叫豆角，顶芽为叶芽，属无限生长，主茎长 3～4 米，约 25 节，也有 30 节以上的。早熟品种茎蔓短，节数少；晚熟品种茎蔓长，节数多。5～6 片复叶展开前，节间短，一般长 2 厘米；随着节位升高，节间延

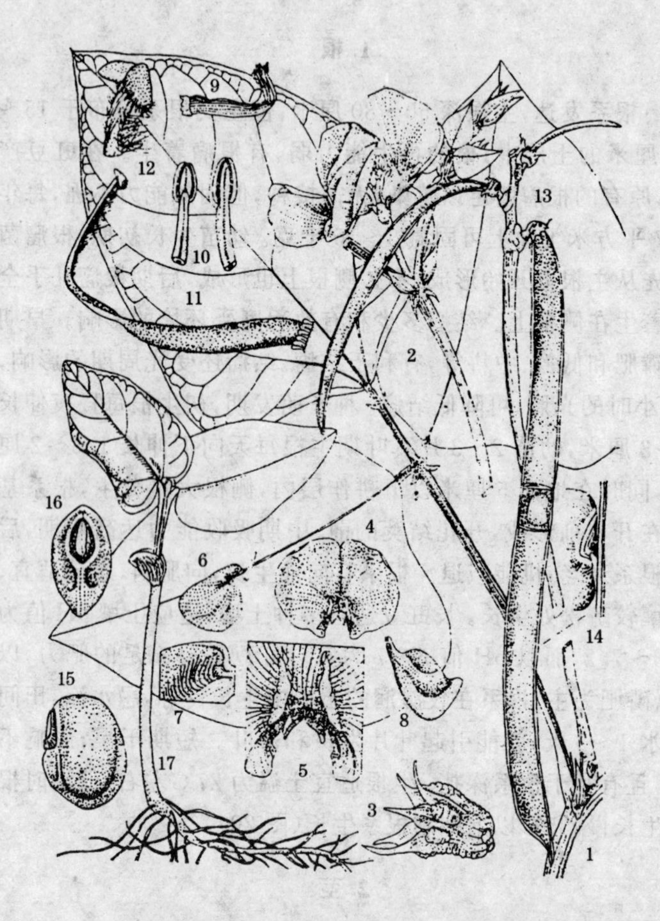

图 20　普通豇豆(据 Westphal，1974)

1. 枝和叶　2. 花序　3. 花萼　4. 旗瓣　5. 旗瓣基部详图
6. 翼瓣　7. 翼瓣(凹处详图)　8. 龙骨瓣　9. 雌蕊　10. 花药
11. 雌蕊　12. 柱头　13. 带荚的花序　14. 种子附着在荚壁上
15. 种子侧面　16. 种子及种脐　17. 幼苗

长。茎为右旋性缠绕生长。主蔓在第一对真叶和2～3节的腋芽抽出侧蔓；二级侧蔓少。半蔓生类型与蔓生类型近似。矮生类型的植株生长至一定程度后，茎端分化花芽，不再伸长，属有限生长；腋芽早活动，发生分枝多，其茎端也很快分化花芽；植株直立，呈丛生状，一般株高30～40厘米。幼茎直径1～2毫米，绿色，多棱形，有少量的毛和腺体。主茎直径约1厘米，侧枝由主茎上腋芽抽生，茎的粗细和颜色因类型而异。青豆荚类型茎蔓较细，浓绿色；白豆荚类型茎蔓较粗大，绿色；紫豆荚类型茎蔓也较粗，茎蔓和叶柄有紫红色。温度较高和良好的日照，茎蔓较粗壮，侧蔓发生较快。短日照可促进主蔓基部节位发生侧蔓，而长日照则使侧蔓发生节位提高。群体过密，茎蔓生长过快，节间长，机械组织不发达，抗逆和抗病性减弱。

3. 叶

出苗后随着养分消耗完毕，子叶萎缩脱落。初生真叶2枚，单叶对生。以后真叶为3出复叶，互生。小叶全缘，无毛。叶肉厚，光合能力强。

4. 花、果实和种子

总状花序，蝶形花，自花授粉。在主蔓的叶腋抽出花梗，花序柄长。节位高低随品种和栽培季节而异，一般早熟种在2～5节，晚熟种在7～9节，侧枝在1～2节处可抽出花梗。每花序有花蕾4～6对，常成对开花结荚。花为白色、黄白色或紫色，常在早晨开放，中午闭合凋谢。每个花梗着花、着果最多可达8～10条，但一般常因采摘技术不当、病虫危害、脱肥及高温落花等一般仅收2条，多则3～4条。果实多为条形，很细，长度依品种而异，短者30厘米左右，长者可达1米。肉厚，横断面多呈圆形。惟“盘香豆”的果实卷曲呈盘香状，色泽有青绿、白绿、浅绿、紫和花斑等。每个果实含种子10～20多粒。种子无胚乳，长肾形，种皮为紫红色、褐色、白色、黑色或带花斑等。白荚类豆荚肥大，浅绿色或绿白色，荚皮较薄，质地脆嫩；紫豆荚类豆荚较粗短，紫红色，肉质中等，容易老化，采收期短。

（二）类型及品种

1. 类 型

豇豆是广泛分布于热带和亚热带的作物。豇豆属有160～170个种，其中120个种在非洲，22个在印度和东南亚，少数在美洲和澳大利亚。Verdcourt根据自己的研究结果，确定有5个亚种：

（1）普通豇豆　广泛栽培于非洲、东南亚、东亚和南美。株型有直立、半直立、半蔓生和蔓生性或攀援性。荚有盘绕、圆形、新月形和线性。以收干豆粒为主要用途。

（2）短荚豇豆　多半蔓生，有时攀援。荚比普通豇豆小，在花轴上向上生长。种植目的为收干豆和做饲料。种子一般小而圆，荚和种子与野生豇豆很相似。主要栽培于印度和斯里兰卡，其次为东南亚各国。

（3）长豇豆　栽培目的主要用其多汁的荚做蔬菜，嫩叶亦可做蔬菜。广泛种于中国、印度、东南亚各国和澳大利亚。植株多攀援性，成熟时荚出现皱疵和萎软，荚长20厘米以上，种子在荚内较疏松，花大于其他亚种。

（4）两个野生豇豆亚种　荚很短，荚面粗糙，开裂性强，种子小，种皮吸水性差，故有休眠。均分布于非洲，是栽培豇豆的祖先。

2. 品　种

红嘴燕豇豆

成都地方品种。为早熟、丰产、春秋两用豇豆品种。在上海、北京、陕西、湖南、内蒙古等地均有种植。

蔓生，长势中等，株高 3 米。分枝力较弱，以主蔓结果为主。主蔓一般从第六至第九节开始结荚，从第二至第三节开始发生侧枝，侧枝第一节即能开始结荚。每花序结荚一般为 2 个，有的可达 3～4 个。每株结荚 20～28 个。每 16～18 条重 500 克。嫩荚淡白绿色，先端紫红色，故名红嘴燕。荚长 60～72 厘米，横断面圆形，肉厚，纤维少，质脆嫩，不易老，味稍甜，品质好。每荚有种子约 20 粒，种子小，黑色。

该品种早熟性好。据 1971 年我们通过对全国各地征集来的 18 个品种春播观察，播后 60 天开花，比其他品种早开花 2～12 天。结荚亦较集中。适应性强，在夏季高温期及秋凉后仍能正常结果，故可分期播种，陆续供应。它叶量小，适宜密植，增产潜力大。但应注意，红嘴燕易受蚜虫和病毒病危害。同时，它长势弱，易脱肥早衰，要注意后期肥水，促其恢复生长。

陕西关中地区春季于 4 月中旬直播，7 月下旬收完。每 667 平方米产量 1 500 千克。夏季于 6 月上旬播种，8 月初开始上市。秋季于 7 月上旬播种，8 月下旬供应。

罗裙带豇豆

长势强，株高 2.5 米，善分枝，茎叶繁茂，花淡紫色，主侧蔓结果都好。豆荚绿色，长达 50～60 厘米。圆形，肉厚，耐老。种子深紫褐色，带条斑。丰产潜力大。但晚熟，叶量大，不适于密植。

之豇 28-2

浙江省农业科学院园艺研究所与杭州四季青公社常青大队协作，用红嘴燕和杭州青皮杂交，经 7 代选择育成。早熟，长势强，叶量小，主蔓结荚。生育期 70～100 天，主蔓第四至第五节开始结荚，7 节后各节均有花果。荚长 55～65 厘米，最长 80 厘米，粗 0.7～0.8 厘米，圆形，单荚重 18～27 克。淡绿色，不易老。种子红紫色，每荚 18～22 粒。抗花叶病毒病。

4 月中下旬至 7 月中下旬分期播种，播后 36～80 天开始采收。大约播期每迟 1 个月，生育期缩短 6～8 天，采收期50～80 天。据全国 65 个单位统计，平均每 667 平方米产量1969.2 千克，比红嘴燕增产 33.64%。

之豇 28-2 对温光反应不敏感，播后只要保持 70～110 天相对稳定的生育期即可。一般应在当地平均气温稳定在 15℃以上时育苗移栽或直播，最迟播期以结荚后期平均气温不低于 20℃～25℃为宜。播种时，一般行距为 60～70 厘米，穴距为 20～25 厘米，每穴 3 株。每 667 平方米栽 12 000～15 000 株较为适宜。

宁豇 1 号

早熟种。春季定植后 55～60 天成熟，秋季 35～45 天成熟，全生育期 110 天。蔓生，分枝约 5 个，主侧蔓同时结荚，主蔓 2～5 节出现第一花序，每花序结荚最多达 6 个。嫩荚绿白色，长约 60 厘米，横径约 0.9 厘米。单荚重 26 克左右。种子红色。喜大肥、大水，不耐热。抗病毒病，不抗锈病和煤霉病。适宜于长江中下游地区春夏季栽培。

宁豇 3 号

抗逆性强，高产优质。作伏豇豆栽培，生育期 90 天，嫩荚采收期35～40天。荚长70厘米，最长115厘米，粗0.8～1厘米。单荚重30克。每667平方米产量1 500千克左右。生长势强，耐热，耐旱，耐湿，耐老，植株不易早衰。增产潜力大。

秋豇512

早熟种。从播种到采收需46天。蔓生，分枝性强。叶片大，绿色。主蔓第七节着生第一花序。嫩荚银白色，长约40厘米，横径约0.9厘米。单荚重20克。籽粒黄褐色，近圆肾形。抗病毒病和煤霉病。耐低温，适宜秋季栽培。每667平方米产量1 200千克以上。适宜华东、华南及西南等地区种植。

美国无蔓豇豆

早熟种。从播种到始收需55～60天。矮生，茎短粗，节间短，株高20～25厘米。茎基部着生3～5个侧枝，每个侧枝有3～4个花序，花序梗长约40厘米，粗壮直立。单株结荚15～20个。荚长40厘米。单荚重20～30克。软荚，灰白色，着粒密，品质优良。春播采收期2～3个月，夏播采收期1～2个月。较抗锈病、叶斑病。夏秋栽培，每667平方米产量1 800千克。适于四川、云南、贵州、湖南、安徽、福建等地种植。

杨早豇12

春季早熟新品种。蔓生，长3.2米，分枝弱，叶小。主蔓第三节开始结荚，以主蔓结荚为主，连续结荚8～10台，单株结荚达18个以上。较耐低温，耐肥，丰产潜力大。春播出苗后到采收约55天，比之豇28-2早5天以上。荚长60厘米，颜色与之豇28-2相似。早期产量比之豇28-2高20%以上，总产量高10%，每667平方米产量1 600千克。荚形整齐，无鼠尾现象，肉质厚而紧密，耐老化。

适宜春季早熟栽培。棚室内2～3月育苗，3～4月定植。露地栽培时，清明前后播种。每667平方米用种1.7千克。畦宽 1.4 米，种 2 行，穴距 20～25 厘米，每穴 2～3 株。适时搭架栽培，结荚后重施追肥。

杨豇 40

属优质、高产、耐热的中晚熟新品种。适宜春夏季栽培。生长势强，蔓生，主蔓长 3.5 米，中上部有 1～2 个分枝，主侧蔓结果均好。主蔓一般在第七至第八节处开花结荚，肥水充足时翻花现象显著。春播出苗后到采收约需 60 天，比之豇 28-2 迟 5～7 天。荚长 70 厘米，荚色与之豇 28-2 相同。嫩荚耐泡性强，不易老，并无鼠尾现象，肉厚而紧密，商品性极佳。春播比之豇 28-2 产量高 15%，夏播高 20%以上。

之豇特早 30

浙江省农业科学院园艺研究所利用两个早熟豇豆亲本杂交育成。具有极早熟、丰产、优质、经济效益高的特点，是目前早春保护地及露地早熟栽培的理想品种。植株蔓生，长势偏弱，分枝少，叶片小，以主蔓结荚为主。初花节位低，平均 2～3 节可普遍开花结荚。结荚稠密，荚长 60～70 厘米。荚色淡绿，肉质鲜嫩，粗细匀称，品质优良。种子红色，千粒重 120 克左右。早春播种至采收需 50～60 天，全生育期 80～100 天。初花和初收期比之豇 28-2 早 2～5 天，早期产量增加 152%，总产量增加 80%。较抗病毒病和疫病，但不抗煤霉病和锈病。较耐寒，喜肥水，适应性广，全国各地均可栽培。2 月下旬至 5 月上旬播种，最适保护地栽培。

正豇 555

泰国正大集团江苏正大种子有限公司选育。株高250～300 厘米，生长势强，后期不易早衰，无鼠尾、鼓粒等现象。株型紧凑，以主蔓结荚为主，基部结荚多而集中，主蔓第三至第四节着生第一花序，每花序着生花 2～4 对。单株结荚 13～14

条，先端一点红，荚条圆形，淡绿色，长 70～90 厘米，横径 0.8～1 厘米，重 20～30 克，种子黑色。荚肉厚，质脆嫩，味甜，籽粒少。春秋两季均可栽培，春栽从定植到始收约 60 天，比之豇 28-2 早 3～4 天。平均每 667 平方米产量 2 000 千克。较抗病毒病、叶斑病和根腐病。

穗青 1 号

广州市蔬菜科学研究所从香港青与齐尾青杂交后代中选出的新品系。植株蔓生，长势强，叶片较大，深绿色。以主蔓结荚为主，主蔓第八节开始着生花序，花冠紫色。荚长 55～60 厘米，粗 0.8 厘米。单荚重 18.5 克。荚色深绿，有光泽，尖端白色，荚形整齐美观，商品率高。荚肉厚实，纤维少，不易老化，品质优。耐贮运，适于煮、蒸或炒食。种子浅红褐色，千粒重 145 克。耐热性较强，较耐霜霉病及枯萎病，适宜夏秋播种。中熟，播种至初收 50～55 天，采收期 25～30 天，适于市场销售和出口，每 667 平方米产量900～1 200 千克。

贺豇 88

河北省辛集市旧城镇农技站试验场在激 63-2 豇豆品种基础上选育的新品种。生长势旺盛，分枝少，主、侧蔓均结荚，以主蔓结荚为主，主蔓第二至第三节着生第一花序，每花序结荚 3～4 个。荚长 70～80 厘米，最长 105 厘米。浅绿色，种子红色，肾形。荚红色，质细脆嫩，一般春播 55 天、夏播 45 天左右开始采收。北方如河北、山西一带，1 年可种 2 茬，露地 4～7 月播种。南方部分地区夏播 40 天可上市。每 667 平方米产量4 000千克。

湘豇 3 号

湖南省农业科学院从 β-1×β-70 后代中系选育成。植株蔓生，长 3.4 米，生长势强，初花节位 2～4 节，嫩荚淡绿色，外观好，肉质嫩脆，味甜，口感好。较耐寒，耐涝，煤霉病和锈病发生轻。早熟，全生育期120天，每667平方米产量2 800千克。适宜湖南各地种植，3～4月育苗，5～8月初直播。

夏宝

广东省深圳市农业科学研究所用张塘豇×羽翠杂交后代中选育。植株蔓生，茎蔓较细而坚实，蔓长4～4.1米，节间长15.7厘米，分枝2～3条。第一花序着生在主蔓第四叶节，双荚率高，结荚多。荚长56.6厘米，横径0.95厘米，肉厚致密，不易老化，品质好。早熟，春播至始收60～65天，夏播至始收40～41天。抗枯萎病，较抗锈病。每667平方米产量900～1 000千克，适宜长江以南地区春、夏、秋三季种植。

青豇80

北京市种子公司从河南地方品种中单株选择而成。植株蔓生，蔓长2米以上，侧枝少，长势强，第一花序着生在主蔓第六至第八节。坐荚率高。嫩荚绿色，荚长约70厘米，粗0.5厘米。种粒红褐色，粒较小。抗病性强，耐寒，耐涝。早熟。适宜北京地区春夏季种植。

三尺绿（冀豇1号）

河北省农林科学院蔬菜花卉研究所选育。植株蔓生，蔓长2米以上，侧枝较少，长势强。结荚节位低，生长速度快，节间较长，抽蔓早，叶片深绿色。嫩荚深绿色，长70厘米以上，粗0.5～0.6厘米，荚老化慢。种粒黑色，粒大，有波纹，千粒重160～200克。耐寒性强，抗病。早熟，前期产量及总产量高。适宜我国北方各地春、夏、秋栽培，每667平方米产量2 000千克，最高可达2 500千克。

盘豇豆

河北省地方品种。蔓生，长势中等，叶色深绿，茎浅绿色，分枝性中等。花浅紫色。嫩荚浅绿色,弯曲成螺旋状。荚长为19厘米,粗0.9~1.1厘米。单荚重15~18克。质脆,纤维中等,含水量少,品质中上。种子白色,较大,肾形。中晚熟,全生育期75~80天,耐旱,耐热,抗病力强。适宜秋季栽培。每667平方米产量1000千克以上。唐山地区秋季栽培,于7月上旬播种。

秋 丰

河南省西华县科委和开封市蔬菜研究所育成。植株蔓生,生长势旺,分枝性强。嫩荚浅绿色,长圆条形,荚长50~80厘米,粗1.5厘米,肉厚细嫩,纤维少。种子淡红色,尖端1/3为白色,肾形,千粒重180克。早熟,从播种至始收嫩荚需45天左右。耐藏,较抗锈病。适宜夏、秋季栽培,每667平方米产量2000~3000千克。当地6月20~30日均可播种,8~9月采收。秋季可与玉米间作。不宜春种。

五 月 鲜

河南省安阳地区地方品种。植株矮生,株高45厘米。生长势较弱,叶绿色,分枝1~2个,花紫红色,每花序结荚2~4个。嫩荚绿色,有的荚两侧有紫红色条状纹,长圆条形,长20~26厘米,粗0.6~0.7厘米。单荚重10~15克。纤维少。种子小,棕红色,肾形。极早熟,从播种至始收嫩荚需45天,至种子成熟约60天。耐热性较差,抗根腐病。适宜春季栽培。每667平方米产量750~1000千克。

春季露地4月上旬播种,5月下旬至7月上旬采收。也可与棉、粮、瓜间作,适于河南、安徽、山东等省栽培。

张塘豇(燕带豇)

上海市蔬菜技术推广站育成。植株蔓生,生长势强,叶色深绿,分枝性较弱。花紫红色,第一花序着生在第四至第五节,每序 2～4 朵花。嫩荚浅绿色，长圆条形，长 60～80 厘米，粗 0.7 厘米。单荚重 35 克。每 100 克鲜豆荚中含水分 90.7 克，蛋白质 2.4 克，钙 53 毫克，磷 63 毫克，铁 1 毫克，维生素 C 19 毫克，粗纤维 1.3 克。每荚种子 18～22 粒，种子红褐色，肾形，千粒重 300 克。早熟，全生育期 120～130 天。耐热，耐低温，抗锈病和灰霉病。适宜春秋两季栽培。每 667 平方米产量 1 500～2 000 千克。

地膜覆盖栽培，4 月初直播或育苗移栽；露地栽培，4 月中旬至 7 月中旬直播。适于华东地区及河南省等地春秋两季栽培。

高产 4 号

广东省汕头市种子公司选育。蔓生，侧枝少，以主蔓结荚为主，第二至第三节始着生花序。荚长 60～65 厘米，横径 1 厘米，浅绿色，成荚率高。早熟，夏季播种至初收 35 天，连续采收期 30 天以上。品质优良，种子不易显露，耐老。每 667 平方米产量 1 500～2 000 千克，最高的达 2 000 千克以上。稍耐低温，耐热，耐湿，抗病。春、夏、秋季均可种植。适于广东省部分地区种植。

特选 2 号

河南省开封县大李庄农科所瓜菜组选育。一般每根豆角长 60～80 厘米，最长 1.2 米。肉厚质细，粗纤维少，籽少而小，迟收 3～5 天不易老化。品味鲜美，十分畅销。产量高，比一般搭架豇豆增产 2～3 成以上。播种季节长，极早熟。春、夏、秋季均可播种，春播 55 天、夏播 45 天左右可收获。在 10℃～14℃范围内均可正常生长，无霜期 4 个月以上的地区均可种植。北方 4～7 月，南方 3～8 月均可栽培。

东园豇豆

江西省地方品种。蔓生，株型紧凑，分枝性强，第一花序着生于第三至第四节。花白色带紫，每隔1～2叶着生一花序，每花序结荚2～4个。荚长100～110厘米，宽0.8～1厘米，肉厚0.5～0.6厘米。单荚重约60克。嫩荚淡绿色，背腹线浅白色，肉质肥嫩，不易老。每荚种子6～8粒，棕褐色，肾形。千粒重143克。早熟，1年可种两季，春播50～55天、夏播40～45天可收嫩荚。每667平方米产量2 000～2 500千克。

宣农81720

湖北省宣恩县珠山镇蔬菜研究所选育。植株蔓生，长势旺盛，茎深绿色，节间长平均16.6厘米，分枝3～4条。每序着花2～4朵，花冠白色带紫。第一花序着生于第三至第四节，花序间隔1～2叶，每序结荚1～4个。嫩荚白绿色，老荚黄白色，一般长80～110厘米，横径0.5～0.7厘米。单荚重约45克。每荚种子12～19粒，肾形，棕褐色。千粒重100～120克。坐荚整齐，荚肉肥厚脆嫩，纤维少，宜鲜食或腌制。每667平方米产量1 700～2 000千克。清明前后浸种催芽，阳畦或塑料薄膜小拱棚育苗，3～4片真叶时定植，行距1米，株距33厘米，每穴2株。适时打杈、摘心，一般6月中旬始收嫩荚，8月下旬结束。

十八粒

吉林省通化地区地方品种。植株蔓生。花浅紫色。嫩荚深绿色，扁圆条形，平均长56厘米，宽约1.2厘米，厚0.4厘米。单荚重10.7克。每荚有种子约18粒。种子肾形，浅粉色。嫩荚肉较薄，品质中等。早熟，在吉林地区出苗后70～75天收嫩荚，100～105天收种子。每667平方米产量1 200千克。吉林省通化地区5月上中旬露地播种，行距约60厘米，株距35～40厘米。每穴3～4粒。

（三）生长发育过程

豇豆种子从萌动至豆荚和种子成熟的个体发育过程，分为发芽期、幼苗期、抽蔓期和开花结荚期 4 个时期。

1. 发芽期

自种子萌动至第一对真叶展开为发芽期，一般需 7～10 天。种子在适宜温度下，吸水量一般为种子重的 50%～60%。豇豆种皮较坚硬，气体不易透过，水多从种孔和种脐进入。吸水后，胚开始生长，胚根突破种皮，开始露白，生出幼根；胚轴伸长，使种子其他部分露出土面，形成幼苗。在 15℃～35℃范围内，种子发芽率随温度的提高而提高；温度达 35℃时，发芽率最高，发芽快，但幼苗很弱；在 25℃～30℃，不仅发芽率高，发芽快，且幼苗茁壮；15℃时，发芽率低，发芽慢，所以催芽温度以 25℃～30℃为宜。浸种对种子发芽有很大影响，特别是冷水浸种，浸种时间又长，外渗的氨基酸、蛋白质、糖和盐更多，使种子发芽率和种子活力降低。所以，生产上应尽量避免冷水浸种，也不宜播种于潮湿的土壤中，以防止出苗不良。

2. 幼苗期

自第一对真叶展开至具有 7～8 片复叶为幼苗期，一般需 15～20 天。幼苗期根系逐渐开展，在 3 片复叶时根瘤便有固氮能力。幼苗节间短，直立生长，腋芽也开始活动。豇豆根系容易木栓化，再生能力低。实行育苗栽培的宜于 1～2 片复叶前及时移栽，尤以第一对真叶展开前移栽为更好。定植后，如果气温在 10℃左右，常出现幼苗发黄、叶片脱落现象；低温阴雨天，根系生长停滞，发黄，产生锈根，叶片容易脱落，地上部生长受抑制。

长豇豆在幼苗期花芽开始分化。花芽分化的早晚，除受品种影响外，与环境也有关系。长豇豆对光周期反应分为两类：一类对光周期反应不敏感，日照长短对花芽分化早晚无明显反应，多数品种属于这一类。另一类对光照反应敏感，在短日照下，可提早主蔓基部节位抽生侧蔓，提早第一花序着生节位；在长日照下，提高侧蔓着生节位，使第一花序着生节位提高。高温加速光周期反应，缩短花芽分化过程；低温可延长光周期，延长花芽分化时间。氮肥过多或施用时期不当，会使植株徒长，碳氮比降低，延缓花芽分化。氮肥不足，养分积累少，花芽分化数减少。

3. 抽 蔓 期

自 7～8 片复叶至植株现蕾为抽蔓期。此期主蔓开始迅速生长，由直立生长变为攀援生长。短蔓生类型，植株长至一定程度后，茎端分化花芽，腋芽抽生侧枝，顶端也很快分化花芽。抽蔓期叶面积迅速扩大，根系生长快，根瘤菌数量迅速上升，并具固氮活性。

4. 开花结荚期

从植株现蕾至豆荚采收结束或种子成熟为开花结荚期，一般为 50～60 天。蔓生早熟品种在主蔓第三至第四节发生第一花序，多数在第七至第九节发生第一花序，侧蔓上 1～2 节发生第一花序。第一花序发生后，常连续数节发生花序，每节一花序者居多。主蔓上花序先开花，侧蔓开花较晚。每个花序可分化发育 2～3 对花蕾或更多，但一般仅发育成 1～2 对花蕾，第一对花蕾多数能正常开花结荚。第一至第三花序开花率高，以后逐渐降低。第一花序结荚率为20%，第二花序为63%左右，第三至第六花序为20%～36%，以后的花序为20%以下。花序的结荚率以第一、第二花序最高，可达100%，第三至第六花序为60%～70%，第七至第九花序为45%～50%，第十花序为33%，以后为0，第十五节以下豆荚产量占总产量的85%，其中第十节以下占57%；第二至第四花序的产量最高，16～20节节数占总节数40%，但产量只占15%。因此，促进中部和上部花序花蕾发育，对提高结荚率有重要作用。

据关佩聪对铁线青豆角和西园白豆角的研究，其荚果从开花到生理成熟约需23天，其间鲜重从开花至花后7天缓慢增长，花后9～13天急剧增长，以后荚果失水，组织松软，鲜重降低。种子鲜重从开花至花后9天缓慢增长，花后9～19天增长较快，以后逐渐降低。嫩荚采收期以花后11～13天为宜。

高荣岐等(1992)认为，长豇豆在开花前7～10时授粉，开花后8～10时完成双受精。授粉受精受温度影响很大，授粉受精的适宜温度为25℃～30℃，障碍性温度是35℃以上和18℃以下，低温主要伤害花粉粒的生理活性，阻碍花粉萌发和花粉管伸长。高温也影响花粉粒的生理活性，使开花不正常，花药裂药率下降，生活力降低；如果温度逆境严重，也会使雌性器官受害。长豇豆授粉受精时，空气相对湿度以70%～80%之间为宜，高温低湿危害尤大。因此，豇豆"伏歇"严重，花期大雨或长期阴雨，也会降低结实率。矮生豇豆的产量形成与蔓生的不同，以前期的产量为最高，中期少，后期又回升，产量呈双峰曲线。

(四)生长发育需要的条件

1. 温 度

豇豆喜温耐热,种子萌发要求25℃～35℃,15℃时发芽慢,最低发芽温度为10℃。对湿度敏感,低温高湿,种子容易腐烂。

生育的适宜温度为20℃～30℃,很耐热,当盛夏温度达35℃以上,不宜于菜豆结荚时,它仍能生长结荚。但在32℃时,会影响根系生长,高温中植株的长势差,且会大量落花,所以在酷暑期常有20～30天的伏歇。伏后,在肥田营养生长较旺,薄田植株早衰。加之豇豆极怕寒,在10℃以下时停止生长,不耐4℃左右的低温,0℃时便受冻,生长期短,容易形成全期低产。所以,应选用早熟品种,采取育苗移栽,在盛暑前形成第一个产量高峰,盛暑期促进原有花序上的副花芽和侧枝花序形成,利用“秋杈子”在伏后形成第二个产量高峰,而延长盛果期。豇豆最大干物质产量,是在白天27℃、夜间22℃时获得的。豇豆的根系相当发达,较耐旱,很适于夏季栽培。

2. 光 照

豇豆多为短日照作物,在秋季日照逐渐缩短时着花节位降低,开花结荚增多。南方品种引入北方种植,开花延迟;北方品种引入南方,开花期提早。诱导豇豆开花的最好光周期为8～14小时。种子产量、干物质产量和根瘤数在光周期小于12小时13分时,均减产,差别2分钟就能对开花和种子产量发生影响,但对日照长度要求不严。如广州金山豆在自然日照和

16 小时光照下播种后，到现蕾开花的日数基本相同，仅在 20 小时光照下才稍延迟（表 9）。豇豆较耐阴，故常将它与高粱、玉米等高秆作物间作套种。开花期光照充足，对开花结荚有利。

表 9　金山豇豆对不同光照的反应

（中山大学生物系，1959）

光照处理时数	播种期（日/月）	现蕾期（日/月）	始花期（日/月）	从播种到现蕾天数	从播种到开花天数
10 小时	18/3	12～15/5	15～20/5	55～58	58～65
自然光照	18/3	1/5	8/5	44	51
16 小时	18/3	5/5	7～8/5	48	50～51

3. 水　分

豇豆根系发达，吸水力强，叶面蒸腾量小，比较耐旱。幼苗期要控水蹲苗，防止植株徒长或沤根死苗。开花结荚期需水量增加，但如遇连续阴雨天，不利于根系生长和根瘤菌的活动，容易落花落荚，严重者根系腐烂。在此期间干旱缺水，同样会引起落花落荚。

4. 土　壤

豇豆对土质要求不严，适应性强，但最适于排水良好、不过分干燥、富含腐殖质的壤土或砂壤土。土壤过于黏重或低温，不利于根系和根瘤菌的发育，且易得炭疽病。适宜的 pH 值为 6～7。土壤湿度过大、过酸或过碱，对根瘤生长不利。豇豆因有根瘤固氮，土壤不宜过肥，否则茎叶生长过旺，反而降低豆荚的产量。不宜连作，以间隔 2～3 年为好。

豇豆植株生长旺盛，生育期长，而本身的固氮能力又较弱，所以对氮肥的需要量比其他豆类要多，但又要防止过量施氮肥引起徒长。施氮最好以复合肥的形式掺在基肥中。豇豆整个生育期内需磷最多，钾次之。开花结荚期增施磷、钾肥，可以促进根瘤菌的活动，起到以磷增氮的作用，使豆荚充实，产量提高，品质改善。矮生豇豆生育期短，生育快，从开花盛期起就进入吸收养分旺盛期，栽培上要早施追肥，促进开花结荚。蔓生种生育较迟缓，嫩荚开始伸长时才大量吸收养分；生长后期除吸收大量磷、钾肥外，仍需吸收一定量的氮肥。因此，对蔓生豇豆要加强后期追肥，防止植株脱肥早衰，才能延长结荚，增加产量。

（五）周年生产技术

1. 春豇豆栽培技术

（1）整地播种和定植　豇豆忌连作，应选两年以上未种过豆科作物的土地种植。它的根系发达，主根长达 60 厘米以上，故宜深耕，最好行秋翻，立茬过冬。豇豆的生长期比菜豆长，要多施基肥。豇豆的根瘤不发达，对氮肥需要量较多。春季，每 667 平方米施基肥约 10 000 千克，过磷酸钙 25～50 千克，钾肥 25 千克。多次浅耕耙耱，做成 1.3 米宽的畦，以备栽苗。

豇豆喜高温，其生育期的长短，主要取决于营养生长阶段的有效积温。播种后至开始采收需要 80 多天，再经 50～80 天才能收获完毕。播种出苗后到开始开花需要 605.4℃～656.3℃积温（蔡俊德，1983），所以，春播后因温度低，开花比夏播的晚。一般当平均气温稳定在 15℃以上时，开始育苗移栽或露地直播，最迟播种期以结荚后期平均气温不低于20℃～25℃为宜。

因为豇豆不耐寒，所以露地都在晚霜过后，当地温达12℃以上时才播种。但如果播种过晚，生长期因温度过高，结荚不良。

豇豆苗期生长较慢，采用育苗移栽对提早成熟、增加产量有重要作用。由于豇豆根系较弱，恢复生长能力较差，育苗时必须掌握好以下技术：

一是精选种子，胀籽播种。种果采收后充分风干，最好播前脱粒，过早脱粒易受象鼻虫的危害。

二是播前严格选种。剔除瘪籽、成熟度差的浅色籽、不易吸水的铁籽、虫蛀籽和破裂籽。用30℃的温水浸泡10～12小时。由于豇豆胚根对温湿度较敏感，容易黄枯，发生锈色，且易折损，因此很少催芽。如果催芽，可先将其置于35℃左右处，待种子有30%～50%露芽后，再将温度降至25℃～28℃。这样做，发芽整齐，幼芽茁壮。

三是精细整床，用纸钵育苗。豇豆主根发达，根系再生力弱，受伤后恢复慢，宜用纸钵或营养土方育苗。豇豆根系喜肥好氧，育苗的培养土要肥沃、疏松，纸钵也要大些，直径为10厘米。播时要上足底水，每钵播双籽，覆土3厘米。播后立即搭拱棚、盖膜，保证尽快升温，使出苗期床温平均达到25℃左右。这时一般不通风，当70%～80%出苗时，立即通风，苗齐后白天撤去薄膜。出苗期通风不可过早，以便种皮迅速脱落，防止产生戴帽现象。从幼苗出齐到第一对真叶充分展开前容易徒长，这时苗床气温白天不宜超过30℃，晚上为12℃～15℃。从复叶出现到定植前，要注意加强锻炼，使其成为株型较矮、叶片大而肥厚、颜色深绿的健壮秧苗。

四是掌握苗龄，适时定植。苗龄不可过大，一般以定植前15～20天播种，当第一片复叶展开时定植最好。可以采用开沟摆苗、点水、水渗后覆土合沟的步骤进行。一般畦宽1.3米，每畦栽2行，沟深以放入纸钵后不高出地平面为宜。栽后每株施1勺粪以保墒保温。栽植不可过稀，特别是栽种叶稀、茎细的红嘴燕时，更应密植。一般行株距为70厘米×33厘米，每穴2苗，每667平方米栽12 000株。

(2)田间管理　因豇豆苗期长，生长发育又需较高的温度，所以，管理中前期要注意控水提温，促进其生长；同时，要防止徒长现象，使植株健壮生长。缓苗后，连续合墒中耕蹲苗，提高地温，促进根系发育，使苗稳健生长。否则，苗子猛长，使第一花序节位升高，花序数减少，侧枝萌发，形成中下部空蔓。当蔓高1米左右，第一花序开花坐果，荚长30～33厘米，其后几节花序显现时，浇足头水。6月中旬，中下部果条伸长，主蔓生长到架顶，中上部花序出现后，再浇第二次水。以后，地皮稍干即浇水，以保持地面湿润。

豇豆亦可整枝。对半矮生品种，当其高30厘米时即应摘心，使侧枝长出；侧枝高30厘米时再次摘心，这样可使结果多而集中。对蔓生性强的品种，可于早期将主蔓上第一花序以下的侧芽全部抹去。主蔓第一花序以上各节位，多为花芽与叶芽混合着生的节位，既有叶芽，又有花芽。花芽肥大，苞叶皱缩粗糙。叶芽较小，火炬状，苞叶平展光滑。在蹲苗期应及时将各混合节位上的幼小叶芽摘除，使养分集中到主蔓上。当主蔓爬至架顶后，再行打头，这样可使上部分枝增加，促使侧花芽的形成。如果侧枝已经形成，则应留1～3节摘心，使其基部花芽继续开花结荚。

蔓生品种在茎蔓将要抽出时，应即搭架。架要高，要牢。采用适合的架形很重要。蔡俊德(1981～1982)用倒"人"字形高架(2.2米以上)与"人"字形架比较,前者叶片在支架上的内外层分布较均匀,采光面大,光合生产率高,早期产量比"人"字形架提高66.2%,总产量增加7.4%。

豇豆耐旱力较强,但当茎蔓抽出后,特别是当其坐果之后,正值盛夏,要特别注意灌水,切勿干旱。但灌量不能过大,否则积水容易锈根,引起叶子发黄脱落。

每生产100千克豇豆种子,约需氮(N)5千克,磷(P_2O_5)1.7千克,钾(K_2O)4.8千克,钙(CaO)1.6千克,镁(MgO)1.5千克,硫(S)0.4千克。豇豆根瘤不发达,尤其在幼苗和孕蕾初期,需氮肥较多,所以在搭架前可顺水灌入人粪尿,并要增施磷、钾肥。坐果后,一般浇第一次水在第一层果荚长达15厘米左右时进行。结合浇头水,每667平方米追施尿素10千克。浇第一次水后,营养生长和生殖生长齐头并进,需水量大增,应保持地面湿润。进入初采期,每667平方米施饼粕肥100千克,整个生长期施尿素2～3次和人粪尿1～3次。

豇豆开花结荚时,若枝叶过分茂密,影响通风透光时,可将下部老叶剪除。

(3)采收　豇豆春播经70～80天,秋播经50～60天即可采收嫩荚。豇豆自然开花后10～15天即可采收,初期每隔3～5天、盛期隔1天采收1次。收获过晚,籽粒膨大,荚壁发软,品质下降。豇豆每个花序上有2～5对花,先开的两朵先结荚2个;当其长大后正值采收时,另外两朵花才开。豇豆的花及其蕾极易碰落,故采收时应特别小心,不要损伤其余花芽,更不可连花序一起拔掉。适时采收对防止植株衰老有重要的作用,一般隔1天采收1次,最盛产期必须1天采收1次。

2. 夏豇豆栽培技术

夏豇豆指 5 月上中旬至 6 月底播种，7～9 月蔬菜淡季上市的豇豆。夏豇豆生长期温度高，生长期短，且常有暴雨或干旱，对生长不利，产量低。因此，要注意下列问题：①选用生长势强，耐热，耐旱，耐湿，嫩荚耐老，植株不易早衰，增产潜力大的品种，如宁豇 3 号等。②选排灌方便的肥沃田块，深耕晒垡，整地做畦，开好排水沟渠。施足基肥，每 667 平方米用生物菌肥中的果菜专用肥 100～120 千克，适当配以其他农家肥，或施农家肥 5 000 千克，尿素 10 千克，过磷酸钙 20 千克，氯化钾 10 千克或氮磷钾复合肥 30 千克。③一般夏豇豆比春豇豆栽培密度略大，行距 67 厘米，穴距 21 厘米，每穴 2～3 苗，多为直播。为保证全苗，应灌足底水，浸种播种，出苗前要遮荫，以保持播种沟的土壤潮湿。套种豇豆应避免拥挤，如套种黄瓜，出苗后 1～2 天，及时将已采收结束的黄瓜蔓清除，并行中耕，防止徒长。高温干旱时，要勤浇少浇水，并掌握在天凉、地凉和水凉的情况下浇灌，以达到防旱和促进根壮、苗壮的目的。④用高 2 米以上的架材，搭成倒“人”字形架，以利于通风透光。搭架后，清沟培土；抽蔓后，按逆时针方向理蔓上架，隔 4～5 天理 1 次，一般需理 3 次。⑤肥水要先控后促。抽蔓时，结合搭架重施肥 1 次；结荚始期后，嫩荚和茎蔓生长旺盛，每隔4～5 天追施 1 次速效肥，连续追施 3～4 次并辅以叶面肥，可有效地增加结荚盛期和后期的长荚率，防止植株早衰，提高盛期的荚重。如果要想增收翻花豆荚，需在采收盛期结束前 4～5 天，重施 1 次肥，以延长叶龄，促进有效侧蔓萌发和侧花芽的形成。此后，再追 1 次速效肥，可延长采收期。⑥播种前后，喷洒防治单子叶杂草的除草剂。苗期注意防治地老虎和蚜虫;生长期注意防治豆野螟和锈病、灰霉病。

3. 秋豇豆的栽培技术要点

秋豇豆对保证淡季的供应具有重要作用。它的栽培技术虽与春豇豆基本一致,但应特别注意以下几点:①秋豇豆应选抗热性强的中、早熟品种,如红嘴燕、秋豇豆 512 等。②秋豇豆应种在凉爽处。秋季多雨,必须做好排水工作。③适时播种。红嘴燕在陕西关中地区 6 月中下旬播种,因当时气温高,故不必育苗,可趁墒播种。播后 50～60 天开始采收。可按播种行开沟,在沟内灌水,水渗后按 20～25 厘米的窝距,用干籽播种。每窝点种子 3～4 粒。为了防止种子腐烂,保证全苗,要把种子点在沟的半坡上,东西长的沟,点在沟的南坡,这样温湿度适合,可保证全苗。播种后,如遇雨而使地面板结,应及时锄松土面,以利于出苗。④秋豇豆苗期也要控制灌水,如灌水过多,易引起徒长,影响结荚,所以要少灌水,勤中耕,并结合最后一次中耕培土做垄,垄高 10～13 厘米,以免秋季雨水多时,土壤积水过多,影响植株生长。豇豆虽耐旱,但在结荚期要给以充足的水分。除施足底肥外,在结荚期要结合灌水追肥 1～2 次。

4. 冬暖大棚豇豆栽培

(1) *茬次安排*

①*秋延后茬*　一般于 6 月下旬至 7 月上旬播种,8 月中旬至 10 月下旬采收。如需要促其翻花结荚,采收期可延至 11 月中旬。

②*秋冬茬*　一般于 8 月上中旬播种,10 月上旬至 12 月下旬采收,翻花的采收期可延迟至翌年 1 月。

③越冬茬　10 月上旬播种，12 月上旬至翌年 2 月中旬采收。如需要使其翻花结荚，采收期可延长至 3 月中下旬。

④冬春茬　一般于 11 月中下旬播种，翌年 1 月下旬至 3 月下旬采收。翻花结的回头荚，可延迟至 4 月中旬。

⑤早春茬　一般在 2 月中下旬播种，4 月中旬至 6 月下旬采收。加强后期管理，使其翻花结荚，可延长至 8 月中旬。

⑥春夏茬　一般于 4 月中下旬播种，6 月中下旬采收，一直采收到 8 月中下旬，甚至延迟到 9 月上旬。

(2)品种选择　应选择持续结荚期长，结荚率高，荚果长，肉厚紧实，质糯高产的品种。还要注意到不同品种对棚室茬口的适应性，如早春茬、春夏茬、秋延茬栽培，应选耐热、耐湿、抗病毒病的品种，如杨豇 40、东湖牌 5 号；而秋冬茬、越冬茬和冬春茬应选用早熟、耐低温、耐湿、耐病和回头荚产量高的品种，如之豇 28-2，正豇 555，特早 30，杨豇 12 等。

(3)整地施肥和闷棚灭菌杀虫　棚内前茬拉秧后，将残枝败叶清扫干净。每 667 平方米施经过充分发酵腐熟的鸡粪、猪圈粪等农家肥 5～6 立方米，氮磷钾三元复合肥 100 千克，或过磷酸钙 75 千克，尿素 10 千克，硫酸钾 15 千克，50％的多菌灵可湿性粉剂 3～4 千克，50％辛硫磷乳油 500 倍液 80～100 千克。然后，深翻地 30 厘米，整平畦面，选连续晴天严密闭棚，高温闷棚 3～4 天，消毒灭菌。

(4)催芽直播或育苗移栽　种子要严格粒选，在阳光下晒 2～3 天。为预防炭疽病、根腐病和枯萎病，可用 45℃温水浸种 15 分钟，再用 25℃～30℃温水浸泡 8～12 小时，捞出后，晾干多余水分，用相当于种子干重 0.3％的 50％多菌灵粉剂拌种。为防止细菌性疫病，可用 100 万单位的硫酸链霉素 1 000 倍液浸种 8～12 小时，然后阴干播种，或育苗移栽。播前浇足底墒水，做到足墒播种。种子要事先经过温水浸泡，使其吸足水分，并用湿土催芽，而后播种。湿土催芽的方法是：在冬暖大棚通风透光处，每667平方米用育苗地3～5平方米，将地整平，铺1层塑料薄膜，膜上撒1层5～6厘米厚的湿土，再将浸过的种子均匀撒在土上，种子上面覆盖湿润细土1～1.5厘米，最后覆盖地膜。在20℃～25℃条件下，经3～4天长出1厘米左右的胚根时取出播种。另外，要适当浅播，一般在种子上覆土1.5～2厘米即可。秋延茬、夏秋茬因烈日高温，浅播容易发生播种层干旱，造成落干种芽的现象。为此，须用水种包播种法。具体做法是：开播种沟，顺沟溜水，点播种，覆土壅土包，当种芽弯勾顶鼻时扒包通风。这种播种法的原则是"水足，浅播，厚盖，适时一次扒平通风"。"水足"，即播种前播种沟浇的水要足，以浇后1小时左右水能渗湿底墒为准；"浅播"，即播种沟要浅，沟深比畦平面低1～1.5厘米，而且沟底要平；"厚盖"，即点播种子后盖土要厚，并壅土包，土包底宽20厘米左右，高3厘米，土包顶呈屋脊形；"一次扒平通风"，即当种芽扎下，胚轴呈弯勾往上顶土时，用粪扒子将包土一次扒平。扒包后种子的实际播深为1～1.5厘米，2～3天出全苗。

按大小行播种，大行宽70厘米，小行宽50厘米。按行距划线，顺线开沟，沟深1～1.5厘米，顺沟灌水，水渗后播种，从小行中调土覆盖种子。

为了能及时上市，也可育苗移栽。育苗时，每个营养钵播3～4株，苗期要短，第一对真叶展开时移栽。豇豆移栽前先整好1.2米宽的南北向畦，按50厘米行距在畦内南北向开沟，深12厘米，顺沟浇足水，按25厘米的穴距放入营养钵苗坨后，从畦中间开沟取土埋苗坨。每667平方米栽苗坨4 500个，每个苗坨有苗2棵。栽植后，中耕松土。

(5)管理　可按以下几个时期管理。

①发芽至定植后缓苗期　越冬茬、冬春茬和早春茬，为促进发芽出土和定植后加快缓苗，不要通风，要尽量提高棚温，使棚内白天气温保持25℃～30℃，夜间20℃～16℃，最低不低于15℃。出苗或缓苗后，适当降低温度，白天20℃～28℃，夜间20℃～15℃，防止高温造成下胚轴徒长。秋延茬、秋冬茬和春夏茬的豆角，播后出苗期和定植后缓苗期因外界气温高，为防止棚内高温，要加强通风降温，或搭荫棚防止烈日暴晒，使棚内最高温不超过30℃。若高于35℃，则生育受抑制，不形成根瘤。在足墒播种或坐水定植的情况下，发芽期和定植后缓苗期一般不浇水。

②幼苗期至抽蔓期　首先是增温保温，要覆盖地膜，提高地温，同时在棚前边0.5米处盖1层草帘，使棚内夜间地温维持在17℃～20℃，比气温高2℃～3℃。早揭晚盖草苫，增加光照时间，10天左右擦拭棚膜1次，保持棚膜良好的透光性。在后墙张挂镀铝反光幕，增加棚内光照。白天棚内气温保持25℃～28℃，中午前后高于30℃时要通风，至25℃时关闭通风口。傍晚盖草苫后，在草苫上加盖1层塑料膜，增强夜间保温。从生出4片复叶至甩蔓期略降温，昼温由25℃～28℃降为20℃～25℃，夜温由20℃～17℃降为18℃～15℃。要防止温度过高，引起徒长，又要防止温度过低，抑制根系发育而使地上部生长缓慢。

在肥水管理上，要采取适当控制。在播种或移植时，在浇足水和地膜覆盖保墒的条件下，一般在3片复叶前不浇足水，不追肥。如果基肥中速效氮不足，幼苗期根瘤少，固氮作用差，植株表现缺氮症时，宜于4～5片复叶期进行地膜下浇水，每667平方米冲施磷酸二铵10千克左右，浇水不宜过大。甩蔓开始期，在每行上方距大棚 30～60 厘米处南北向拴 1 条拉紧的 14# 铁丝，铁丝上拴吊绳，每穴用同一根吊绳及时吊蔓。

③开花结荚期　开花结荚需要充足的光照和较高的温度。光照不足，或光照时间过短，或温度较低，都会加重落花落荚。开花结荚期最适温度是 25℃～30℃，但在 18℃～24℃的较低温度或 30℃～35℃的高温下，都能正常生长和开花结荚。所以，在开花结荚期大棚的温光管理上，应早揭晚盖草苫，延长光照时间；当中午前后棚内气温升至 35℃时，要通风降温，待棚温降至 29℃时，关闭通风窗口，停止通风降温。傍晚放草苫时，棚内气温一般在 24℃左右，夜间维持 16℃～18℃，凌晨短时间最低气温也不要低于 15℃；夜间棚内 10 厘米土层最低温不应低于 18℃。白天温度较高，昼夜温差较大，有利于开花结荚。在寒冷季节，为提高棚内温度，中午前后通风时间较短，棚内二氧化碳含量低，应采取二氧化碳施肥技术补充二氧化碳含量。

豇豆在第一花序抽梗开花期，一般不浇水，不追肥，第一至第二花序坐荚后，开始浇水施肥，每半个月浇 1 次，每次随水冲施磷酸二铵 7～8 千克。开花结荚期，每 10 天左右浇 1 次水，每次随水冲施三元复合化肥 10 千克和发酵腐熟的人粪尿 100 千克。上部花序开花结荚及中部侧蔓翻花结荚期间，每 10～15 天浇 1 次水，每次冲施尿素和硫酸钾各 7～8 千克。整个开花结荚期，保持畦面 3 厘米以下土壤湿而不干，植株不显旱象。

④引蔓和整枝抹杈　主蔓伸长至 30 厘米时，引蔓攀上吊绳。主蔓伸长到 120～150 厘米时，打去顶头，促其发侧枝。对所有侧枝都要摘心，但不同部位发生的侧枝，摘心留节数不一样：主蔓下部早发的侧枝，留 10 节以上摘心，中部侧蔓留 5～

6节摘心，上部侧蔓留1～3节摘心。一般每条侧枝留多少节，就可以形成多少个花序，还可形成副花序(翻花)。植株生长健壮，适当多留侧枝和节数，可增加单株花序数。对生长旺的侧枝，攀援至吊绳顶部时，可人为地盘下来，使其再往上爬。对主蔓第一花序以下各节位的侧枝，要及早打去。对第一花序以上各节所生弱小叶片也要抹除，促进同节位的花芽发育。整枝引蔓宜于晴天下午茎叶不脆时进行。通常，距植株顶部60～100厘米处，茎部侧枝的萌发力最强，侧枝下部和中部原花序节位的副花芽，容易萌发形成翻花结荚，整枝时要注意保护。

⑤适时采收　豇豆开花后14天以上，荚果最长，鲜重最大。此时采收，产量最高且品质最佳。采收时要保护好花序。

(六)留　种

1. 常规留种法

豇豆最好选植株中、下部荚身圆滑，头尾大小一致，粒密而不显露的果荚做种。基部果实易着地腐烂和遭虫害，应将其离地挂起。当果荚变黄发软时采收，散挂于阴凉处，使其后熟。当其营养转入籽粒后，再晒干脱粒。

豇豆种子发芽年限一般认为是5年，但若贮藏得法，发芽年限可以延长。据笔者1971年对普通室内3种不同贮藏方式的陈种子的发芽力做的测定：种子脱粒后，装入纸袋内贮于种子柜中的5个品种的种子，9年后其中1个完全失去发芽力；另外4个发芽率在5%～13%之间变动；6个品种经8年后，其中3个失去发芽力，另3个中发芽率最高的为46.4%；贮存7年的3个品种中，1个失去发芽力，另2个发芽率为

27%～40%；同时发现种子发芽年限与贮藏方式有关，如马缠绳种子，不脱粒，整荚封装入纸袋中贮藏8年后再脱粒的种子十分完整，光泽如故，发芽率为38%，发芽势达21%；而脱粒后再封装于纸袋中者，则完全失去发芽力。带荚装袋贮藏7年的沈阳长豇豆发芽率为46%，而脱粒后再装入瓦罐内，加盖贮藏的十八籽豇豆，经2年几乎全被虫蛀，完全失去发芽力。由此看出，豇豆不脱粒带荚封藏，经7年发芽力仍可达近半数，但占地方太大。为避免虫蛀，最好是将种荚晒干后，放至冬天再脱粒。为较久保藏，最好拌入粮虫净，随即装入袋中封严，置通风干燥处贮藏。

据报道，种子采收后半个月内，豆粒中的豌豆象幼虫未变成成虫时，用开水杀虫效果可达100%，且不影响发芽力。其具体方法是：把种子装入竹筐里，放入开水中浸30秒钟，取出倒入冷水中冷却，然后晒干。也可用磷化铝或氯化苦熏蒸后贮藏。

2. 组织培养繁殖

四川省农业科学院园艺种苗中心商宏俐以豇豆带子叶节、带芽茎段和顶芽为外植体，接种于MS为基本培养基，附加不同浓度的a萘乙酸（NAA）和6-苄基腺嘌呤（BA）激素配比的培养基上。培养温度25℃±1℃，以日光灯24小时光照，光照度3 000勒左右，结果外植体由下而上繁殖能力逐渐下降，带子叶节增殖率最高，带芽茎段次之，顶芽最低。揭上1号、2号和之豇28-2等3个品种中，以揭上2号和之豇28-2增殖较高。揭上2号品种带子叶节在0.1毫克/升萘乙酸加2毫克/升6-苄基腺嘌呤的培养基上增殖率较高。在培养基上添加豇豆种子浸提液后，揭上2号品种带子叶节增殖率明显提高，这说明浸提液中可能有某种成分能促进芽的增殖。揭上1号种子萌发后去掉顶芽，待生长一段时间后取带子叶节培养，并进行正置和倒置培养，证明去顶芽的带子叶节正置培养增殖率大为提高，而未去顶芽的带子叶节行倒置培养后，增殖率大大低于相同处理的正置培养。增殖的幼芽，在不加任何激素的1/ 2MS培养基上，很容易生根；生根的植株经保湿后移栽至田间，30天后观察，存活率很高，生物学性状与正常植株苗期一致（表10）。

表10　不同放置方式及去顶芽的增殖情况

（商宏俐，1992）

外植体	放置方式	4代累计增殖率	平均每天芽数（共138天）
未去顶芽子叶节	正　置	639.5	4.6
去顶芽子叶节	正　置	946.7	7.4
未去顶芽子叶节	倒　置	301.1	2.3

注：品种为揭上1号，培养基用MS+0.1毫克/升萘乙酸+2毫克/升6-苄基腺嘌呤

豇豆快速繁殖的成功，为临时保存优良种质资源，解决育种及杂交制种等难题，提供了一个十分有效的方法。

（七）病虫害防治

1. 病害防治

豇豆疫病

该病主要危害茎蔓、叶片和豆荚。茎蔓染病，多发生在节部或节附近。初病部呈水浸状不定形暗色斑，后绕茎扩展致茎

蔓呈暗褐色缢缩，病部以上茎叶萎蔫枯死，湿度大时皮层腐烂，表面产生白霉。叶片染病，初生暗绿色水浸状斑，周缘不明显，扩大后呈近圆形或不规则的淡褐色斑，表面生稀疏白霉，即孢子囊梗和孢子囊，荚染病多腐烂。

由豇豆疫霉引起。病菌生长适温为25℃～28℃，最高35℃，最低13℃，只危害豇豆。以卵孢子在病残体上越冬。条件适宜时，卵孢子萌发产生芽管，芽管顶端膨大形成孢子囊，孢子囊萌发产生游动孢子，借风雨传播。以后，病部产生孢子囊进行再侵染，生育后期形成卵孢子越冬。连阴雨或雨后转晴，湿度高，易发病。地势低洼，土壤潮湿，密度大，通风透光不良，发病重。

防治方法：①实行2年以上轮作。低洼湿地采用垄作，合理密植，雨后及时排水。采收后将病枝集中烧毁。②发病初期开始，喷洒40%三乙膦酸铝可湿性粉剂200倍液，或70%乙·锰可湿性粉剂500倍液，或58%甲霜灵·锰锌可湿性粉剂500倍液，或64%杀毒矾可湿性粉剂500倍液，或50%甲霜铜可湿性粉剂800倍液，或72.2%普力克水剂600倍液，或72%霜霸可湿性粉剂700倍液，或69%安克锰锌可湿性粉剂1 000倍液，每10天左右喷1次，共喷2～3次。

豇豆锈病

该病主要发生在叶片上，严重时也可危害叶柄和种荚。初期，叶背产生淡黄色小斑点，逐渐变褐，隆起呈小脓疱状，后扩大成夏孢子堆，表皮破裂，散出红褐色粉末即夏孢子；后期，形成黑色的冬孢子堆，使叶片变形早落。有时叶脉、种荚上也产生夏孢子堆或冬孢子堆。种荚染病，不能食用。此外，叶正背两面有时可见稍凸起的栗褐色粒点，即病菌的性子器；叶背面产生黄白色粗绒状物即锈子器。

豇豆锈病由豇豆属单胞锈病和豇豆单胞锈菌引起。系单主寄生锈菌，能产生性孢子、锈孢子、夏孢子、冬孢子及担孢子，是专性寄生菌，只危害豇豆。我国北方主要以冬孢子在病残体上越冬。翌春日均温度21℃～28℃，具水湿及散射光条件，经3～5天冬孢子萌发产生担孢子，借气流传播，产生芽管，侵入豇豆叶片危害，同时产生性孢子和锈孢子。锈孢子成熟后，在豇豆叶上萌发侵入危害，后形成夏孢子堆，产生夏孢子。夏孢子成熟后借气流传播，又进行多次重复侵染，直到秋后，或植株生育后期条件不适，才形成冬孢子堆，产生冬孢子越冬。但南方病菌主要以夏孢子越冬和越夏。日均温23℃，相对湿度90%，潜育期8～9天。在日均温稳定在24℃，连阴雨条件下，容易流行。

防治方法：①发病初期开始喷洒15%三唑酮可湿性粉剂1 000～1 500倍液，或40%福星乳油8 000倍液，或50%萎锈灵乳油800倍液，或50%硫黄悬浮剂200倍液，或30%固体石硫合剂150倍液，或25%敌力脱乳油3 000倍液，或65%的代森锌可湿性粉剂500倍液，或50%多菌灵可湿性粉剂800～1 000倍液，或25%敌力脱乳油4 000倍液加15%三唑酮可湿性粉剂2 000倍液，每隔10～15天1次，连续2～3次。②不要在雨前浇水，春、秋豇豆不要连片栽培。

豇豆病毒病

该病为系统性症状，叶片出现深绿、浅绿相间的花叶，有时可见叶绿素聚集，形成深绿色脉带和萎缩、卷叶等症状。主要由黄瓜花叶病毒(CMV)、豇豆蚜传花叶病毒(CoAMV)和蚕豆萎蔫病毒(BBWV)侵染引起。3种病毒在田间主要通过桃蚜、豆蚜等多种蚜虫进行非持久性传毒，病株汁液摩擦接种及农事操作也可传播。

防治方法：①选用耐病品种如之豇28-2、红嘴燕等。②及早防治蚜虫。③加强管理，提高抗病力。④发病初期喷洒1.5%植病灵Ⅱ号乳剂1 000倍液，或83增抗剂100倍液或20%抗病盛乳油500～800倍液，或60%病毒A片剂（15千克水中加2片），或20%万毒清500倍液，或20%病毒A可湿性粉剂500～700倍液，或6%病毒克或20%病毒必克可湿性粉剂1 000倍液，或38%病毒1号600～800倍液，或复方克病神500倍液加植保素500倍液，或病毒王500倍液加平衡剂300倍液，或病毒速克灵乳油500倍液加克旱寒增产剂（黄腐殖酸锌）500倍液喷洒，每7～8天喷1次，连喷3～4次。

2. 虫害防治

豇豆荚螟

豇豆荚螟又叫豇豆螟、豇豆蛀野螟、豆荚野螟、豆野螟、豆荚螟、豆螟蛾、豆卷叶螟、大豆卷叶螟、大豆螟蛾、红虫。全国各地均有。豇豆、菜豆、扁豆、豌豆、蚕豆、大豆等均可受害。幼虫为害豆叶、花及豆荚，常卷叶为害或蛀入荚内取食幼嫩种粒，并在荚内及蛀孔外堆积粪粒。受害豆荚味苦，不堪食用。

该虫属鳞翅目螟蛾科害虫。成虫呈灰褐色，前翅窄长，前缘有1条白色纵带，后翅为灰白色。白天停息于豆荚及杂草上，傍晚最活跃；卵产于豆荚、花、叶、芽茎上。幼虫为紫红色，前胸背中央有“八”字状纹1对及4个深色斑。幼虫蛀荚前常先吐丝结网或吐出黏液藏身于丝网或黏液下，再蛀入荚内，黏液干后形成一薄胶膜堵封蛀孔，透过胶膜可看到黑色小蛀孔。幼虫入荚后将嫩粒蛀成小孔，在粒中蛀食，一粒食光后咬一脱荚孔转蛀新荚，个别也有通过荚隔串食现象。受害花蕾易脱落，荚果被蛀成孔洞，粪便污染果面，危害甚大（图21）。

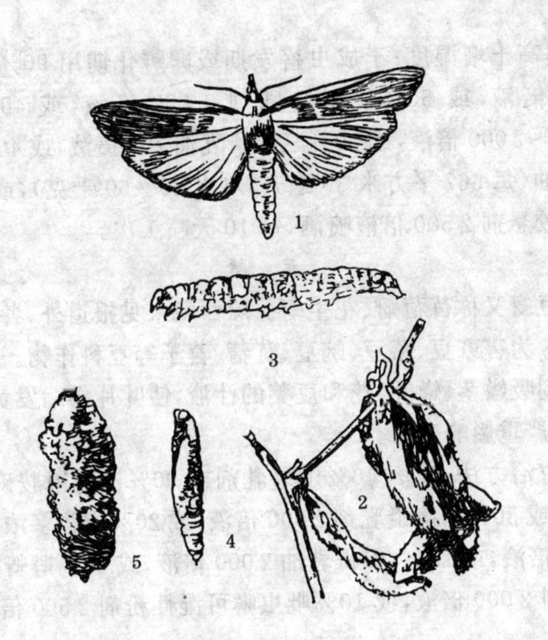

图 21　豇豆荚螟

1.成虫　2.卵　3.幼虫　4.蛹　5.茧

豇豆荚螟1年发生的代数，江苏、安徽、浙江、湖北、湖南等省为4～5代，山东、陕西省为2～3代。以老熟幼虫在土中越冬。成虫白天栖息在寄主植物或杂草叶背或阴处，晚间活动，交配产卵，有趋光性。卵多产于荚毛间，少数产于幼嫩叶梢、叶柄、花柄或叶背。1头雌蛾产卵1～14次，平均产卵44.5粒，受精卵能变色。幼虫出壳后在豆荚上爬行或吐丝悬垂到其他枝荚上，在适当部位做一白色小丝囊，从丝囊下蛀入荚内，丝囊留于孔外。幼虫可转荚为害，一般转荚1～3次。老熟幼虫脱荚后潜入植株附近5～6厘米深处土中结茧化蛹。

防治方法：选早熟、丰产、结荚期短、少毛或无毛的品种；适期播种，使结荚期避开成虫产卵盛期；水旱轮作；开花期灌水，提高土壤湿度；于成虫盛发期或卵孵化期用90%敌百虫1 000倍液，或50%杀螟松乳剂1 000倍液，或40%乐果1 500～2 000倍液，或20%三唑磷乳油700倍液，或40%灭虫清乳油（每667平方米30毫升，对水50～60千克），或5%锐劲特胶悬剂2 500倍液喷洒，每10天喷1次。

豆　蚜

豆蚜又称苜蓿蚜、花生蚜。除西藏未见报道外，各省均有发生。为害豇豆、菜豆、豌豆、苜蓿、苕子等豆科作物。成虫和若虫刺吸嫩茎、嫩叶、花和豆荚的汁液，使叶片卷缩发黄，嫩荚变黄，严重影响生长。

防治方法：喷洒40%乐果乳剂或90%乙酰甲胺磷1 500倍液，或50%辛硫磷乳剂2 000倍液，或20%康福多浓可溶剂4 000倍液，或2.5%保得乳油2 000倍液，或50%避蚜雾可湿性粉剂2 000倍液，或10%吡虫啉可湿性粉剂2 500倍液。

（八）加工利用

1. 豇豆干

选白荚品种做原料，择荚长直、匀称、不发白变软、种子未显露的鲜嫩豇豆，去除病虫害荚、青荚、红荚等，使颜色均匀一致。摊开堆放，以免发热。用自来水洗去原料上的泥沙，当天采收，当天加工。用相当于豇豆重量8倍的水，放入锅内烧开，每200千克水中加入25克食用小苏打保绿。将新鲜豇豆倒入沸水中热烫，一般为3分钟。每热烫50千克豇豆加食用小苏打1次。将热烫后的豇豆摊到竹筛上，迅速冷却，要求30秒钟内散发完热气。如有条件，可吹冷风，尽快冷却，而后分3次进行烘干：第一次将冷却后的豇豆连竹筛迅速放入烘灶，厚度为每平方米6.5千克，用90℃～98℃烘40～50分钟；第二次烘干厚度为每平方米竹筛放13千克，用90℃～98℃烘30分钟；第三次厚度与第二次相同，温度为70℃～80℃，直到烘干为止，一般为3小时左右。两次烘干间隔1～2小时。烘干过程中火力要均匀，并翻动上下层竹筛1～2次，使之受热均匀，豇豆的折断率为10%～11.1%。也可用太阳晒干，但颜色为淡棕色，烘干比晒干经济价值高。豇豆干冷却后，堆成堆，用薄膜覆盖，一般经3～5天回软，使各部分含水量均衡。然后整理成束，用薄膜包装、封口或用真空包装，每袋500克。

2. 腌豇豆

100千克豇豆，加盐25千克，一层豇豆一层盐，再从上向下倒入15千克水。2小时后倒缸1次，以后每天倒缸2次。待食盐溶化后再隔两天倒缸1次，倒2次后即可封缸贮存。

3. 做菜用

嫩豇豆做蔬菜食用，可炒、烧、干制、盐渍、凉拌，炒食和烧食时既可素食，又可荤食，鲜味可口，但一定要熟。将嫩豇豆先下沸水锅中焯一下，然后旺火炒好上盘，像生豇豆的颜色一样鲜艳，且食之无渣。

豇豆籽粒可做豆沙，也可用它与大米或糯米搭配做饭或煮粥，是人们喜好的家庭主食。豇豆是蔬菜罐头、豆酱、豆沙及各种糕点的重要原料。

三、豌　豆

豌豆又叫荷兰豆、青斑豆、小寒豆、淮豆、麻豆、青小豆、留豆、金豆、毕豆、回回菜。因其幼苗柔弱宛宛而得名。也有人认为,因自西域大宛引入,故称豌豆。因其耐寒力居豆类之首,世界上凡能栽培麦类的地区几乎都可种植,所以又叫寒豆或麦豆。为豆科豌豆属,1 年生或 2 年生攀援草本植物。H. u. 瓦维洛夫认为,豌豆起源于埃塞俄比亚、地中海和中亚,演化次生中心为近东。也有人认为它起源于高加索南部至伊朗。豌豆由原产地向东传入印度北部,经中亚细亚传到中国。16 世纪传入日本。发现新大陆后引入美国。豌豆是古老作物之一,在近东新石器时代(公元前 7000 年)和瑞士湖居人遗址中发掘出炭化小粒豌豆种子。古希腊和罗马人公元前就栽培小粒豌豆。雅利安人将豌豆传到欧洲和南亚。中国最迟在汉朝引入小粒豌豆。《尔雅》(公元前 300～前 200 年)有“戎菽”的记载,菽豆即豌豆。《四民月令》(166 年)中有栽培豌豆(豍)的记载。16 世纪后期的《遵生八笺》中有“寒豆芽”的制作方法和做菜用的记述(寒豆即豌豆)。19 世纪中期开始采食豌豆苗。

目前,世界豌豆主要分布在亚洲和欧洲,种植较多的国家有中国、俄罗斯,其次是印度、埃塞俄比亚、扎伊尔和美国,菜用豌豆种植界限已扩展到北纬 68°地区,收干豆粒的豌豆可在低于北纬 56°的地区栽培,罐藏和冷藏的豌豆在欧美各国和日本是重要的豆类蔬菜。我国豌豆播种面积为 460 万公顷,占世界总面积的 43.8%;总产量 500 万吨,占世界总产量的 40.7%以上。我国各地都种植豌豆,以四川、云南、河南、陕西、山东、江苏、安徽、湖北、山西和广东等省较多，四川省种植面积最大。

豌豆产品中含有多量蛋白质、糖和维生素等，营养价值高（表11）。嫩荚、嫩豆可炒食，嫩豆又是制作罐头和速冻菜的主要原料，嫩梢是优质蔬菜。干豆粒可当粮食用，制作糕饼，加工提取淀粉，做豆馅、糖果等。豌豆还可治寒热，止痢，益中气，消肿痛。煮食豌豆或用鲜豌豆榨汁饮服，可治糖尿病，妇女多吃豌豆有催乳作用。豌豆研末涂患处，可治肿痛、痘疮。茎叶富含蛋白质，为优质饲料和绿肥。豌豆生长期短，适宜种植的时期长，1年可种多次，产品多在春末初夏和冬季收获供应，能丰富蔬菜淡季市场的蔬菜品种。嫩荚和鲜豆粒是制罐和速冻的主要原料，加工后可大量出口，冷藏的豌豆苗还远销日本和东南亚各地。

表11　豌豆各部分的主要营养成分　（每100克含量）

食用部分	水分（克）	碳水化合物（克）	蛋白质（克）	脂肪（克）	胡萝卜素（毫克）	维生素C（毫克）
嫩荚	70.10～78.90	14.40～29.80	4.40～10.30	0.30～0.60	0.15～0.33	38.00
鲜豆粒	78.00	12.00	7.20	0.30	—	12.00
豌豆苗	—	2.90	4.50	0.70	1.59	53.00
成熟豆粒	—	52.60	23.40	1.80	—	—

过去菜用豌豆主要是露地栽培的粒用豌豆，软荚豌豆种植不多。近年来，豌豆生产发展迅速，食荚豌豆的栽培面积不断扩大，除露地生产外，保护地栽培面积也不断增加，在人工控制的环境下，还可周年生产豌豆苗。豌豆嫩荚、鲜豆粒和苗梢均可做菜。产品含有多量蛋白质、糖和维生素等，营养价值

高，味道鲜美。尤其是大荚豌豆、无须豌豆远销海外，价格高昂。

(一)植物学特征

1. 根

豌豆根为直根系，主根发达，侧根较多，主、侧根上都长有根瘤，根瘤内充满根瘤菌，可以固定空气中的游离氮素。每生产 50 千克豌豆，自身需从土壤中消耗 1 千克氮素，能固定空气中 3.2 千克的氮素，除去自身消耗，还可给土壤留下 2.3 千克。豌豆的根瘤菌是好气细菌，它的活动主要在地面下的耕作层内。根瘤菌数量形成高峰出现在营养生长中期，接近开花时，根瘤菌的重量和活力都达到最高峰。根瘤菌对自己的寄主有严格的选择性。豌豆根瘤菌与胡豆、扁豆、苕子等有共生作用，对其他豆类作物则不能寄生或寄生能力很差。根瘤菌在 pH 值为 5.1～8 的土壤中发育良好，在过酸过碱土壤中发育不良。给豌豆增施磷、钾肥料和硼、钼等微量元素肥料，有促进根瘤菌繁殖和发育的作用。每一植株上红色根瘤的重量是豌豆固氮潜力的良好指标(图 22)。

豌豆主根发育早，幼苗出土前，长达 6～8 厘米，播后 20 天主根长 16 厘米，生长盛期可达 1 米，但主要根群分布在 20 厘米的表土层内。根系木质化程度较高，吸收难溶性化合物的能力较强。

2. 茎

茎为圆而不明显的四方形，中空，覆有蜡质，无茸毛。有蔓

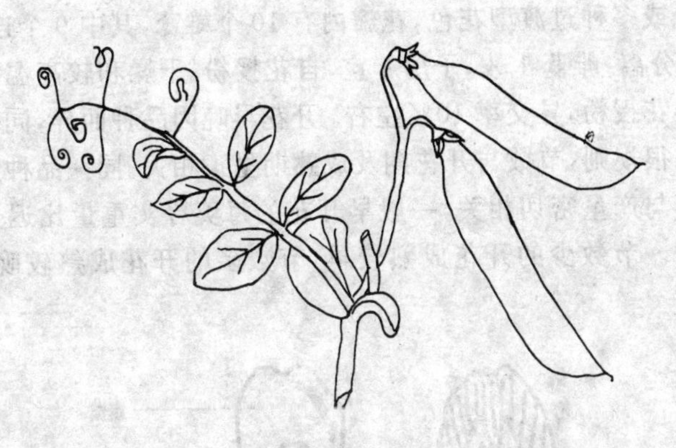

图 22　豌　豆

生、半蔓生和矮生 3 种类型。蔓生类蔓长 150～250 厘米，半蔓生类蔓长 70～80 厘米，矮生类蔓长 20～30 厘米，侧蔓多在基部 1～3 节处发生，一般可发生 1～5 条。侧蔓又可发生第二、第三条侧蔓，迟发生的侧蔓常为无效侧蔓。长日照和高温促进蔓的伸长。

3. 叶

子叶黄色，不出土。真叶为偶数羽状复叶，复叶由小叶、叶柄和托叶 3 部分组成。小叶 1～3 对，小叶卵圆形或椭圆形，全缘或下部有锯齿。复叶顶部 1～2 对小叶退化为卷须。叶柄基部着生 1 对耳状托叶，托叶常比小叶大，包围叶柄或茎部。小叶和托叶平滑，无毛，被白粉，浓绿色并兼有紫色斑纹。

4. 花

总状花序，着生于叶腋，每个花序着花 1～2 朵，偶有 3 朵。始花节位，矮生种为 3～5 节，蔓生种 10～12 节，高蔓生种 17～21 节，每花梗有花 2 朵，也有 4～6 朵的。花蝶形，白色、紫色或多种过渡型花色，花瓣内有10个雄蕊，其中9个连合，1个分离；雌蕊1枚，子房1室，自花授粉，干燥和较高温度下能异花授粉，异交率10%左右。开花早晚因品种而异，同一品种内很规则，节数与开花期及成熟期呈正相关。同一品种开花迟早与产量密切相关，一般早开花的每荚籽实重量比迟开花的高。节数少的开花成熟较早，节数多的开花成熟较晚（图23）。

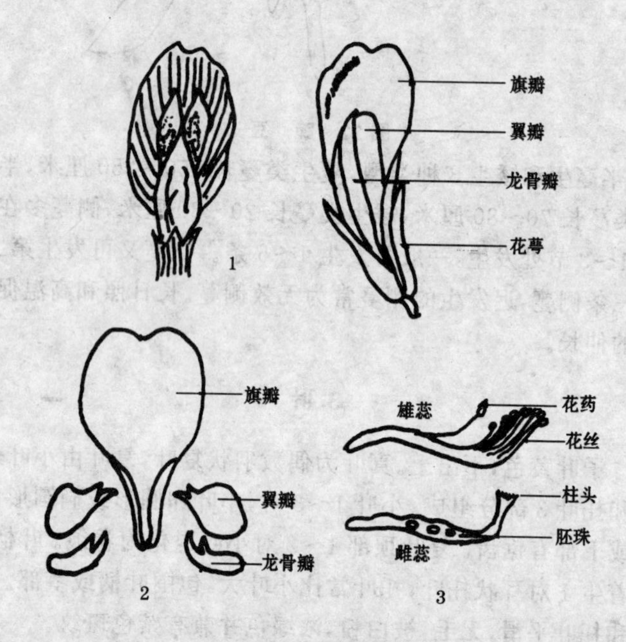

图23 豌豆的花

1.花 2.花冠 3.雌雄蕊

5.荚果与种子

荚果扁平，形如劈刀，长5～18厘米，宽1.2～2.8厘米。

多数品种为无革质软荚，也有硬荚的。前者内果皮的厚膜组织发生晚，纤维少，采嫩荚为主，成熟时不开裂；后者内果皮厚膜组织发达，荚不可食用，以豆粒供食，成熟时厚膜干燥收缩，荚果开裂。豌豆花凋萎后 15～30 天，荚果生长量达到最大。荚面一般光滑无毛。荚壳由两片合成，合口的一面附着种子的珠柄，叫缝合线，种子成熟后，种荚可沿背缝线裂开。荚内有种子 2～10 粒不等。

种子球形，有光滑圆粒和皱粒之分。圆粒者淀粉粒大，皱粒者淀粉粒小，含水分多，糖化快，干燥后皮易皱缩。颜色有白、黄、绿、红、紫、黑等，以绿粒和黄绿粒居多，紫粒、黑粒者少。出苗时子叶不露出地面，属下位发芽。种子寿命一般为3～4 年，千粒重 100～300 克。

（二）类型及品种

1. 类　型

栽培豌豆有粮用、菜用和软荚 3 个变种。按茎的生长习性分为蔓生、半蔓生和矮生 3 种类型；按豆荚结构分为硬荚和软荚两类。硬荚类型的内果皮、厚膜组织发达，荚不可食用，以青豆粒供食，品种有以制作罐头为主的阿拉斯加和以鲜食为主的解放豌豆等；软荚类型的内果皮厚膜组织发生迟，纤维少，采收嫩荚，品种如大荚、大菜豌一号等。此外，还有专供采摘嫩苗的品种，如麻豌豆、白豌豆和无须豆尖 1 号等。

2. 品 种

食用大荚

食用大荚又叫荷兰豆。广东中部普遍栽培。蔓长 200～220 厘米，茎粗叶大，花有白色和紫色两种。17～18 节始花，荚长 13～14 厘米，宽 3～4 厘米，淡绿色。荚表面凸凹不平，幼荚甜脆，纤维少，荚软，品质极佳。每 667 平方米产商品嫩荚 1 000～1 500 千克，产干豆粒 200～250 千克，是速冻出口品种。江苏、浙江、上海、东北和华北等地区种植面积逐渐扩大。是山东省寿光县棚室主要良种之一。

晋软 1 号

山西农业大学选育。适宜露地、保护地栽培的优良软荚品种。株高达 2～2.5 米，蔓生，分枝性较强，可从茎的基部长出 2～3 个侧枝，中部还可分生出 4～5 个侧枝。主蔓从 17～19 节开始着生白色花，一般主蔓结荚 9～11 个，侧蔓结荚 5～7 个，荚扁直，稍弯，黄绿色。每 667 平方米产鲜荚 1 000～1 250 千克，生育期 85～90 天。

台中 11 号

台湾省台中区农业改良场育成。早熟，蔓生，高 1.5 米以上，节间较短，但分枝多。花淡粉红色，大部分花序只有一花结一荚。荚扁形，稍弯，长 8～9 厘米，宽约 1.6 厘米，重 3.3 克，软荚率占 98%。荚色青绿，纤维少，品质嫩脆，味甜可口。速冻后荚形和风味不变，种粒黄白色。怕热耐寒，每 667 平方米产 200～600 千克，是速冻出口的主要品种。

食荚大菜豌 1 号

四川省农业科学院作物研究所育成。株高 70～80 厘米，生长健壮，株型紧凑，茎粗，节间短。双荚，大果多，籽多粒重，一般每茎能结双荚5～6台，多的10多台。每荚结籽5～6粒，多的11粒。花白色，荚长12～16厘米，宽3厘米。为软荚种，嫩荚翠绿，味美清香，脆嫩醇甜。干种子白色，扁圆形，千粒重约310克，一般每667平方米产鲜荚1 000千克，或干种子100千克以上。早中熟，从播种至始收青荚70～90天，采收期30～40天，适宜春秋两季栽培。适于华北、华南、华中等地区栽培，春季栽培3月上旬至4月上旬播种，南方秋播9月下旬至10月中下旬条播，行距50～60厘米，株距20～30厘米，每穴2～3粒。

大白花豌豆

植株半蔓生，高90～100厘米，分枝2～3个。叶绿色。花白色。软荚种。荚绿色，每荚有种子4～6粒。老熟种子黄白色，圆而光滑，脐淡褐色，生长期间可先收嫩梢，以后再收嫩荚。

无须豆尖1号

四川省农业学科院作物研究所育成。蔓生，蔓长130～160厘米，茎粗壮。叶大肥厚，色碧绿，质地柔软，味甜清香。生长迅速旺盛，植株健壮，复叶无卷须，是生产豌豆苗的专用品种。苗高15～19厘米时，开始摘尖，生长期内可连续采收嫩梢6～10次，产量高。每667平方米产鲜尖800千克以上。嫩梢肥嫩多汁，清香脆甜。干豆粒白色，扁圆形，千粒重约300克。

脆甜软荚豌豆80-11

系美籍华裔专家赠给宁波市农业科学研究所的优良品种，曾获美国国家金质奖。株高180厘米，茎粗0.8厘米。白花，青荚肥厚，双荚率高，单株分枝5个，每荚平均粒数3.6粒，百荚鲜重410克。种子千粒重184.5克。种子绿色皱粒，鲜荚品质优良。抗病，耐寒，适应性广。每667平方米产鲜荚

575千克，可食率97.6%。适于华北、东北、华东、西南地区种植。

极早熟

极早熟属地方品种。株高20～40厘米，茎直立，节间短，分枝2～3个。花白色，种子浅黄色，粒大，圆形，表皮光滑。早熟，播后50～60天收青豆。适宜与其他作物间作套种。

绿珠

中国农业科学院品种资源研究所从国外引入的硬荚种。株高约40厘米，茎直立，主茎12～15节，分枝2～3个。株型紧凑，适宜与其他作物间作。花白色，单株结荚6～10个，嫩荚绿色，荚长8厘米，宽1.3厘米，平均单荚重4～5克。每荚种子5～7粒，嫩豆粒深绿色，千粒重450克。成熟豆粒碧绿色，圆形，大而光滑，外形美观，味甜，适口性好，千粒重220克。早熟，播种至嫩荚采收70天，每667平方米产嫩荚600～700千克，或干豆粒100～150千克。耐旱，适应性强，产量高，贮藏期间很少被豌豆象为害。适于北京及华北部分地区种植。

中豌7号

中国农业科学院畜牧研究所育成。株高50厘米左右，茎叶绿色，白花，硬荚，花期集中。籽粒绿色，种皮光滑，圆球形。单株结荚7～11个，多的15个以上。荚长6～8厘米，宽1.2厘米，厚1厘米，每荚种子5～7粒。干粒千粒重180克左右，鲜青豆千粒重350克，青豆出粒率47%左右。早熟，每667平方米产青荚400千克左右，抗旱，抗寒性强。适宜北京、华北、西北、东北等地栽培。可做青豌豆荚、芽菜，也可粮用或饲用。适宜与其他作物间作套种。

中豌8号

中国农业科学院畜牧研究所育成。株高50厘米左右。茎叶绿色，白花，硬荚，花期集中，籽粒黄白色，种皮光滑，圆球形。单株结荚7～11个，多的达15个以上。荚长6～8厘米，宽1.2厘米，厚1厘米。每荚有5～7粒种子。干豌豆千粒重180克左右，鲜青豆千粒重350克左右。青豆出粒率47%左右。早熟。每667平方米产400～500千克。抗旱，抗寒，适宜北京市和华北、西北、东北等地区栽培。可做青豌豆荚、芽菜，也可粮用或饲用。适宜与其他作物间作套种。

久留米丰

中国农业科学院蔬菜花卉研究所从日本引进选育而成。植株矮生，高40厘米左右。主茎12～14节封顶，侧枝2～3个。单株结荚8～12个。花白色，青荚绿色，荚壁有革质膜，为硬荚种。荚长8～9厘米，宽1.3厘米，厚1.1厘米，每荚含种子5～7粒。平均单荚重6.5～7克。青豆粒深绿色，微甜，速冻加工后色泽鲜绿。成熟种子淡绿色，千粒重200克 。中早熟，从播种至开花50余天，至采收青荚约70天。每667平方米产青荚600～800千克。丰产性好，抗逆性差。适宜华北、华东、西南、西北等地区种植。

白花小荚

上海市农业科学院园艺研究所从日本引进。植株蔓生，株高1.3米左右。花白色，软荚种。嫩荚绿色，荚长7厘米，宽1.4～1.5厘米。每荚有种子7～9粒。成熟种子黄白色，圆形，千粒重200克。嫩荚质地柔软，品质优良，是上海、浙江、江苏等地速冻荷兰豆出口的主要品种。早熟，抗寒，抗性强，适于浙江等地栽培。白花小荚主要作冬播，有时春播，常与棉花套种。

草原21号

青海省农林科学院畜牧研究所选育的食荚品种。植株半蔓生，株高0.8～1米，分枝力中等。花白色，每株结荚12～13

个，荚长10厘米，宽2.5厘米。嫩荚浅绿色，品质鲜嫩，适宜整荚炒食，也可速冻加工。春播，经60～70天收嫩荚，每667平方米产750～1 000千克。适宜北京及河北等地种植。

草原31号

青海省农林科学院选育。植株蔓生，株高1.4～1.5米，分枝较少，叶和托叶较大。11～12节着生第一花序。花白色，大，单株结荚10个左右，荚长14厘米，宽3厘米。每荚有种子4～5粒，粒大，扁圆形；成熟时白色，千粒重250～270克。对日照长短反应不敏感。全国大部分地区都可种植，尤以黑龙江、北京、广东和青海等地种植较多。早熟，每667平方米产500～900千克。适应性强，较抗根腐病和褐斑病。

矮茎大荚荷兰豆

山东省农业科学院作物研究所于1989年引进筛选的新品种。茎秆矮壮，株高50厘米左右，茎圆中空，有卷须，花白色。荚果扁长，为大荚型，一般长8～10厘米，宽3厘米，为软荚种。单株结荚10个左右。鲜荚每千克120～140个。每667平方米产鲜荚800千克左右，干种子白色，扁圆形。

甜丰豌豆

中国农业科学院蔬菜花卉研究所从日本引入，经选育而成。植株矮生，株高约40厘米，主茎12～15节，侧枝2～3个，花白色，单株结荚5～10个。青荚嫩绿色，长8～9厘米，宽1.3厘米。单荚重6.5～7克。每荚含种子5～7粒。荚壁有革质，为硬荚种。老熟种子淡绿色，近圆形，皱缩，千粒重约200克。早熟，从播种至采青荚70天。味甜，速冻或煮熟后色泽鲜绿，品质佳。适应性强，耐寒，抗病。适宜春季栽培。每667平方米产青荚600～700千克，产干籽粒100～150千克。

北京市春季3月上中旬播种。单行条播，行距33～35厘米，株距 25～30 厘米。每 667 平方米播种量 8～10 千克。适于华北、华东等地区种植。

内软 1 号

内蒙古自治区呼和浩特市郊区蔬菜研究所育成。植株矮生，高 15～25 厘米，分枝 3～5 个。花白色。单株结荚 15～20 个。青荚长 5～6 厘米。每荚种子 5～6 粒，荚壁无革质，为软荚种。老熟种子白色，近圆形。千粒重 135 克。极早熟，从播种至收青荚 60～65 天。较耐寒，适应性强。成熟集中。适宜春季栽培。每 667 平方米产青荚 800～1 000 千克。

呼和浩特市郊春季栽培 4 月上旬播种，行距 18～20 厘米，株距 5～7 厘米。每 667 平方米播种 5～7.5 千克。适于内蒙古和长江以南地区种植。

豌豆苗

上海市已栽培数十年，为食用嫩梢品种。植株蔓生，匍匐生长，侧枝较多。叶大，色浅绿。花浅紫红色或白色。青荚浅绿色，长 6～8 厘米，宽 1.5～2 厘米。每荚含种子 6～7 粒。属硬荚种，主要以嫩梢供食。嫩茎叶质地柔嫩，味甜而清香，品质佳。种子绿白色，成熟时黄色，皮光滑，近圆形。干籽千粒重 254 克。早熟，适宜春秋两季栽培。秋季栽培，从播种至初割嫩茎约 30 天，以后每隔 20 天左右收割 1 次，可收 5～6 次。每 667 平方米产嫩茎叶 1 500～2 000 千克。春播每 667 平方米产嫩茎 700～800 千克。

上海市郊秋季 8 月中下旬播种，条播，行距 26 厘米，9 月至 12 月中旬收获。春季 2 月上中旬播种，4 月上旬收割嫩茎。适于上海、浙江、江苏等地栽培。

阿拉斯加

又叫小青荚。从美国引入。株高约 1 米，长势中等，叶绿色，花冠白色。第一花序一般着生于6～10节。青荚绿色，单荚重约4克，平均荚长6厘米，宽1.5厘米。每荚有种子5～7粒。老熟种子黄绿色，圆形，千粒重202克。青豆粒可鲜食及制作罐头。品质佳，是罐用优良品种。较早熟。上海郊区秋播，约190天收获；春播，约100天收获。吉林省出苗后45天左右收青荚，65天收种子。抗寒力强，耐热力弱。秋播每667平方米收青荚400～500千克，春播收青荚300千克。

10月中下旬条播，行距80厘米，株距5厘米，翌年5月上中旬收获；春季2月上旬播种，5月中下旬收获。适于上海市郊区、吉林和其他一些地区栽培。

团结豌2号

四川省农业科学院作物研究所选育。植株矮健，紧凑，高约1米。花白色，结荚部位低，节间短，结荚多。嫩豆粒大，制成菜肴汤清香甜，皮脆肉嫩，味美可口。种子肉黄色，近圆形。较早熟，冬播187天收获。耐旱，耐瘠薄，适应性强，抗菌核病。每667平方米产青荚500千克，产干籽粒约100千克。

当地丘陵区适播期10月底左右，山区10月中旬，行距40～50厘米，每穴播4～5粒，每667平方米播种量8～10千克。撒播沟距33厘米，每667平方米播10～12千克。

甜豌豆75-1

从美国引进，江苏省植物研究所选出。植株半直立，株高60～70厘米。花白色。荚大，平均每荚含6～8粒种子，最多10粒。青豆粒千粒重500克。色绿，味鲜甜，烹调后色、香、味俱佳。蛋白质含量高，氨基酸成分较齐全。早熟，南京地区10月下旬至11月上旬播种，翌年5月中旬收青荚，5月底收种子，全生育期200～210天。春播6月初种子成熟，生育期80天左右。江苏南部中等肥力、排水好的土壤秋播，每667平方米收鲜豆荚 1 000～1 250 千克，干豆种子 160～200 千克；春播，可收鲜豆荚 400～500 千克，干种子 70～80 千克。抗逆性强，但不耐涝。鲜豆粒制罐，汤清皮不裂，速冻后色味不变，是鲜食及加工兼用品种。

（三）生长发育过程

豌豆的生长发育过程分为发芽期、幼苗期、伸蔓发枝期和开花结荚期。

1. 发芽期

从种子萌动到第一真叶出现为发芽期。皱粒种发芽始温3℃～5℃，圆粒种 1℃～2℃，适温 18℃～20℃。在 8℃～15℃间，播种后 15 天左右出苗，夏播时 1 周左右出苗。种子吸水膨胀后开始发芽，胚根由珠孔穿出，伸入土中；同时，子叶张开，突破种皮露出胚芽，向上生长，穿过土层。当胚轴伸长，胚芽露出地表，经阳光照射后由黄色转绿色，开始进行光合作用（图24）。

2. 幼苗期

从真叶出现到抽蔓前为幼苗期。秋播，越冬的温度低，苗期长，一直延长到翌年早春；春播，苗期仅 20～25 天。种子发芽后，胚根向下生长，胚芽向上生长。下胚轴不伸长，子叶留在土中。上胚轴伸长，使幼苗露出土表。幼苗出土后继续生长，使主茎不断伸长，起初的两个节位上，每节着生较小的 1 片单叶；随着幼苗的生长，复叶依次出现。主蔓下部的复叶，一般具1 对小叶，中上部复叶具 2～3 对小叶。

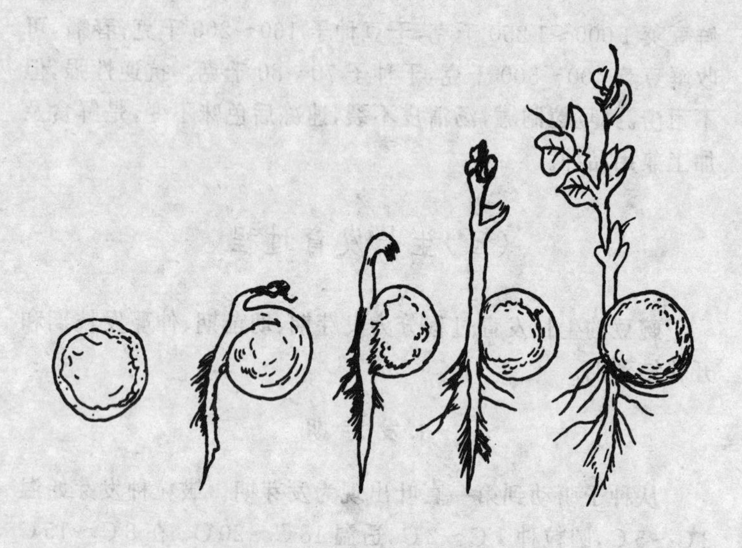

图 24　豌豆种子萌发和出苗过程

3. 伸蔓发枝期

主蔓伸长，生成具有 2～3 对小叶的复叶，先端出现卷须，茎部发生侧枝，直到开花，为伸蔓发枝期。秋播时，伸蔓发枝期持续 40～50 天，春播时一般为 15～20 天。花芽分化开始期与发枝期基本一致。秋播经 110～130 天开始花芽分化，春播仅需 30～40 天。单花从分化到成花需 15～20 天。第一花序以上各节可连续着花。分枝数是构成产量的重要因素，伸蔓期抽生的有效分枝越多，产量越高。

4. 开花结荚期

从开始开花到籽粒成熟或采收嫩荚结束，一般需 50～60 天，为开花结荚期。早熟品种在 5～6 节或 7～8 节处开花，中熟品种在9～12节处开花，晚熟品种在12～16节处开花。主茎先开，分枝后开，先开的花结荚率高。全株开花期14～15天。每天开花时间上午9时至下午3时，11时至午后1时为开花盛期，5时后开花甚少。当天开的花，傍晚旗瓣收缩下垂，第二天再度开放。开花受精后子房迅速膨大，经过15～30天，荚果生长达最高峰。此时，荚内种子开始形成，叶片中的营养物质不断向种子输送，重量增加，随着荚的成熟，糖转化为淀粉。不同品种豌豆的糖分转化为淀粉的快慢不同，糖质豌豆到种了成熟时，淀粉含量仍然不高，青豆粒的适收期幅度较宽；淀粉质豌豆，糖转化为淀粉速度快，种子成熟时淀粉含量上升迅速。青豆粒的适收期幅度较窄。

（四）生长发育需要的条件

1. 温　度

豌豆属半耐寒作物，从播种至幼苗期需要的温度较低，开花结荚期需要较高的温度。种子发芽的起始温度圆粒种为1℃～2℃，皱粒种3℃～5℃。在低温下发芽很慢，出苗的最低温度为4℃～6℃，13℃～18℃时发芽快而整齐。0℃时，幼苗停止生长，－6℃～－8℃时植株地上部会冻死，但回暖后或翌年春又可从基部抽生分枝，继续生长。圆粒种的耐寒力强于皱粒种。耐寒力随复叶数的增加而减弱，10个复叶的幼苗在－5℃～－2℃下会冻死。不耐高温，出苗至现蕾最适温度为6℃～16℃，开花最低温度为8℃～12℃，最适温度为16℃～20℃，低于8℃或高于20℃，开花会受影响。25℃以上时，植株停止生长，在－3℃时会受冻害。高温干旱，大风多雨，会使花器败育，受精不良，落花和畸形荚增多。果荚成熟的适宜温度为20℃～25℃，最低温度为 12℃～13℃。低温多湿时，开花至成熟的时间延长。温度过高，荚内纤维素提前硬化，提早成熟，降低糖分含量，影响产量和品质。发芽至成熟需≥5℃的有效积温 1 400℃～2 800℃。

2. 水　分

豌豆种子含蛋白质较多，发芽时膨胀力大，一般需吸收相当于种子重量 1～1.5 倍的水分，最低需吸水 98%才能发芽。水分不足，延迟出苗且出苗不齐，但土层过湿又易烂种。豌豆每形成一个单位的干物质需消耗 800 倍以上的水分。苗期较耐旱，水分过多，基部容易受潮腐烂。苗期如果土壤水分适当，加上适当中耕，使土温增高，透气良好，根系深，长势好。开花期最适宜的空气相对湿度为 60%～90%，低于 60%，开花数减少。高温低湿的空气条件最不利于花的发育；土壤过分干燥时受精不良，空荚、秕荚增多。土壤水分达到田间持水量的75%时，最适于豌豆生长；当土壤湿度降低到田间持水量的50%以下时，会使豌豆的生育、产量及品质受到不良影响。耐湿性弱，根系呼吸对氧需求量大，土壤积水缺氧，根系的生理机能减弱，植株早衰，甚至烂根而死。

3. 光　照

大多数品种属长日照，尤其是欧美品种，对日照要求严格。春播和秋播越冬的豌豆，在初夏日照渐长时开花结果好。一些江南品种，对日照长短反应不敏感，在较长或稍短的日照下都能开花结实，但在长日照下会提早开花，缩短生长期。所以，整个生育期需要良好的光照。如果种植过密，茎叶繁茂，透风透光不良，将使产量受到很大影响。

4. 土　壤

对土壤适应性强，在瘠薄土地上也能种植。以富含钙质、透气性好的微酸性和中性的砂壤土和壤土最适宜。在 pH 值 6.5～8 的土壤中最为适宜。在 pH 值为 4.7 时为极限，此极限内不能形成根瘤。根瘤能抗 pH 值高达 9.5 的碱性。微碱性土壤对促进根瘤的正常发育，提高固氮能力有重要作用。

豌豆根瘤菌固氮，可供给植株 1/3～1/2 的氮，但在苗期，根瘤菌尚未形成及生长发育旺盛的开花结荚期，仍需补充一定的氮肥，以促进植株生长，利于开花结荚。对磷、钾肥需要量较多，磷肥能促进主茎基部节位产生分枝，并减少枯萎死亡；钾肥可提高细胞液浓度而增强耐寒力，并可促进蛋白质的合成和籽粒肥大。对硼和钼反应敏感，它们可以促进根瘤菌的形成和生长，提高固氮能力。

豌豆忌连作，需实行 3～4 年轮作。连作时，根部容易积累有机酸类物质，降低根系生理机能，影响根瘤菌的活动，使生长迟缓，叶色发黄，株型变小，病害严重，荚小粒小，产量低；同时，豌豆根系深，吸收磷、钾肥多，连作后消耗养分，使土壤贫瘠，影响生长和结荚。

（五）周年生产技术

1. 露地栽培

（1）秋播越冬栽培　豌豆对土壤要求不严，荒地、瘠薄地均可种植，但必须实行轮作。播前施足基肥，并增施磷、钾肥。

每生产 50 千克籽粒需氮 3 千克，五氧化二磷 0.75 千克，氧化钾 1 千克。一般每 667 平方米施腐熟农家肥 3 000～4 000 千克，过磷酸钙 20～30 千克，硫酸钾 10 千克。地力差的田块和生长期短的早熟品种，基肥中应增施 10 千克尿素，以满足幼苗生长的需要。无论施哪种肥料，施后都不能全部被利用，所以一般的施肥量要高于需肥量。农家肥需经腐熟分解后才能被吸收。一般农家肥当季利用率，氮为 20%～30%，磷为 15%～20%，钾为 50%。化学肥料比农家肥利用率高，氮素化肥的利用率为 40%左右，磷肥 20%左右，钾肥 50%～60%。目前，豌豆施肥多以农家肥为主，适当配合化学肥料，进行多种肥料配合施用，改变养分状态，提高肥料利用率。如猪牛粪、堆肥等与碳酸氢铵或尿素、过磷酸钙配合施用，可提高氮肥利用率 10%以上，提高磷肥利用率 5%～10%。豌豆利用难溶性磷的能力强，可将酸性磷肥与难利用的磷肥配合施用，以达到经济用肥的目的。

选耐寒力较强的品种，10 月中下旬至 11 月上旬播种。冬暖年份可早播几天，冬寒年份适当晚播几天，以 3～5 个复叶的幼苗过冬。过大或过小的幼苗都容易受冻，翌年生长弱，分枝少而短，产量低。陕西省武功县有临冬播种豌豆的习惯，在地将封冻时播种，种子在土中吸水萌动并缓慢扎根，幼芽基本不生长，翌年解冻后出苗，当地称为抱蛋豌豆。

播前精选粒大、饱满、整齐和无病虫害的种子，确保播后苗全，苗齐，苗壮。为了防止选种不彻底，带有虫粒播种，可将其装入箩筐内，然后浸入开水中，使水面超过豆面 15 毫米，快速搅拌，25～30 秒钟后放入冷水中略加搅动，取出摊开晾干或晒干播种。用二硫化碳熏蒸种子 10 分钟，或用 50℃温水浸种 2～5 分钟，也有杀虫效果。播前晒种 2～3 天，能提高种子生活力，提早出苗。数年内未种过豌豆的田块，播种时可接种根瘤菌，其方法有两种：一是从上年栽培过豌豆的地里，取表土 100～150 千克均匀撒于准备播种豌豆的田里；二是用自制的根瘤菌剂接种，即在豌豆收获后，选无病、根瘤菌多的植株根瘤部位，洗净，在 30℃以下的暗室中干燥，然后捣碎装袋贮于干燥处。播种时取出，用水浸湿，与种子拌匀后播种。

采用平畦穴播或条播。矮生种穴播行距 30～40 厘米，穴距 15～20 厘米；条播株距 5～8 厘米。蔓生种穴播行距 50～60 厘米，穴距 20～30 厘米；条播株距 10～15 厘米。生长旺盛和分枝多的品种，行距加宽到 70～90 厘米，干旱时开沟浇水播种。豌豆子叶不出土，可播深些，一般覆土 3～4 厘米。播种时，可用 50 千克草木灰撒入沟中，或穴内做种肥，或播种后覆盖草木灰土。冬季寒冷的地方需立风障，保护幼苗过冬。每播种 2 畦空出 1 畦，以备立风障用。陕西和河南等省，有豌豆和麦类混播的习惯，选茎秆坚硬不易倒伏的小麦品种，豆麦混播的面积比例以 3∶7 为好；也可豆麦同穴混播，每穴播豌豆3～6 粒。豌豆与茄果类或瓜类等高秧蔬菜间作，可改善蔬菜行间的光照条件，有利于开花结果，也可在甘蓝、洋葱或大蒜等蔬菜的畦埂上点种豌豆。

齐苗后中耕 2～3 次，苗高 8 厘米左右时，每 667 平方米追施尿素 10 千克，或浇人粪尿 500～1 000 千克，促进幼苗健壮生长和根系扩大，早生大分枝，增加花数和提高结荚率。第二次中耕时进行培土，护根防寒，以利于幼苗安全越冬。

早春返青后中耕 1～2 次，间去过密的幼苗。设支架前结合中耕浇水追肥 1 次，每 667 平方米施复合肥 20～30 千克和过磷酸钙 10～15 千克，冲施或沟施。坐荚后每 667 平方米施尿素 5～10 千克，结荚期叶面喷施 0.2%～0.3%磷酸二氢钾液，促进豆荚膨大。

苗期以中耕保墒为主。抽蔓开花时开始浇水，干旱时可提前浇水。坐荚后 1 周左右浇 1 次水，以保持土壤湿润，浇 2～3 次水后即可采收。

蔓生品种的茎不能直立，生长期间需要支架。蔓长 30 厘米左右，或在抽蔓前设支架。一般用“人”字形架，架高 1～1.5 米。用高粱秆在种植行的株旁插架时，每 15～20 厘米插 1 根；用竹竿作支架时，每间隔 1 米立 1 根；用粗竹竿时隔 4～5 米插 1 根，架顶交叉扎紧。同行架材间用铁丝或尼龙绳横绑连接，距地面 30 厘米处绑第一道；以后随蔓生长，每 20 厘米左右绑 1 道，共绑 4 道。也可支篱架，每 15～17 厘米横绑 1 道。

软荚种在开花后 12～15 天，豆荚已充分长大，肉厚约0.5 厘米，豆粒尚未发育时采收嫩荚。硬荚种在开花后 15～18 天，荚色由深绿变淡绿，荚面露出网状纤维，豆粒明显鼓起而种皮尚未变硬时采收豆荚，剥食豆粒。干豆粒在开花后 40～50 天采收。采摘时要细心，以免折断花序和茎蔓。

(2)秋延后栽培　豌豆对日照要求不严格，幼苗能适应较高温度，所以可栽培秋豌豆。选用生长期短的品种如中豌 4 号、中豌 6 号和甜脆豌豆等品种。北京 8 月 15～20 日播种，辽宁 7 月底至 8 月初播种。秋豌豆生长前期，温度高，不利于春化，播前应行低温处理：将种子浸泡吸胀后，置 15℃～18℃中催芽，有 1/3 种子露白时移放到 2℃～5℃下处理 10～15 天，可降低着花节位，多开花。秋豌豆生长期短，基肥要充足。最好开沟浇水播种，盖灰土肥，再盖湿麦草保墒降温，以利于出苗。一般行距 20～25 厘米，株距 8～10 厘米，株型稍大的品种行距 25～35 厘米，株距 10～15 厘米。播后，畦面用 40%扑草净 150 克对水 50 千克喷洒除草。出苗后中耕，浇水。三叶期每667平方米追施尿素5千克，结荚期叶面喷施2次0.3%磷酸二氢钾。花后30天左右开始收鲜荚。

北方地区秋豌豆生长后期，气温渐降，豆荚、豆粒生长缓慢，植株和荚果在-3.5℃时受冻，冬前种子不易充分成熟，只收鲜荚，不宜收干豆和留种。为延长收获期，生长后期可用拱棚保护豌豆延秋生长，可选用生长期长、产量高的蔓生品种，如甜脆、松岛三十日等，于8月中下旬播种，9月下旬至10月下旬在豌豆畦上搭棚覆膜保护，延长生长期，采收期可延至11月份。

(3)春播栽培　北纬36°～37°以北的华北和东北南部地区为豌豆春播区。春豌豆生长期短，以栽培矮生种和半矮生种为主。土地解冻后，3月上旬5天内5厘米深的地温稳定在2℃～3℃时播种。春麦区，豌豆与麦同时播种。地膜畦或浮膜覆盖者，可早播3～6天。春豌豆可利用冬闲地栽培，后茬为夏甘蓝等耐热蔬菜。秋季翻耕，每667平方米在早春施堆粪1 100～2 000千克，过磷酸钙20～30千克，草木灰50～60千克做基肥，整平地后做平畦或地膜畦，干粒直播。矮生种，行距为20～30厘米，株距为8～10厘米；半蔓生种，行距为30～40厘米，株距为10厘米。播后喷除草剂，每667平方米用50%利谷隆粉100克或35%除草醚乳油500克对水60千克喷洒。出苗后，中耕松土2～3次，以提高地温，促进根系生长；显蕾后停止中耕。底墒足时，开花前不浇水，干旱时开花前浇水并施尿素5～7.5千克，促进茎叶生长。结荚期北方常遇干旱少雨天，须浇水2～3次，防止落花落荚。叶面喷洒0.3%磷酸二氢钾液2次，植株生长弱时坐荚后施复合肥10千克或尿素5～7.5千克。半蔓生或蔓生种，抽蔓后设支架。为提早上市，可提前在大棚或温室育苗，苗龄30～45天，3月中下旬定植。也可提前在小棚内播种，利用小棚进行短期保护，当露地气候适宜时撤棚。

2. 保护地栽培技术

保护地栽培时，应选用较耐低温、抗病、产量较高和品质好的品种，如台中11号、食荚大菜豌、法国大菜豌、电光三十日绢荚和夏滨荷兰豆等。

冬春季豌豆保护地栽培的茬次较多，主要有以下4种形式：

(1)晚秋豌豆栽培　直接在日光温室内播种或栽苗，或先在温室空地上种植，以后再覆薄膜。7月中下旬至8月下旬露地育苗时，应适当遮荫防雨，常浇小水降温，苗龄1个月左右，按行距40～60厘米开沟引水栽苗，穴距30厘米左右，栽苗后3～4天浇缓苗水。或于8月初至9月初在温室内直播，也可在前作物行间提前套种，前作浇最后一次水后，除去基部老叶，趁墒在植株旁挖穴播种。前作拉秧后，行间开沟施基肥，深锄一遍。播前应对种子进行低温处理。直播的，出苗前如畦面板结，需浅松土。秋冬茬豌豆现蕾前气温尚高，湿度大时，容易徒长，宜松土保墒，控制浇水追肥。坐荚后浇水，每667平方米施复合肥5～10千克或尿素7.5千克。干旱时，提早在现蕾前浇水追肥。结荚盛期需肥较多，但气温已降低，只需浇小水保湿。10月上旬后，土壤不旱时不浇水。叶面喷洒0.3%磷酸二氢钾液或喷施宝1～2次。抽蔓后设支架。

棚室苗期室内最低气温在9℃以上时，应全天大量通风，防止徒长。下雨时，封闭棚室，防止土壤湿度过大而诱发根腐病。露地栽种时，10月中旬至11月上旬覆膜保温。北方地区，10月中旬后，气温已低，只需晴天中午通风。10月下旬后，一般不再通风。进入 11 月，夜间须加盖草苫。开花结荚期，白天保持 15℃～22℃，夜间 10℃～12℃，空气相对湿度 80%～90%。10 月下旬至 11 月下旬开始收获。产品装袋后，在0℃～5℃和 90%以上空气相对湿度下，可贮藏 15～20 天。

(2)冬茬豌豆栽培　据山东省济南市和天津市等地的经验，10 月中旬前后，在大棚或温室育苗，用营养土块播种，每块播种子 4 粒。苗期室温保持在 10℃～18℃，间苗 1 次，留双苗，培育成 4～6 叶的矮壮苗，苗龄 35 天左右。整地时，每 667 平方米施农家肥 3 000～4 000 千克，过磷酸钙 30～40 千克做基肥，按南北向做成宽 1.5 米的畦，11 月下旬定植，每畦 2 行，开沟引水栽苗，穴距 20～25 厘米。4～5 天后浇缓苗水，地稍干后中耕松土，现蕾前一般不浇水。坐荚后浇水追肥，每 667 平方米施复合肥 10 千克，以后进入寒冷期，应控制浇水，中耕 1～2 次，以提高地温，促进生长。严寒期要做好保温工作，白天保持在 15℃～20℃，夜间 10℃左右。盛花期喷 5 毫克/升萘乙酸，防止落花落荚。叶面喷洒 0.3%磷酸二氢钾液。植株生长弱，叶色发黄时，喷 1%尿素液。2 月中旬后，随着气温的升高，生长发育加快，需肥水多，应浇 1 次粪水，适量通风，调温散湿。以后每 10 天左右浇 1 次水，经常保湿。从抽蔓设支架，及时疏去基部近地面和高节位的分枝，摘去 16 节以上的顶尖，控制生长，集中养分供开花结荚的需要。2 月份开始收获。

(3)冬春豌豆栽培　此茬是指秋播的豌豆，幼苗露地越冬，翌年早春在豌豆地上搭棚覆膜保护，以提早生长和收获。一般于 2 月上旬左右，在越冬豌豆地上搭拱棚，覆薄膜。两畦(4 行)一棚，棚高 1～1.2 米，宽 2.6～2.8 米。苗期棚温白天保持在 12℃～16℃，防止高温造成徒长。从抽蔓到开花前，保持在 15℃～20℃，开花后到采收保持 17℃～21℃。温度超过 25℃时，落荚增多，嫩荚泛黄。开花前和始收期，结合浇水施肥，每 667 平方米施复合肥 5～7.5 千克或尿素 5 千克。结荚期 1 周左右浇水 1 次，以保持土壤湿润；叶面喷施磷酸二氢钾液或其他营养液，这样既满足结荚对养分的需要，又可提高空气湿度。

(4)*春茬豌豆栽培*　春茬早熟豌豆多用育苗法栽培。1 月上旬前后，在温室内用营养土块或营养钵育苗。每块播催过芽的种子 2～3 粒。播后盖薄膜保墒增温。早播或温度低时，畦上支小棚加以保护，必要时夜间盖草苫保温。播后室内保持 15℃～18℃，促使出苗整齐。出苗后揭去薄膜。定植前 1 周加强通风，使幼苗接受 2℃～5℃的低温锻炼，以利于通过春化，提高产量。2 月中下旬，棚内最低气温稳定在 4℃时定植。分枝多的品种，1 米畦栽 1 行。密植时 1.5 米畦栽 2 行。与其他矮生菜隔畦间作时，1 米畦栽 2 行。单行栽时，株距为 15～18 厘米；双行栽时，株距为 21～24 厘米。底水适宜时，一般不浇缓苗水，及时中耕松土 2～3 次，以增温保墒。现蕾后浇水并重施追肥，每 667 平方米施复合肥 15～20 千克，浅锄 1 次。坐荚后，每 10 天左右浇 1 次水，隔水追 1 次肥。抽蔓后设支架，并适当疏除密枝和弱枝。开花盛期，如落花严重，可用 5 毫克/千克防落素溶液加 2 毫克/千克赤霉素溶液混合喷花保荚。4 月下旬到 5 月初，一般谢花后 7～10 天嫩荚充分长大、厚约 0.5 厘米时采收。

3. 豌豆苗栽培技术

豌豆的嫩梢或密植软化的嫩芽苗，统称豌豆苗。四川把以嫩梢为产品的豌豆苗称为豌豆尖，广东称为龙须菜。豌豆嫩梢肥嫩多汁，具有独特的清香味，质地柔软，颜色翠绿，润滑可口，是广大城乡人民喜食的鲜叶菜。

收嫩梢的豌豆宜选用茎秆粗壮，叶片肥厚，生长旺盛，再生力和发枝力较强，不易早衰的品种，以利于延长采收期和提高产量。因为豌豆生长期长，收获嫩梢的次数多，应多施基肥，并配合施用氮肥。

早春土地解冻后即可播种。秋季播种时，种子要先经浸泡吸胀。穴播行距为25～35厘米，穴距为15～25厘米，每穴播种子5～6粒；宽幅条播时，行距为25～30厘米，幅宽10厘米。春播，出苗前畦面可盖地膜；秋播，出苗前后保持土壤湿润疏松，以利于出苗和幼苗生长。

豌豆苗不耐旱，不耐涝，应经常浇水保湿，雨涝时排水。苗期浅中耕1～2次，苗高8厘米左右施1次追肥，每667平方米施尿素5～10千克，配合施适量的过磷酸钙，以促进幼苗生长。

播种后30～50天，苗高16～20厘米时开始收获。第一次在植株主茎基部7～8节处割下，收顶端嫩梢，多留茎节，以促使多生侧枝，这样有利于以后生长。以后每隔12～20天收1次，气温高时间隔时间要短。为防止嫩尖受伤，宜用小刀收割。每次收后浇水追肥，每667平方米施尿素5千克，加水配成0.3%肥水施或冲施。也可施1次腐熟人粪尿。如肥水充足，可使产品质地柔软，产量高，植株不易早衰。播种1次，可连续收割6～8次。

4. 豌豆芽菜栽培技术

豌豆芽菜是我国人民喜食的一种芽菜。传统的豌豆芽菜生产是采用沙培法，既费工，又不利于大面积生产。中国农业科学院蔬菜花卉研究所对豌豆芽菜生产技术进行改进并已取得成功。豌豆芽菜生产设备简易，不受季节限制，可随时生产，周年供应。这项技术已在全国大部分省、市普及。豌豆芽菜生长期短，一般7～15天就可完成1个周期。豌豆芽菜很少感染病虫害，不需用农药，因此，是一种速生的、无公害绿色蔬菜，主要供应大宾馆、饭店。豌豆芽菜食用方法多样，可炒食、做汤，更是火锅调味佳品，具有豌豆的清香。

(1)品种选择　生产豌豆芽菜应选用种皮厚、千粒重在150克左右的小粒光滑品种。同时必须选用发芽率高、发芽势好的种子。大粒种子生产成本高，不适于芽菜生产。种皮薄的豌豆，一经浸泡，种皮易破而产生破瓣现象，易产生烂种，也不利于芽菜生产。如果同是小粒豌豆品种，则选价格低的，以降低生产成本。

青豌豆生长慢，抗病性差，但品质好，不易纤维化，口味、口感好；麻豌豆生长速度快，抗病性强，但易纤维化，品质差；日本小荚荷兰豆生长速度和品质中等。适宜的品种有白玉豌豆(小豌豆，是江苏通州市地方品种)和中豌4号等品种。无土栽培豌豆芽对种子质量要求极严，尤其是种子的纯洁度、发芽率和发芽势要好。对种子应进行挑选，剔除瘪籽、畸形籽和杂质。

(2)选盘　要选择透水性良好的育苗盘进行芽菜生产。盘底透水孔过少，浇水后渗水过慢，长时间浸泡种子易产生烂种现象。育苗盘规格有两种：一种为60厘米×35厘米×7厘米，具有1.2目/平方厘米的蔬菜育苗盘；另一种是60厘米×30厘米×4厘米，具有1目/平方厘米的水稻育苗盘。

(3)浸种催芽　在严寒冬季，把种子倒入55℃水中搅拌10～15分钟，待水温降至30℃左右时停止搅拌，继续浸泡24

小时。捞出用清水冲洗干净后催芽。在其他月份，可用20℃～30℃水浸泡，时间可短一些。

浸种时间过长，易使种皮脱落，造成豆瓣分离，易烂种。浸种后催芽，具体做法是：将种子装入编织袋或布袋中，置温室或火炕上，有条件者可放在恒温箱中，温度保持在24℃～25℃。催芽期间，用清水淘洗2～3次，不要让种子发黏、发臭。冬季催芽24～48小时，夏季催芽仅需1天，泡出小芽后播种。

(4)播种　豌豆芽可以用房间、温室或改良阳畦生产，均需要遮光。如用改良阳畦，其宽3.5米，长20～25米，东西向延长，后墙、东西山墙高1.3米，墙厚30厘米。拱架由竹竿(直径4厘米)和竹片(宽4厘米、厚1厘米)构成。外扣普通棚膜，夜间加盖稻草苫保温。

播种时，将苗盘洗净，在盘底铺1～2层报纸或珍珠岩，将浸好的种子平铺于苗盘，每平方米用种量2.5千克左右(小粒种子)，种子排列不要太紧密，否则发芽时将叠在一起。播后，种子上盖1层报纸，用小眼喷壶从纸上进行第一次喷水。随后将苗盘排放在地面上，盘底下最好用1层砖支起，以免盘底沾泥。排与排之间，留30厘米的走道。出苗后揭去报纸。苗盘内也可用粗质沙做基质，先将沙晒2～3天，再在播盘上铺粗麻布袋，播种后再盖湿沙，厚1厘米，用小雾滴将沙浇透。

(5)管　理

①浇水　豌豆芽菜喜较大湿度，纸床持水量较少，易蒸发，播种后出苗前应注意保持纸床湿度。浇水一般以喷水后使纸床上持有少量存水为宜，但存水量不能淹没种子。不出芽的种子易腐烂，应及时捡出，以免影响其他种子。对豌豆芽菜应使用小眼喷壶，尤其在种子出芽前，应慢慢浇在覆盖的报纸上，避免种子滚动而造成堆种现象。浇水要均匀，否则水多的

一边苗长得快，水少的一边苗长得慢，造成同盘苗长势不齐现象。浇水次数视种子干湿情况而定，一般每天分早、中、晚3次浇水，使室内相对湿度保持在85%左右。特别是在开风口的情况下，更要注意及时喷水。

利用粗质沙作为豌豆芽苗生长基质的，不必勤浇水，一般每天喷1次小雾滴或隔天喷1次即可。

每天喷水时检查盘内有无烂籽，发现烂籽及时剔除，以免感染其他种芽。由于幼苗具趋光性，小苗易向南倾斜生长，注意调转苗盘方向，以利于苗体顺直，提高商品性。

②遮荫和温度　豌豆苗是一种喜冷凉的芽菜，可耐-4℃～-5℃的低温，且不需强光照射。因此，可利用温室或日光温室的空闲地四季进行豌豆芽菜的棚架生产。但春季光照较强，要行遮荫，在播后至芽苗7～8厘米高期间，上午10时至下午2时，在棚顶上盖遮阳网，或者盖透光性差的旧膜或黑塑料膜。待苗芽达一定高度后，再全天见光绿化，直到高10厘米止。温度低，强光照射下芽菜生长速度慢，纤维形成快，品质差。因此，温室或日光温室的温度白天应尽量保持在20℃～24℃，夜间18℃～8℃，最低不低于6℃。当温度超过25℃时开始通风。同时注意遮光生产，在温室上拉一层遮阳网，以保证豌豆芽菜品质鲜嫩。

③通风　在室内高密度栽培芽苗，容易造成某些有害气体积累，所以应定时通风换气。夏天，以傍晚或早晨通风为佳；冬天，则在中午进行通风。

(6)采收　豌豆芽菜一般以苗高10～15厘米时出售，故应在真叶刚开时采收。芽菜过高将影响商品外观，降低品质。

采割豌豆芽苗时，注意不可将豌豆豆种割破和芽基割除，这样会导致芽苗不能再生长而引起腐烂。因此，割取时，应距离表层豆粒 0.5 厘米左右。距离不可过长，过长可引起两个或两个以上的分枝，而影响生长期和产品品质。

豌豆芽在室内生产，一般都是一次播种一次收获，效益低。如果采用一次播种 3 次采收，可使芽苗产量增加 120%～150%。一种三收的特点在于补充外源养分，应在第一茬剪割前 2～3 天开始补充，每天结合喷水，每盘豆苗追施三元复合肥 0.5～1 克。豌豆芽顶出沙层，长至 1 厘米高时，光强控制在 2 000～3 000 勒，这样芽苗粗壮，第一节位低。在第一茬、第二茬剪割时，须留下 1 片真叶或 1 个分枝，剪割后立即移至 5 000～7 000 勒光照下栽培，促进第一腋芽或分枝的生长，2 天后腋芽或小分枝明显伸长时，再移至 2 000～3 000 勒光照下栽培。豌豆芽苗茎叶柔嫩，水分含量高，采收后须即行出售或将其放入塑料盒或保湿袋中销售。

采用一种多次收获的豌豆芽苗，第一茬或第二茬剪割时，必须在基部留 1 个腋芽或分枝。也可带根整盘销售，随吃随采。产品过多时，可将袋装的豌豆芽苗置于 0℃～2℃冷库中保鲜贮存，一般可鲜贮 20～25 天；在 5℃下，也可鲜贮 10～15 天。

豌豆芽苗采割后的残留部分，可堆积沤肥做田间作物的基肥，也可做饲料喂养家畜。

(7)*豌豆芽菜生产中存在的问题*　芽苗生长缓慢，主要是气温太低，光照太强，湿度太小或营养不良。芽苗纤细是因气温太高，光线太弱或高温高湿引起徒长，纤细的苗子也容易倒伏。干旱或生长期过长，容易引起芽苗纤维化。幼苗期常发生猝倒现象，主要是因低温高湿所致，可用氯化钙或磷酸二氢钾喷洒，有缓解症状之效。

出现烂种、烂芽和黑霉、白霉现象，主要是因种子质量欠佳，精选不彻底所致，应及时淘汰劣种，并在喷淋清水前检查，及时剔除霉烂种子。

（六）留 种

1. 留 种

留种一般结合生产田进行。选纯度高、长势好、产量高的田块留种。再选具有品种典型性、无病、分枝和结荚多的植株作采种株，以中下部的荚为种荚。花谢后 50 天，荚发皱变黄时采收，后熟 10～15 天后脱粒，晒干到种子含水量为 12%～14%，用牙咬即破碎时贮藏。豌豆种子生活力一般能保持 2～3 年，在良好的贮藏条件下，可保持 8～10 年。

2. 贮 藏

豌豆种子贮藏，除温度和水分含量需符合要求外，主要是解决豌豆象为害的问题，一般被害率可达 30%左右，严重的可达 90%。豌豆象在豌豆开花结荚期间产卵在嫩荚上，幼虫孵化后咬破豆荚，侵入豆粒中，以后随着豌豆的收获进入仓库，继续在豆粒中发育、化蛹，最后羽化为成虫，隐匿在仓库隙缝或屋檐瓦缝里越冬，到翌年豌豆开花期又飞到田间交尾产卵，所以开花结荚期就要喷药，以杀灭飞到嫩荚上产卵的豌豆象成虫和虫卵。为减少豌豆象的为害，收获后的种子用以下方法贮藏：开水浸泡法，先用大锅把水烧开，将豌豆倒入竹筐内，浸入开水中，用棍快速搅拌，经 25 秒钟，立即将竹筐提出放入冷水中浸凉滤干，在日光下摊薄晒干，可将豆粒内的害虫烫死，然后装入缸、坛中贮藏。采用沸水烫泡对豌豆的食用和发芽力均无影响。农家少量贮藏时，可用柜、桶、缸、坛等容器装入豌豆，在豆面先铺1层麻袋或布料或草纸或报纸，在容器口上盖1层塑料薄膜，扎紧，再在塑料薄膜上面压1层装有细沙的布袋，将坛子封严，使内贮的豌豆与外界隔绝。由于豌豆较干燥，贮温很快升高，可利用自身强烈的呼吸，消除豌豆堆中的氧气，增加二氧化碳，使害虫窒息而死。也可采用植物油拌和法：将生豆象的豌豆放入木盆或铁桶内，每50千克豌豆放250克毛棉油，充分搅拌，使豌豆表面均匀浸上1层薄油，然后装进干净的坛罐中，可杀死豌豆象幼虫，不影响食用种子质量和发芽力。大量的种子可采用套囤法贮藏：在豌豆收获后，趁晴天晒干，使水分降到14%以下。当豌豆籽粒晒到相当高的温度时，趁热入囤密闭，温度可继续上升到50℃以上。入仓前，预先在仓底铺1层经消毒的谷糠，压实，厚约30厘米以上，糠面铺1层席子，圆屯置于席子上，然后将晒干的豌豆倒进囤内，再在囤外围做一套圈，内外囤圈距离33厘米以上，密封30～50天，囤内温度上升到50℃～55℃时，豆粒内的豌豆象幼虫，因高温缺氧而死。然后拆囤，重新晾晒，干燥后装袋贮藏。此外，也可在豆粒堆中放药，每立方米豆堆放36～50克氯化苦（三氯硝基甲烷），密封贮藏，熏蒸49～72小时，或在每立方米豆粒堆内插入2～3片（3克）磷化铝，密封贮库5～7天，然后取出药渣埋掉。磷化铝吸湿后，放出磷化氢气体，可杀死多种仓库害虫、螨类、鼠类，也有一定的杀菌作用。

（七）病虫害防治

1. 病　害

豌豆锈病

【症　状】 主要危害叶部和茎部。病叶叶面或叶背先出现黄白色小点，不久变红褐色疱状，外周有黄色晕环，有时在疱斑周围有一圈新的疱状物，即夏孢子。茎和叶柄上的病斑稍大，略带纺锤形，后期叶片病斑上，尤其在茎和叶柄上产生大而明显的突起黑色肿斑，即冬孢子堆，破裂后散出黑褐色粉状物——冬孢子。

【病　原】 由真菌豌豆单胞锈菌引起，是转主寄生菌。夏孢子、冬孢子堆在豌豆或其他豆类上，锈孢子器、性孢子器在大戟属观赏植物和豌豆上，有许多生理小种。该病在北方以孢子附着在豌豆病残体上越冬，萌发时产生担子及担孢子。担孢子成熟后脱落，借气流传播到寄主叶面，产生芽管，直接入侵，后在病部产生性子器、性孢子、锈子腔和锈孢子，然后产生夏孢子堆产生夏孢子，借气流传播，再侵染，秋季形成冬孢子堆及冬孢子越冬。该病喜温暖潮湿，气温为14℃～24℃时，适宜孢子发芽和侵染；20℃～25℃时，易流行，尤以春雨多的年份更甚。低洼积水，土质黏重，生长茂盛，通风差，发病重。

【防治方法】 ①选用早熟品种，适时播种，在锈病发生前采收。合理密植，开沟排水，及时整枝，降低田间湿度。②及早发现中心病株，喷洒15％三唑酮（粉锈宁、百里通）可湿性粉剂1 000～1 500倍液，或50％萎锈灵乳油800倍液，或50％硫黄悬浮剂200倍液，或25％敌力脱乳油4 000倍液，或25％

敌力脱乳油 4 000 倍液加 15%三唑酮可湿性粉剂 2 000 倍液，每 15 天左右喷 1 次，连续喷 2～3 次。对上述药剂有抗药性的地区，可改用 10%抑多威乳油 3 000 倍液，或 40%杜邦新星乳油 7 000～8 000 倍液喷洒，采收前 7 天停止用药。

菌核病

【症　状】 一般称死苗、烂藤。苗高 13～17 厘米时开始染病，近地面的茎上初生水渍状病斑，逐渐发生灰褐色腐烂。烂茎表面有白色霉层及少量菌核。病重者，幼苗冬季死亡。开春后，温度回升，发病很快，在根和茎上出现大量白色霉层和鼠粪状黑色颗粒。后期病茎失水变成灰白色，表皮破裂如麻丝，内部有时也有鼠粪状黑色颗粒。豌豆开花结荚时发病最重，往往造成烂藤，成片枯死。

【病　原】 由核盘菌真菌引起。该病以菌核在土壤中，或在病残体上，或混在堆肥及种子上越冬。翌年越冬菌核萌发产生子囊盘，子囊成熟后射出孢子，随风传播。菌核也可直接产生菌丝。病株上的菌丝可进行再侵染。菌核不经休眠可以萌发。发病适温为 5℃～20℃，以 15℃最适，子囊孢子 0℃～35℃均可萌发，以 5℃～10℃最有利。菌丝在 0℃～30℃下能生长，20℃最适生长。菌核形成的温度与菌丝生长要求的温度一致。菌核在 50℃中 5 分钟致死。在潮湿土壤中，菌核只存活 1 年；如果土壤长期积水，菌核 1 个月即死亡。在干燥土壤中可存活 3 年多，但不易萌发。菌核萌发要求高湿及冷凉，萌发后连续 10 天有足够的水分，相对湿度为 70%，子囊孢子可存活 21 天；相对湿度为 100%，只存活 5 天；散落在豆叶上的子囊孢子存活 12 天。病菌接种体及菌丝侵染时，植株表面要保持自由水 48～72 小时；相对湿度低于 100%时，病菌不能侵染。

【防治方法】 ①从无病植株上采种。种子中混有菌核及病残体时，播前用10%盐水选种，清水冲洗后播种。②与水稻等禾本科作物轮作。收获后深耕，将大部分菌核埋在3厘米以下；子囊盘出土盛期中耕，后灌水覆地膜，闭棚升温，利用高温杀死部分菌核。③勤中耕除草。覆盖地膜，阻挡子囊盘出土。避免偏施氮肥。有条件的铺盖沙泥，阻隔病菌。④发病后用50%农利灵可湿性粉剂1 000倍液，或50%扑海因(异菌脲)可湿性粉剂1 000～1 500倍液，或50%速克灵可湿性粉剂1 500～2 000倍液，或35%菌核光悬浮剂(多菌灵磺酸盐)700倍液，或50%混杀硫悬浮剂500倍液，或50%多霉灵(多菌灵加乙霉威)可湿性粉剂1 500倍液，或65%甲霉灵(硫菌·霉威)可湿性粉剂1 000倍液，每10天喷1次，连喷2～3次。采收前3天停止用药。

褐斑病

【症　状】 危害叶茎及荚果，主要在成株期发生，有时也危害幼苗。在茎或荚上，先产生褐色小斑，病斑圆形或椭圆形，淡褐色，边缘色深、明显，后期病斑上产生小黑点，即分生孢子器。被害茎和荚果上的病斑与叶片上相似，后期凹陷。

【病　原】 由豌豆褐斑病菌寄生引起。病菌以休眠菌丝在种子上或依分生孢子器、菌丝体随病残体落于地表越夏越冬，翌年以分生孢子传播危害。气温为20℃～22℃，空气潮湿，低洼处等发病重。

【防治方法】 ①清除病残茎叶，减少病源。注意排湿，避免在低洼潮湿地种植，并增施钾肥，增强长势。②发病初期开始，用0.5%石灰倍量式波尔多液(硫酸铜0.5千克，石灰1千克，水100千克)喷洒，每10天喷1次，连喷2次。

豌豆霜霉病

【症　状】 主要危害叶片，初期叶面出现不规则的褪色斑，菌丛孢子层生于叶背或叶面，背面者多，白色至淡紫色。潮湿时产生紫灰色霉层。嫩梢受害较多，叶片枯黄而死。

【病　原】 由豌豆霜霉病菌寄生引起，属真菌。天气潮湿，昼暖夜凉，多阴雨和雾露时，病重。病菌在病残体或病株上越夏越冬。

【防治方法】 ①清除田间病残体，减少病源，实行轮作。②发病初期用1∶1∶200倍波尔多液，或90%三乙膦酸铝可湿性粉剂500倍液，或72%霜脲锰锌（克抗灵）可湿性粉剂800～1 000倍液，每10天左右喷1次，连喷1～2次。

豌豆立枯病

【症　状】 立枯病又叫基腐病。主要发生在幼苗期。种子染病，引起烂种，幼苗茎基部或根颈部变为褐色至红褐色缢缩、腐烂。子叶染病，在子叶上产生红褐色椭圆形或长条形病斑，病部凹陷，绕茎1周后病部收缩或龟裂，幼苗生长缓慢，折倒或枯死。湿度大时长出浅褐色蛛丝状霉。

【病　原】 由立枯丝核菌AG-4菌丝融合群真菌引起。不产生孢子，主要以菌丝传播繁殖。菌丝体或菌核在土中越冬，且可在土中腐生2～3年。菌丝直接侵入寄主，通过水流、农具传播。发育适温24℃，最高40℃～42℃，最低13℃～15℃，适宜pH值为3～9.5。播种过深，过密，温度过高，或反季节栽培易诱发此病。此病除危害豆类外，还可侵染瓜类，茄果类蔬菜和白菜、油菜、甘蓝等。

【防治方法】 ①选用内软1号、无须豌豆苗等耐寒品种。用无病土育苗，床土要充分翻晒。施用酵素菌沤制的堆肥，适当施入石灰，调节土壤酸碱度至微酸性或中性。②做好苗床保温工作，防止低温。只要不受冻，应尽量多通风换气。严防大水漫灌，防止湿度过高。③提倡施用95%绿享1号精品3 000倍液。该药剂杀菌力强，且能促进根系对不良环境的抵抗力。也可在发病初期喷淋20%甲基立枯磷乳油（利克菌）1 200倍液，或50%甲基硫菌灵·硫黄悬浮剂800倍液，或5%井冈霉素水剂1 500倍液，或15%恶霉灵水剂450倍液。立枯丝核菌和腐霉菌混合发生时，可用72.2%普力克水剂800倍液加50%福美双可湿性粉剂800倍液喷洒，每平方米喷2～3升。每7～10天喷1次，连喷2～3次。

豌豆和豌豆苗烂籽

【症　状】 地下水位高处，春豌豆常有烂籽现象，缺苗断垄现象严重。烂籽时，可被真菌或细菌侵染，造成发霉或腐烂。

【病　因】 播种过早，地温低，出苗慢，种子吸水膨大部位容易出现腐烂；覆土厚，种子在土中持续时间太长，容易被立枯丝核菌、腐霉菌或细菌、线虫侵染引起腐烂；植地低洼，地下水位高，土壤黏重，排水不良，湿度大，反季节栽培或播种后遇寒流，或寒潮侵袭，次数多或持续时间长，均可引起烂籽。

【防治方法】 ①选用红花豌豆、内软1号、豌豆苗等耐寒品种。播前选种，在高燥地种植。②施用酵素菌沤制的堆肥或充分腐熟的农家肥，与土充分混匀。③播前若土壤水分过多，应先耙1次再播。豌豆种子发芽始温1℃～2℃，适温18℃～20℃。北京3～4月播种，南方9月下旬至11月上旬播种。寒冷地区晚霜结束前7～10天播种，并实行催芽，将种子置入20℃温水中浸4小时左右，而后催芽。也可用50℃热水烫种后催芽播种。地膜覆盖，促进出苗。④防治地下害虫咬伤种子。⑤苗期或定苗前后，喷洒植物动力2003营养液1 000倍液。

豌豆灰霉病

【症　状】 露地豌豆苗或棚室或反季节栽培的豌豆容易发生此病。主要危害叶片、茎、荚。叶片染病，始于叶端或叶面，初呈水渍状，后在病部长出灰色霉层，即分生孢子梗及分生孢子。

【病　原】 由灰葡萄孢半知菌类真菌引起。其有性态为富克尔核盘菌，属子囊菌门真菌。以菌丝、菌核或分生孢子越夏或越冬。越冬病菌以菌丝在病残体中营腐生生活。借雨水溅射或随病残体、水流、气流、农具及衣物传播。腐烂的病荚、病叶、病卷须、败落的病花，落在健部即可发病。菌丝生长的温度范围 4℃～32℃，最适温度为 13℃～21℃，28℃时生长锐减。孢子在水中萌发好，相对湿度低于 95%时不萌发。生产上具备高湿及 20℃左右的温度即可流行。

【防治方法】 ①降低棚内湿度，控制病害。及时拔除病株集中深埋或烧毁。②从发现病株时起，用 50%速克灵可湿性粉剂 1 500 倍液，或 50%农利灵可湿性粉剂 1 000 倍液，或 50%扑海因可湿性粉剂 1 000 倍液，或 45%特克多悬浮剂 4 000倍液，或 50%混杀硫悬浮剂 600 倍液，或 65%甲霜灵可湿性粉剂 1 500 倍液，或 50%多霉灵（多菌灵加万霉灵）可湿性粉剂 1 000 倍液，或 40%嘧霉胺悬浮剂 800 倍液，或 50%灭霉灵可湿性粉剂 800 倍液，或 40%施佳乐悬浮剂 1 000 倍液，或 28%灰霉克可湿性粉剂 600 倍液喷洒。

豌豆芽枯病

【症　状】 又叫湿腐病或烂头病。主要危害株端 2～5 厘米幼嫩部位。初呈水渍状，渐呈湿腐状腐败，使茎折曲。在干燥环境或阳光下，腐烂部位干枯，倒挂在茎顶，夜间温度降低，湿度升高，病部又呈湿腐状。荚染病，荚的下端蒂部先染病，初呈灰色湿腐状，后病荚四周长有直立的灰白色茸毛状霉层，中间夹有黑色大头针状孢子囊梗和孢子囊；后期豆荚枯黄，病荚由蒂部向荚柄扩展，湿度大时可见许多病荚长有灰白色茸毛半枯黄的豌豆，健部仍保持绿色。

【病　原】 由瓜笄霉菌和茄笄霉菌引起(图 25，图 26)。二者寄生性较弱，除危害豌豆外，还危害西葫芦、黄瓜、冬瓜、豇豆、烟草、辣椒等。主要以菌丝体随病残体或接合孢子留在土壤中越冬，翌年侵染病部产生大量孢子，借风雨或昆虫传播，从伤口侵入。高温高湿，生活力衰弱或低温，高湿，日照不足，雨后积水，伤口多时病重。

【防治方法】 ①与非瓜豆类作物轮作，高畦栽培，严防大水漫灌。加强通风，防止湿气滞留。②摘除病残组织，集中深埋或烧毁。③发病后用 64%杀毒矾可湿性粉剂 400～500 倍液，或 75%百菌清可湿性粉剂 600 倍液，或 58%甲霜灵锰锌可湿性粉剂 500 倍液，或 70%乙磷·锰锌可湿性粉剂 500 倍液，或 50%甲霜铜可湿性粉剂 600 倍液，或 72%克露或克抗灵，或克霜氰可湿性粉剂 600 倍液，或 47%加瑞农可湿性粉剂 800～1 000 倍液，或 69%安克锰锌 1 000 倍液防治。棚室栽培，每 667 平方米用烟剂 1 号 400 克或 45%百菌清烟剂 250 克熏 1 夜。采前 3～5 天停止用药。

2. 虫　害

豌豆蚜虫

俗称腻虫、油汗。身体小，但繁殖快，常成群密集于叶片上，刺吸汁液，并排出蜜露，招引蚂蚁，引起霉菌侵染，影响光合作用。同时，豌豆蚜虫又是多种病毒的传播者，所以必须早治。

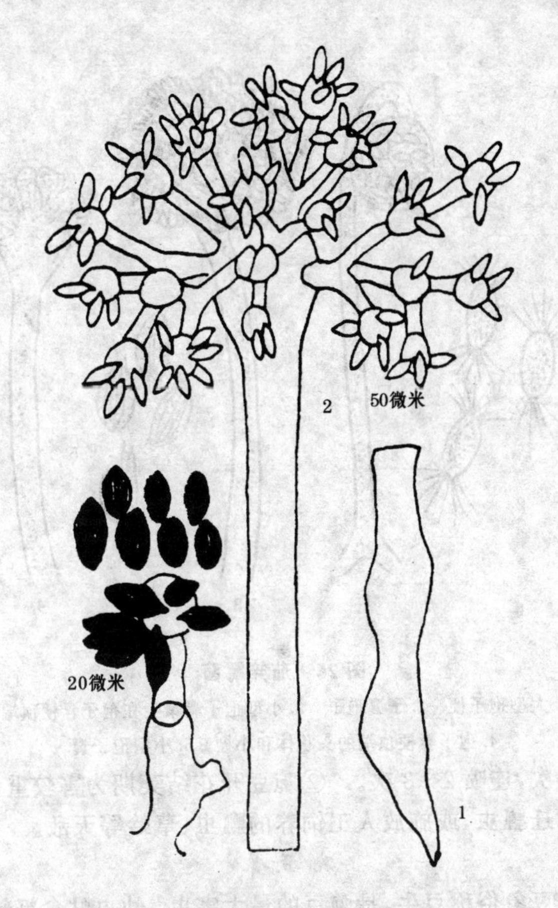

图 25　瓜笄霉菌　(李明远图)

1. 孢子梗　2. 分生孢子及其着生状

防治方法：①及时用 40%乐果乳剂或 50%辛硫磷乳油 2 000倍液，或 80%敌敌畏 2 000 倍液，或 20%速灭菊酯 6 000 倍液，或 2.5%的溴氰菊酯 5 000～6 000 倍液，或 20%来多威乳油 1 500 倍液，或 50%抗蚜威可湿性粉剂 3 000 倍液，隔 1

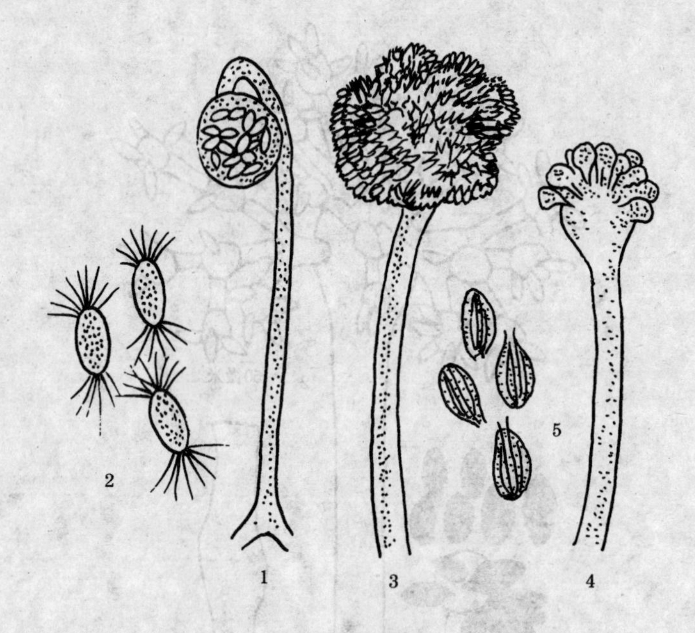

图 26 茄笄霉菌

1. 大型孢子梗 2. 子囊孢子 3. 小型孢子囊聚生在孢子囊梗顶端

4. 孢子囊梗顶端的头状体和小梗 5. 小型孢子囊

周喷1次,连喷2～3次。 ②豌豆开花结荚期为害较重,可从麦田助迁瓢虫,或施放人工饲养的瓢虫、草蛉等天敌。

豌豆象

豌豆象俗称豆牛,是豌豆的最大害虫。幼虫蛀食籽粒。受害新鲜豆粒种皮外有微突的褐色小点,即幼虫的蛀入点。蛀食籽粒,使之变空,最后在豆粒种皮下咬一圆形羽化孔,化蛹于豆粒内。受害种子质量下降,重量降低30%～60%,发芽率不高(图27)。

豌豆象每年发生1代,以成虫在仓库墙缝、屋顶或房屋附近的树皮裂缝中越冬,春季气温转暖时开始活动,飞入田间,

1头雌成虫平均产卵300～400粒，卵期6～7天，孵化后蛀入豆粒。幼虫期35～40天，蛹期平均7.6天，成虫羽化后潜伏豆粒内不食不动，稍受惊动，便咬破羽化孔处的豆皮，飞到其他场所越冬。成虫平均寿命316天左右，最长338天。豌豆象从豌豆谢花现荚起，就可在豆荚上产卵，结荚5天内产卵最多。湿度大，温度高，产卵多，一个豆荚平均产卵8.9粒。幼虫期较短，收获前最早孵化的幼虫，在豆粒经过生长发育已接近化蛹，为将其幼虫消灭在化蛹前，必须抓紧在豌豆收后半个月内把种子处理完毕，防止羽化成虫翌年繁殖为害。

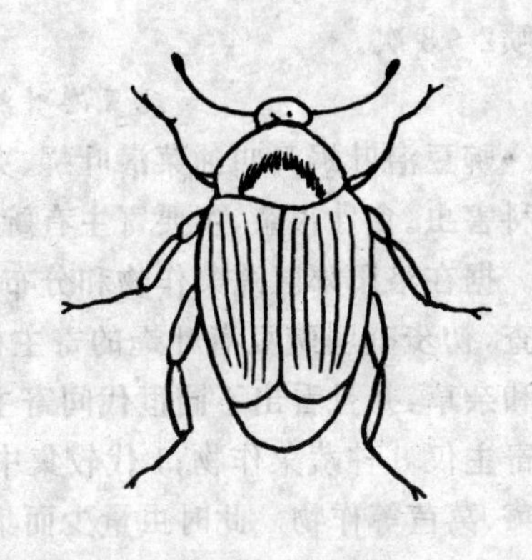

图27　豌豆象

防治方法：①将晒干的豆种，装入仓库内用氯化苦(三氯硝基甲烷)或磷化铝密闭熏蒸。每立方米种子量(约500千克)氯化苦用量30～50克，熏蒸48小时。气温低于20℃，熏74小时。氯化苦的毒气能渗入豆粒中，将虫杀死。磷化铝的用量，一般每100千克种子用药1片，将药片放入瓶中，瓶口用纱布蒙住，插入豌豆堆内，气温12℃～15℃熏蒸5天，16℃～20℃熏蒸4天，20℃以上3天。磷化铝在干燥条件下稳定，吸水后分解放出磷化氢，对人畜有高毒，熏毕后要将药取出，深埋，防止人畜中毒。②豌豆开花结荚期，每隔2～3天检查1次产卵情况。在产卵始期和高峰期后5天左右，各喷药1次，每次每667平方米用80％敌百虫原粉800～1 000倍液喷洒，共喷2～3次。

豌豆潜叶蝇

豌豆潜叶蝇又叫油菜潜叶蝇、夹叶虫、叶蛆。属双翅目潜蝇科害虫。食性很杂，主要寄主有豌豆、油菜、白菜、茄子、丝瓜等。据在洛阳郊区蔬菜作物和分布较广的杂草上进行的系统调查，初步查明豌豆潜叶蝇的寄主植物已达13个科42种作物和杂草，并且看出不同世代间寄主种类差异很大(表12)。1代寄主仅8种蔬菜作物;1代较集中为害豌豆和留种大白菜、油菜、莴苣等作物。此时虫量少而集中，仅在越冬寄主和蜜源植物上取食为害，是集中防治的有利时机。2代寄主达18种蔬菜，18种杂草，如苦荬菜、蒲公英、荠菜、野茼蒿等杂草。3代寄主达20种蔬菜，18种杂草。此时，气温较高较稳定，是全年为害最重的时期。4代寄主仅在阴凉处的豆科等作物和杂草上越夏，田间很难查到幼虫。5代出生时，气温下降，成虫数量增多，开始在秋播的大白菜、萝卜、大青菜、芥菜、莴苣等作物上取食为害。此时，由于秋季阴雨较多，气温不断降低，捕食性天敌取食补充营养准备越冬，寄生性天敌寻找寄主越冬，对5代幼虫有所影响，不能形成为害高峰，仅在越冬寄主和嗜好作物豌豆、大青菜、莴苣、油菜等蔬菜上取食化蛹越冬。对蔬菜产量影响较小，一般露地不需要防治，只需对个别严重地块和温室进行防治，消灭越冬虫源。不同寄主中，越冬前后的虫口密度和各寄主的分布数量，是影响一代豌豆潜叶蝇发生程度的主要因素，也是明确越冬防治范围及重点的依据。据调查得知，豌豆、油菜、大青菜、小白菜、莴苣及棚室黄瓜、西葫芦、番茄等，均有越冬蛹寄生，以豌豆、莴苣、油菜及温室黄瓜、西葫芦等虫口密度最大。如果以上作物和温室种植面积大，虫量多，当年1代潜叶蝇发生和为害就严重。因此，彻底防治越冬寄主及温室中寄主上的幼虫，是消灭虫源，减轻1代发生程度，乃至将豌豆潜叶蝇的为害程度压低到经济允许水平以内的根本措施。

豌豆潜叶蝇属小苍蝇，雄虫体长1.8～2.1毫米，雌虫体长2.3～2.7毫米，灰褐色，有稀疏的刚毛。卵长圆形，乳白色。幼虫蛆状，光滑，柔软，透明，长约3毫米。初孵时乳白色，取食后变为黄白色或鲜黄色。头部小，前端有黑色可伸缩的口钩。蛹长卵圆形，略扁，淡褐色后，呈黄褐色和褐色(图28)。

4～5月为害最重，受害叶片几乎全变白色。6～8月在瓜菜和杂草上生活，8月后转移到十字花科蔬菜上为害。10月下旬至11月虫口密度增加，以后在豌豆、油菜上繁殖为害。成虫喜选择绿色叶片产卵，卵产于叶片背面边缘的叶肉里，尤以叶尖处为多。卵散产，叶片被产卵器刺伤处出现灰白色小斑伤痕。1头雌虫产卵45～98粒。孵化后从叶内潜食叶肉，曲折迂回，无一定方向。幼虫还可潜食嫩茎和花梗，老熟幼虫在隧道末端化蛹，并在化蛹处穿破叶表皮而羽化。成虫发生适温为18℃，幼虫发生适温20℃左右；超过35℃不能生存。成虫有吸食花蜜补充营养后才能产卵的习性。

防治方法： ①成虫发生期每667平方米设15个点，每点放一张诱蝇纸诱杀成虫，3～4天更换1次。②及时用药，虫道很小时用20%阿维·杀单(斑潜净)微乳油1 500倍液，或1.8%爱福丁乳油3 000～4 000倍液，或48%乐斯本乳油1 000倍液，或25%杀虫双水剂500倍液，或1.8%虫螨克乳油2 500倍液，或40%绿菜宝乳油1 000倍液，或20%康福多浓可溶剂3 500倍液，或18%虫害通杀2 500倍液，或44%速凯2 000倍液，或5%抑太保乳油2 000倍液喷洒防治。

表 12　豌豆潜叶蝇寄主种类及虫口密度　（李志朝等）

寄主种类	虫口密度(头/百株)					寄主种类	虫口密度(头/百株)				
	1 代	2 代	3 代	4 代	5 代		1 代	2 代	3 代	4 代	5 代
豌　豆	1101	5352	7724	0	54	蕹　菜	0	16	0	0	0
大青菜	17	119	830	0	16	蛇　含	0	0	5	0	0
油　菜	10	23	109	0	11	大　蒜	0	0.1	0	0	0
大白菜	0	147	1001	0	127	薄　荷	0	2	10.5	0	0
白萝卜	0	56	117	0	21	蒲公英	0	3	249	0	0
甘　蓝	1.7	18	292	0	0	荠　菜	0	4.7	79	0	0
菜　花	2.5	37	107	0	0	苦荬菜	0	150	411	0.9	0
莴　苣	160	344	1021	0	6	播娘蒿	0	4.3	23	0	0
豇　豆	0	7	170	0.7	0	夏枯草	0	5.2	46	0	0
菜　豆	0	2	119	0.6	0	葎　草	0	3	9.7	0	0
蚕　豆	0	7	27	0	0	野塘蒿	0	10	18	0	0
芹　菜	0	6	16	0	0	刺儿菜	0	3.09	66.2	0	0

续表 12

寄主种类	虫口密度(头/百株)					寄主种类	虫口密度(头/百株)				
	1代	2代	3代	4代	5代		1代	2代	3代	4代	5代
雪里蕻	0	10	30	0	0	回回蒜	0	10	24	0	0
黄　瓜	0	0	7	0	0	滇苦菜	0	14	261	0	0
西葫芦	0	0	2	0	0	飞　蔗	0	1.5	6	0	0
黑白菜	3	8	31	0	0	车前草	0	15	45.9	0	0
立　芥	0	0	0	0	11	囊颖草	0	3	11.6	0	0
苤　蓝	0	8	26	0	0	美洲独行菜	0	10	21.6	0	0
茼　蒿	0	162	486	0	0	石生繁缕	0	3	38	0	0
芫　荽	0	34	69	0	0	泥胡菜	0	0.2	30	0	0
扁　豆	0	5.1	13.7	0	0	圆叶锦葵	0	7	61	0	0

注:河南洛阳,1997年

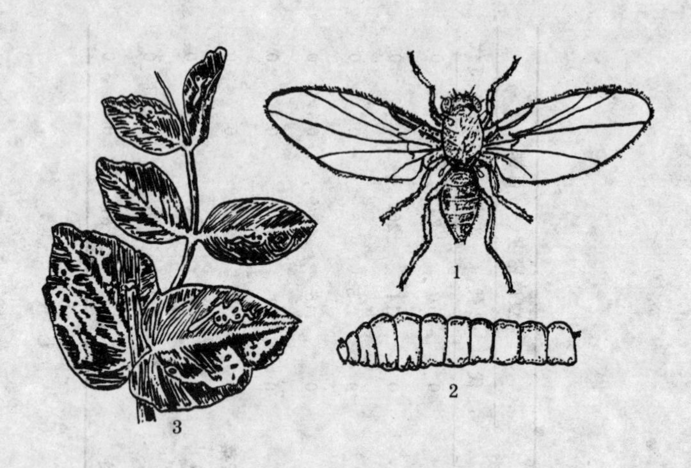

图 28　豌豆潜叶蝇

1. 成虫　2. 幼虫　3. 为害状

(八)贮藏保鲜

1. 青 豌 豆

最佳贮藏指标是温度 0℃，气体氧 3%～5%，二氧化碳 5%～7%，空气相对湿度 90%～95%，冰点－0.61℃，可贮藏 15～20 天。

青豌豆要适时采收，过早或过晚采收的，耐藏性都差，而且食用品质低。

豌豆非常适合小包装或大帐，采用自发气调贮藏，而且去壳与否均可，不去外壳的比去壳的更好保存。采收后要及时预冷 4～6 小时，风冷者在－0.5℃～0.5℃的库中，摊开 20～24 小时。水冷的，将豌豆装入篮子中，浸入 1℃冷水中 12 分钟可由 20℃降至 2℃；真空预冷时，将豌豆打湿，效果同水冷。

豌豆贮、运、销期间，均适于在上层加冰降温，并可保持高湿度，防止萎蔫。

豌豆采后的主要生理变化是糖分水解，因此，0℃＋95％湿度＋MA（二氧化碳 5％～7％）是最佳保鲜技术参数。因为 MA 贮藏，是利用薄膜包装的简易气调（CA）贮藏，通常在应用 MA 包装中，气体组成是由产品的呼吸作用和包装材料对个别气体的渗透性来决定。MA 包装中的气体主要是氮气、二氧化碳和氧气。包装后，由于呼吸作用，使氧气浓度比大气氧浓度低，二氧化碳浓度较高，从而降低呼吸速率，使贮藏期延长。

2. 圆粒豌豆

圆粒豌豆贮藏的最佳温度为 4℃～5℃，湿度 95％，低于 4℃时会发生冷害。带荚的贮藏期为 6～8 天，豆粒 24～48 小时。气体条件未定，但可用塑料小包装贮藏。

贮藏时应在绿熟期采收。在常温下，带荚圆粒豌豆，2 天内可保持最佳销售品质，第三天豆荚变黄，第四至第六天明显腐烂。4℃～5℃＋95％湿度＋MA，可保鲜 6～8 天。去荚圆粒豌豆更难保鲜，在 30℃ 下，7 小时即产生异味；在 25℃下，几个小时会失绿，变黄，甚至腐烂；在 4℃～5℃下可保鲜 24 小时，但一般田间采收时，箱内温度可高达 38℃。因此，圆粒豌豆去荚保鲜的难度很大。

(九)加　工

1. 冷冻保鲜

(1)原料选择　选颜色嫩绿,大小一致,无伤的嫩荚。速冻豆粒的,选用豆粒鲜嫩饱满,色泽鲜绿,豆粒均匀,高温处理后豌豆粒不现灰褐色,汤色清,种皮不破裂的品种,在花谢后15～18天,豆粒直径达8～10毫米时采收。

(2)制作过程　将原料浸入2%的盐水中30分钟后取出,用流动清水冲洗干净,投入100℃热水中漂烫2～3分钟。漂烫后立即投入冷水中冷却,并搅动,加快冷却,捞出沥干,放入速冻机中冻结。冻结温度为－30℃,中心温度－18℃以下。然后在温度不高于5℃,空气相对湿度为95%～100%的室内包装,装箱后移入－18℃、空气相对湿度保持95%～100%的低温库中贮藏。食用前放冷水中浸泡,解冻后急火炒食。

2. 制　罐

(1)制罐工艺流程　原料验收→去荚壳→分级、盐水浮选分级→预煮→复检→配汤、装罐→排气→封罐→杀菌→冷却。

(2)加工操作要点　选收获期长,产量高,豆粒大小均匀,含糖量高,风味好,豆粒绿色,表面有光泽的品种,如小青荚、大青荚等。一般在开花后16～18天采收。产品收后放在0℃～2℃的条件下,24～36小时内加工。加工时,仔细拣去石子及其他杂物,将原料倒入斜槽中,由运输带将豆粒送入脱壳机去壳。去壳后的豆粒,经过外滚筒的筛孔落入倾斜收集器内,碎壳等残渣由传送带排出机外。豆粒按大小分级,分级后送入盐水中浮选分级:浮在5.5%盐水上面的豆粒为一级豆粒,浮在9.5%盐水上面的豆粒为二级,沉在9.5%盐水下面的为三级,浮在3%盐水上面的豆粒不能用于制罐。豆粒在盐水中的时间不能超过3分钟。豆粒从盐水捞出后,立即放入清水中漂洗,除去盐分后,置沸水中预煮6～9分钟,用手捻豆皮,稍感黏性和刚起粉状时即可。煮后立即倒入流动冷水中,使之迅速冷却。再经复检,捡去已失去天然绿色、表面破损不完整的豆粒,受病虫害的豆粒及豆衣、豆壳及其他杂质,经清水漂洗,沥去水分后定量装罐。用加汁机自动灌装过滤的热盐水(配制2%～3%或2.7%的盐水,温度在95℃以上),在真空机上密封罐口,或经加热排气后密封。在116℃或121℃高温下经35～40分钟杀菌后,立即浸入流动水中,快速冷却至38℃左右,用干布擦干罐头外面的水分。

3. 脱　水

脱水也是青豌豆加工中较为广泛应用的一种方法,其工艺关键是掌握好青豌豆的收获时间。收获后立即降温到4℃,并保持籽粒表面干燥。脱水前,清洗分级后蒸1.5～3分钟,接着漂洗,漂洗后加入适量的食盐和蔗糖,最后用某种工艺将种皮刺破或划破。然后脱水处理,使含水量降为15%,再放入干燥器内干燥4小时,含水量进一步降到10%左右。再按籽粒大小和颜色分级,去掉太小的和破裂的豆粒,用带铝箔层的袋分装。

(十)食用方法

100克豌豆粒或豌豆粉中含蛋白质21.4～22.3克,脂肪

1.5～1.6克，碳水化合物55.5～57.2克，热量1 348.1～1 373.3千焦，粗纤维4.9～8.4克，钙71～105毫克，磷217～270毫克，铁5.3～11.1毫克，维生素B_1 0.1～1.04毫克，维生素B_2 0.13～0.22毫克，烟酸1.3～3.2毫克，另有多种矿物质如镁、钠、钾、氯等。豌豆的特点是含磷和维生素B_1较高，尤其是白豌豆和花豌豆更高。中医认为，豌豆(豌豆叶)性平味甘，无毒，有理中益气，补肾健胃，和五脏，生精髓，止消渴之功效，可治糖尿病、尿频、遗精、妇女白带及泄痢。另外，豌豆具有抗菌消炎作用，并有增强新陈代谢功能。青豌豆角和嫩豌豆叶富含维生素C和能分解人体内亚硝胺的酶，可以分解亚硝胺，因而有抗癌防癌作用。

1. 凉　粉

豌豆500克，用磨脱壳后磨成粉末，装入木瓦缸或木桶内，掺入清水，搅成水浆，纱布过滤。过滤后的水浆让其沉淀，粉层凝结牢固后，舀去上层清水，留下中层粉浆盛入另一个缸，称为水粉(即黄粉或油粉)。下面纯白的淀粉称坨粉(即白粉)。锅洗净，掺清水1千克，烧开，下水粉搅匀。再次烧开后，下坨粉(坨粉须用温开水在盆内稀释搅匀)，不停地用力搅动，约20分钟后挑起成丝时证明已基本成熟，挑起挂牌，并见锅中间起小泡时就算完全成熟。此时，立即舀入瓦钵内，冷却即成凉粉(下粉比例是水粉30%，坨粉70%)。

选上等大红辣椒，加工成辣椒面。菜油入锅烧至六成热，下生姜(拍破)、花椒、葱叶(捆把)炼熟，将油起锅盛入瓦钵内，捞去杂质浮物。待油温降至约180℃时，将头天留下的油辣椒下脚倒入，搅匀让其沉淀，2～3分钟后捞出不用。油温降至50℃时，再加入新鲜辣椒面，搅匀即成红油。甲级黄豆酱油75

克，加入捣细的冰糖 2.5 克；干大蒜 25 克，捣成蒜茸，放入少量生菜油，略加水搅匀。

将制好的凉粉切成薄片或用旋子旋成筷子头大小的条丝，装入碗内，加入盐、蒜泥、酱油、味精、红油即可食用。该食品香辣味浓，细嫩绵实，鲜美清香，滑利爽口。

2. 豌豆汤

纯净白豌豆用少许白碱加水浸泡，约半小时后，下锅煮涨捞起，洗净锅加清水，煮烂，待颗粒外表看似不烂，但里外已熟透，入口即烂时，用微火煨起待用。糯米洗净，上笼蒸熟。粉条发好，猪骨、鸡骨汤置微火上。猪大肚、小肚、脑花、鸡肉等分别煮熟，切成小颗粒，制成馅子。吃时，将糯米饭、粉条、豌豆盛入碗内，舀上馅子、鲜汤，加少量酱油、醋、油辣子及味精、胡椒面、葱花等。

3. 肉焖鲜豌豆

将去皮肥瘦猪肉切成同豌豆大的颗粒。炒锅置旺火上，放入猪油烧热，倒入猪肉颗粒炒散。当炒干水汽现油时，倒入新鲜豌豆与猪肉颗粒合炒，然后掺汤加盐（汤淹没豌豆），置小火上焖至豌豆熟透酥烂时，加白糖、味精，加水豆粉勾成二流芡，起锅即成。

4. 素炒豌豆尖

选新鲜粗壮的豌豆尖，折去卷须，只取豆尖嫩苞一段，淘洗干净。炒锅放旺火上，下菜油烧至五成热，放进豆尖翻炒，同时下精盐，炒出涩水，除去涩水后再放菜油、味精、精盐翻炒，淋上麻油起锅。也可将豌豆苗用开水焯熟，切碎，加入精盐、味精、麻油拌匀。或将豆苗拣净，用旺火热锅熬油，油起烟时下豆苗煸炒，随即加入精盐、白糖、味精等调料，并加入高汤，炒匀即成。

5. 豌豆粉蒸肉

将猪肉洗干净，切成长 10 厘米、宽 3.3 厘米、厚 0.5 厘米的片，与糖色拌匀，使肉呈浅黄色时，将花椒、姜米、葱花、酱油、醪糟、精盐、味精、豆瓣调入，与肉片拌匀，码味半小时。加入米粉、汤拌匀。然后，将肉片逐片按鱼鳞状平铺于蒸豌内，再把鲜豌豆、精盐、米粉拌匀，装入蒸碗内，入笼旺火蒸熟。吃时，把蒸肉翻扣在盘内即成。

6. 豌 豆 黄

豌豆 500 克去皮，洗净入锅，加入 1 000 毫升净水，加热煮沸，改用小火焖煮 2 小时左右。待其软烂，用锅铲搅成粥状，加入白糖 250 克，用大火炒制。炒时，锅铲要不停翻搅，以防糊锅。待炒成稠糊时，加入少量用水化开的石膏溶液，旋即搅拌均匀，即可出锅。将石膏水倒入浅盘内，待其凉透后，将凝结的豆黄切块，上面放一长条金糕即可。

7. 桃仁豌豆蓉

豌豆洗净，放沸水锅煮熟，捞出放入凉水中冷却，沥干水分。将熟豌豆放在 10～20 目网筛上抹滤，使豆泥和豆皮分开。用温水将藕粉调成稀糊状，核桃仁用微火炒熟后剁成末备用。炒锅内放适量水加热，并加入白粉、豌豆泥搅拌均匀。煮沸后加入藕粉浆，待呈稀糊状时撤火，盛入碗内，并撒上核桃仁末即成。

8. 鲜豌豆粥

糯米、鲜豌豆洗净入锅，加水同煮至大沸后改小火煨至稠厚，食用时加蜂蜜或冰糖。

9. 白油烩豌豆

豌豆去荚，用清水洗净。炒锅内放猪油，至七八成热时放入豌豆，爆干水汽后加高汤，腌过豆面约 1 指，同时下料酒，盖上盖子，旺火烧煮。至豆粒酥熟时，加入白糖、盐烧开，淋入水淀粉勾芡，搅匀即可。

10. 糖醋酥豌豆

鲜豌豆粒洗净，放入筛子内，右手执刀轻斩豆粒，刀刃上沾上豆粒，左手持一根筷子，将刀上的豆粒拨入另一容器内。斩豆手要轻，以每粒豆上有一浅刀口为准。斩豆的目的是用油炸时不爆裂。炒锅上火，倒入花生油烧热，下入豌豆粒炸至酥脆，捞入盆内，加精盐、味精、白糖、醋、香油拌匀。

11. 三丝豆苗汤

豆苗摘下嫩头，洗净沥干，沸水焯一下。将熟笋、香菇、胡萝卜切成丝。锅中放入清汤，待沸时，先放入笋氽一下，捞起；再入香菇，捞起；后入胡萝卜，捞起。将三丝及豆苗同盛入品锅（汤盆）。另置鲜汤，加入盐、味精煮沸，淋入麻油，倒入品锅即成。

12. 白油清丸

将鲜嫩豌豆仁用清水洗净，沥干水。锅内下油烧热，放入豌豆仁煸炒至呈翡翠色加入鸡汤，烧至豌豆烂时，放盐、白糖入味。用湿淀粉勾芡，淋上猪油起锅。

13. 咖喱豌豆

葱头、蒜瓣、鲜姜均切末。小煎盘内倒黄油，中火烧热，放进上述 3 种末，炒至微黄，加咖喱粉炒出香味。再放入罐头豌豆粒翻炒几下，加精盐、味精炒匀，盛入盘中立即食用。

14. 生鸡丝豌豆

生面筋放盘内，上屉蒸 20 分钟，取出晾凉，切成丝，用玉米粉拌匀浆好。鲜豌豆粒洗净，用开水氽一下，用凉水冲凉，捞出控净水。小碗中放入素清汤、精盐、料酒、玉米粉调成芡汁。炒锅上火，倒入花生油，烧至六成热，将浆好的面筋丝分散下入滑散滑透，倒入漏勺。锅内留少量底油上火，倒入芡汁用手勺不断推炒，待芡汁变浓，倒入面筋丝、豌豆粒，推炒均匀，淋上香油即可。

15. 麻辣荷兰豆

将荷兰豆两边粗筋摘去，洗净，折成两段；大蒜去净皮，洗净，切成薄片；香葱洗净，切成细末。锅烧热后，倒入精制油，待六成热时，放入香葱末、蒜片炒出香味，倒入荷兰豆段，煸炒至七成熟，加入麻辣酱、精盐，翻炒至熟香，调味，即可起锅。

16. 蒜香豆苗

将豌豆苗洗净，大蒜切成细末。油锅烧至七成热时，放入蒜末炒出香味，倒入豆苗大火快炒片刻，放入盐、味精，调好口味，淋上香油即可。

四、蚕　豆

蚕豆因其豆荚形状似老熟的蚕，或成熟时正值养蚕季节而得名，也叫胡豆、佛豆、仙豆、罗汉豆。山西一些地方称蚕豆为大豆。我国西南地区、长江中下游和西北各省产的小粒蚕豆称马料豆。日本叫空豆，英国和加拿大叫温沙豆。原产里海沿岸，瑞士铜器时代的建筑物中有蚕豆存在。5 000 年前约旦已有种植。我国栽培蚕豆普遍认为是 2 000 多年前张骞出使西域时引入，由我国传至韩国、日本和印度。分布很广，世界上以亚洲和地中海沿岸国家种植最多，目前已有 40 多个国家种植，遍及欧洲、西亚、远东、北非、北美和澳洲等地，全世界种植面积约 667 万公顷，其中我国栽培最多，达 266.8 万公顷。我国又以西南、华中及华东各省栽培较多，西北较少。除西北地区的青海、甘肃、宁夏、新疆等地为春播外，淮河以南、长江流域、珠江流域及西南均为冬播。蚕豆是我国极重要的豆科食用作物。

蚕豆籽粒含蛋白质达 25%～30%，最高达 42%，还含纤维素及无机盐 11%，碳水化合物 48%，脂肪 1.68%。此外，还含有磷脂、胆碱、烟酸、维生素 B_1，维生素 B_2 和铁、磷、钙、钾、钠、镁等多种矿物质，其中磷、钾、铁含量较高，钙含量比大豆多 6 倍。蚕豆所含蛋白质可延缓动脉硬化，粗纤维可降低血脉中的胆固醇，磷脂是神经组织及其他膜性组织的组成部分，胆碱是神经细胞传递信息不可缺少的化学物质。因此，常吃蚕豆，对营养神经组织、增强记忆力有较好的保健作用。青蚕豆除含有丰富的蛋白质、碳水化合物外，还含有脂肪、维生素 A，维生素 B，维生素 C 等，可做蔬菜炒食、煮食、做汤或做其他菜肴的配料，翠绿清香，软嫩鲜美。干豆粒经浸种，催出 1 厘米左右的胚芽后，可炒食，豆粒经保鲜或罐藏后可周年供应，很受国内外欢迎。目前，国内外广泛用它做副食品加工的原料，可以制成粉丝、糕点、酱菜、酱油、甜酱、油炸豆、怪味豆、五香豆等。蚕豆的豆、花、叶、茎和壳皮均可入药，性平味甘，有健脾利湿、凉血止血和降低血压的功效，并能治水肿。荚烧炭研末可治烫伤、脓疱疮。

蚕豆的根、茎、叶中也含有丰富的蛋白质、碳水化合物和脂肪，是极佳的牲畜饲料。蚕豆根瘤菌能固定空气中的游离氮素，是轮作制中比较理想的豆科作物。

蚕豆的生长期较短，茎直立，株型紧凑，适宜与其他作物间作套种，或在田头、地边和畦埂上零星种植。鲜蚕豆于初夏收获上市，是淡季蔬菜供应的重要种类。

蚕豆的花和种子中含有糖苷嘧啶，能使先天性缺乏葡萄糖-6-磷酸脱氢酶（C-6-P_D）的人发生急性溶血性贫血症，即蚕豆黄或豆黄。这种人吸入蚕豆花粉或食青蚕豆后，有尿血、乏力、眩晕、胃肠紊乱和尿胆素排泄增加等现象，严重者出现黄疸、呕吐、腰痛、发热、贫血及休克。所以，有家族发病史及有过发病史的人，应禁止食用蚕豆。食用新鲜蚕豆时要煮熟，这样可以破坏巢菜碱甙。如果一旦中毒，可参考民间治法：将白头翁 60 克，车前草 30 克，凤尾草 30 克，绵茵陈 15 克，加水煎 2 小时，当茶饮；或田艾（菊科鼠曲草）60 克，车前草 30 克，凤尾草 30 克，茵陈 15 克，水 1 200 毫克，煎至 800 毫克，加白糖饮服。

(一)植物学特征

蚕豆为豆科蚕豆属1年生或越年生草本植物，由根、茎、叶、花及种子各部器官构成。

1. 根

圆锥根系，主根粗壮，入土1米多深。侧根水平伸长至35～60厘米时向下垂直生长，可深达60～90厘米，主要根群分布在地表30厘米的土层内。根瘤形成早而多。根瘤常几个密生，呈粉红色，是与固氮作用有关的血红素存在的结果。蚕豆的根瘤可和豌豆、扁豆、毛苕互相接种。根瘤为好气性细菌，主要聚生在地面18～35厘米深的主根和侧根上。蚕豆幼苗期未形成根瘤前，所需氮素需从土壤中吸收，形成根瘤后有2/3左右的氮，由根瘤供给。所以，根瘤菌形成的多少及生长好坏，对蚕豆生长发育的关系十分密切。根瘤菌是小型球状细菌，在土壤中可长出鞭毛能运动。当蚕豆根毛尖端排出一种具有刺激性的物质时，根瘤菌就运动聚集到根毛附近，在根瘤菌的作用下，根毛细胞壁变软并发生卷曲，然后根瘤菌从变软的细胞壁侵入根毛中，根毛细胞壁内陷，并分泌纤维素物质将根瘤菌包围。因根瘤菌的刺激，蚕豆根的初生皮层内层细胞开始强烈地分裂，并向外侧增殖，从而在根上形成根瘤。

蚕豆根瘤菌形成得很早，3叶1心时根瘤菌即已进入根部；4叶时，主根上开始出现小突起；5叶时，主根上已出现粒状根瘤；9叶以后，主根上粒状根瘤因增多增大而逐渐集成一团，成为不规则的姜状瘤块。根瘤菌形成后，便从空气中摄取游离氮素，把游离氮同化为化合态氮，供蚕豆植株营养，而又接受寄主光合作用形成的碳水化合物做能源及形成氨基酸，成为碳素骨架的物质和其他必需的矿质营养。因此，它们之间具有共生作用。

蚕豆根系与豌豆族根瘤菌共生，钙盐、硝酸盐会抑制根瘤的形成，氮肥应深施。蚕豆根瘤固氮量达每667平方米13.4千克。

根瘤菌适应微碱性或中性土壤反应，能抗pH值高达9.6的碱性，其适宜的pH值是6.2～8。在酸性较强土壤上种蚕豆，宜施石灰中和酸性。另外，根瘤菌是好气性细菌，在通气良好、水分适宜处，才能正常发育和进行旺盛的固氮作用，因此，要求疏松而保水性良好的土壤。在新豆田和缺少根瘤菌的田中种植，播种时可采用根瘤菌液拌种和土壤接种的方法。在蚕豆旺盛生长期，选根瘤多且大的，阴干后保存在黑暗处；播前捣碎，用水稀释后倒到种子上拌匀，随拌随播随覆土。磷、钼、硼拌种，能满足蚕豆根瘤菌生长发育的需要，促进根瘤形成，提高固氮能力。其具体做法是：每667平方米用1～2克钼酸铵，或0.2%硼酸拌种，先用少量热水溶化，再加水调配成适宜浓度，拌入种子，然后再加钙镁磷肥粉5～7.5千克拌种后播种。钼与硼之间无拮抗性，却有互相促进的作用。

2. 茎

草质，外表光滑，无毛，四棱，中空。坚挺直立，不易倒伏。幼茎颜色是苗期鉴别品种、去杂提纯的标志。一般绿茎开白花，紫茎开紫红花或淡红色花。成熟后茎变为黑褐色。茎高70～120厘米。茎上有节，节上着生叶柄、花荚或分枝(图29)。主茎基部长出分枝，一般3～6个，多的20多个。后期分枝多不结荚。

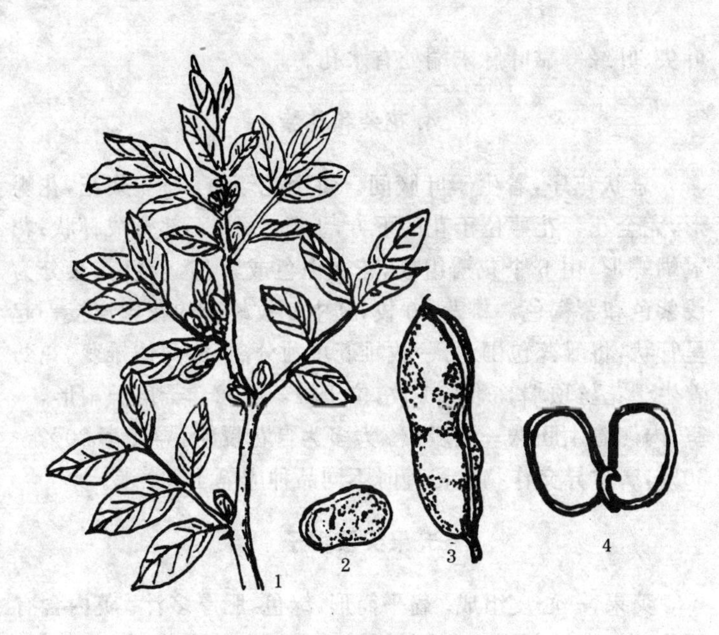

图 29　蚕豆的植株

1.枝叶　2.豆粒　3.豆荚　4.开始发芽的种子(子叶分开)

3. 叶

分子叶和真叶。子叶 2 片,肥大。下胚轴无延伸性,子叶不出土。叶互生,偶数羽状复叶。每个复叶由小叶、叶柄和托叶 3 部分组成。叶柄连着叶片和茎,叶柄与茎相连处的两侧有 1 对托叶,很小,似三角形。背面有一腺体,呈紫色小斑点,是退化蜜腺。小叶椭圆形或倒卵形,全缘无毛,肥厚多肉质,绿色。复叶小叶数与第一花簇的出现有一定相关性。一般第一花簇出现在第一个 3 小片小叶的复叶节位上;4～5 片小叶组成的复叶节上着花多,结荚率最高;6 小叶片复叶节位花簇上花荚数少。蚕豆属叶片双面都有气孔的植物,但气孔数目少。

叶尖、叶缘等靠叶脉末端处有水孔。

4. 花朵和花簇

总状花序，着生于叶腋间。每个花簇有 2～6 朵花，花蝶形，完全花。花萼位于花的下方，上部 5 裂，下部合成杯状；花冠蝴蝶形，由 5 个花瓣组成，花冠白色或紫色，紫色花又分为浅紫色和紫褐色。雄蕊 10 枚，其中 9 枚雄蕊的花丝连接一起呈管状，将雌蕊包围，另一枚雄蕊单独分离，称两体雄蕊。花药着生于花丝顶端。雌蕊 1 枚，位于雄蕊中间。子房长扁形，一室，内侧着生胚珠一至多枚。大多为自花授粉，异交率 20%～30%，属常异交作物。留种时不同品种应隔 1 000 米。

5. 果实及种子

荚果，一心皮组成。扁平筒形，绿色，肥厚多汁。荚内含有氧化酶——酪氨酸酶，能使豆荚中的酪氨酸氧化成多巴（3-4 二羟苯丙氨酸），产生黑色素，使老荚变黑。冬性品种主要由分枝结荚，春性品种由主侧枝结荚，有效结荚多着生在 4～6 复叶节位上。荚内种子 2～4 粒，最多 6～7 粒，种子占全荚重量的 60%～70%。全株结荚 10～30 多个。种子扁平，椭圆形，颜色有青绿、灰白、肉红、褐、紫、绿等。种子基部有种柄脱落的痕迹，称种脐。种脐一端为合点，另一端为珠孔，发芽时幼根由珠孔伸出。种皮内含单宁，略具涩味。种皮坚硬，有木质化栅状细胞，结构紧密。种子发芽力一般保持 3～4 年，最长 6～7 年。在干燥低温条件下贮存 15～20 年，发芽力无明显下降。

(二)类型及品种

1.类　型

目前国外一般按不连续性状，如翼瓣黑斑的有无、种皮的颜色和脐的颜色等进行分类。国内分类方法很不相同，生产中习惯的分类和命名方法是：

(1)*以籽粒形状和大小、重量分*　分为大粒种、中粒种和小粒种3个变种。大粒种的种子宽而扁薄，百粒重120克以上。植株高大，叶片较宽，结荚少，要求肥水条件较高，抗寒性较差。在耕性好、表土疏松、排水好且具一定保水保肥能力处生长良好，多做粮食和蔬菜用。中粒种的种子扁椭圆形，百粒重70～120克，结荚较多，生育期适中，多做粮食及副食用。小粒种的种子近圆形或椭圆形，百粒重70克以下，较耐瘠薄，对气候、土壤条件要求不严，结荚多，早熟，但品质较差，多做副食及饲料，也可做绿肥。

(2)*以种皮颜色分*　分为白皮种、青皮种、红皮种和绿皮种。

(3)*以生育期长短分*　分为早熟种、中熟种和晚熟种。

(4)*按播种期分*　分为春蚕豆(春播)和冬蚕豆(秋播)。前者是中国蚕豆主要产区，包括云南、四川、湖南、湖北、江苏、上海、浙江、安徽、福建、广东、广西、贵州、江西等省、市、自治区。后者包括甘肃、内蒙古、青海、山西、陕西及河北、宁夏、新疆和西藏等省、自治区。春播蚕豆种植区的共同特点是一年一熟，一般在3～4月播种，8月收获，生长期短。蚕豆能在较高温度下通过春化阶段，在适宜的温度条件下开花结荚，且光照时间长，光照度大，有利于籽粒发育，产量较高。春蚕豆区域内分为

3个亚区：

①甘西南、青藏高原亚区　这是我国大粒型蚕豆产区，包括西藏、青海、甘肃西南部和陇中地区。一般在3月中旬至4月中旬播种，8～9月收获，全生育期150～180天。

②北部内陆亚区　包括地处北纬38°～44°的内蒙古、河北、山西、宁夏及甘肃河西走廊，沿长城内外一线。一般3月中旬至5月中旬播种，7～8月收获，全生育期100～130天。

③北疆亚区　包括新疆天山南北地区，属大陆性干旱、半干旱气候，一年一熟。以小麦、玉米为主，蚕豆栽培面积较少，年平均气温5.7℃～13.9℃，7月份平均气温23.5℃～32.7℃，年平均降水量146.4～277.6毫米。

据李华英研究认为，无论海拔或纬度高低，凡1月平均气温低于0℃和7月平均气温高于20℃的地方不太适宜蚕豆种植。1月平均气温高于0℃的地方为蚕豆秋播区。1月平均气温低于0℃，而7月平均气温低于20℃的地方为蚕豆春播区。中国秋播蚕豆的分界线是秦岭——淮河一线。严格地说，长江流域是蚕豆秋播区，珠江流域是冬播区，而云南省类似“立体气候”，几乎一年四季均可种植。春播区从辽东半岛中间起，向西北，经长城沿线，晋北、陕北、陕甘交界、四川西部，止于云南，这一线的北部和西部是春播蚕豆区。在夏季炎热，冬季寒冷且持续时间长，春秋两季短的地区，不宜蚕豆生长，为无蚕豆种植区。

2. 优良品种简介

大青扁

我国南北方都有栽培。引入北京后又称大绿蚕豆。株高60～70厘米，开展度小，分枝1～3个。主茎5～6节处着生第一花序，以后连续生长 4～5 节。每一花序结荚 1～3 个，全株结荚 10 余个。豆荚大，平均长 7.5 厘米，宽 2 厘米，浅绿色。每荚有种子 2～3 粒。嫩豆粒肥大，肉质软糯，味道鲜美，种皮浅绿色，适宜菜用。北京 3 月下旬点播，6 月上旬收嫩荚，每 667 平方米产 400～600 千克。东北地区 10 月上中旬播种，翌年 4 月上旬开花，5 月收获，6 月上中旬种子成熟。

牛踏扁

江浙一带的地方品种。株高，茎粗，分枝多。叶大。结荚较稀。荚大，每荚有种子 3～5 粒。豆粒大，外皮青白色，粉质细糯，鲜美沙甜，适宜煮青豆。用干豆粒炒食，既脆且酥，是加工各种蚕豆制品的上乘原料。生长期较长，成熟晚。

襄阳大脚板

种子形状像脚板而得名。株高 115 厘米左右，分枝性强。单株结荚 20 个左右，每荚有 3 粒种子。种子平均长 1.8 厘米，宽 1.3 厘米。

青海 3 号

青海省农林科学院选育。为春蚕豆品种。株高 143 厘米左右，茎秆较硬。单株有效分枝 3～4 个，株型较松散。叶浓绿色。花淡紫色。结荚部位稍低，单株平均结荚 14 个，每荚有种子 2～4 粒。豆粒大而略扁，百粒重 160 克。生育期 144 天，比较抗病和抗倒伏。高产地每 667 平方米产量 441～480 千克。

青海 2 号

青海省农林科学院选育。株高 84 厘米，分枝性强，平均有效分枝 5.7 个。结荚位于中上部，平均结荚 15.4 个，每荚 2～4 粒，籽粒较大，饱满整齐，乳黄色。较抗赤斑病和锈病，也较抗旱和抗倒伏。属早熟品种，生育期 124 天。

慈溪大白蚕豆

主产于浙江省慈溪县。为冬蚕豆品种。植株高大，一般株高110～130厘米，分枝4～5个。单株产量53.6克。成熟较晚，生育期210～215天。百粒重120～135克。种皮薄，乳白色。单宁含量低，品质好，食味佳，商品价值高，畅销日本等国。但耐湿性差，对栽培条件要求严格，宜在棉花地中套种及旱地种植。需早播。

临夏204

我国北方种植面积较大的蚕豆品种。植株高大，一般株高130厘米，荚长9～10厘米，百粒重160克左右。甘肃临夏地区一般3月上旬播种，8月中旬成熟，生育期150天左右。每667平方米产250千克，高产的可达350～400千克。

德国特大蚕豆

株高80厘米左右。单株有效分枝4～5个，每枝结荚4～6个。单株结荚20～30个。第三、第四节处开花。荚长扁形，每荚有种子3～5粒。鲜豆粒特大，宽而厚，肉质细嫩，适口性好。干豆粒黄白色，近方形。抗寒，耐热，抗病。生长期120天左右。

白胡豆

系近年从日本引进的品种。粒大，皮白，肉白，质佳。在江苏和浙江广为栽培。

大白胡豆

四川地方品种。成都、乐山等地栽培较多。株高80厘米左右，茎叶灰绿色，小叶椭圆形，花浅紫色。第一花序着生于2～5节。每个花序结荚1～3个。单株有3～4节花结荚。单荚重15克。青荚棕黄色，指形，每荚种子2～3粒。嫩豆粒白色，粒大，豆沙粗，味香，品质好。老荚皮黑褐色，种子白绿色，近椭圆形。播后180天左右采收嫩荚,200天左右收老荚。每667平方米产干豆粒200千克。四川10月上旬至下旬播种,翌年4月上中旬收青荚,5月收老荚。适于四川省内各地种植。

嘉定白皮蚕豆

系上海市嘉定区著名特产。因其种皮、种脐、子叶三者均为绿白色,故又有三白蚕豆或大白蚕豆之称。株高1~1.3米,根粗壮发达,茎中空方形。4~6个侧枝,主茎节位21~30节,始花3~4节,2~14节可连续着生花序。每花序结荚1~3个。花紫白色。荚绿色,扁圆筒形,长8.7厘米,宽2厘米,厚1.5厘米。每荚种子2~3粒。每株有效荚25~40个。每667平方米产青荚600千克。上海地区10月上中旬播种,翌年5月上旬收嫩荚。

平阳早豆子

主要产于浙江省温州地区。特早熟,秋播全生育期196天。也可春播,在杭州3月20日播种,5月中下旬采收。每667平方米收青豆荚600~700千克,鲜茎叶750~2 000千克。6月上旬成熟,全生育期80天左右。每667平方米产老豆50多千克。粒小,百粒重70克以下。适宜在鲜豆时食用。也可做绿肥。是菜肥兼用品种。

青皮蚕豆

湖北省地方品种。株高约80厘米,分枝3~4个,节间较短,叶绿色,花浅紫色。青荚狭长,略弯,皮灰绿色,腹线、背线深绿色。荚长7~8厘米,宽1.7厘米,厚1.3厘米。每荚含种子2~3粒。嫩粒绿色,种子灰绿色。千粒重950克。生长期约210天。抗寒力强,耐盐力差,适应性强,每667平方米产青荚500~600千克。

9月下旬播种,行距40厘米,株距30厘米,每穴3~4粒。

翌年4月下旬至5月收青荚。适宜湖北省十堰市郊区栽培。

河内一寸

上海市崇明县蔬菜技术推广站1992年从日本引进的品种。植株粗壮，茎直立，方形中空。株高110厘米左右，茎粗1.2厘米，一般分枝5～8个。花腋生，短总状花序，白色，也有的是粉红色，翼瓣中央有一大黑斑。每花序有2～6朵花，第一、第二花序多数能结荚，其后的花结荚率低。荚长10厘米，最长的15厘米以上，宽3厘米，为扁圆筒形。种子长3厘米左右，宽2.5厘米，种皮淡绿色。一般千粒重2 250克以上，最高的达2 800克。一般每667平方米产干种子150千克左右。

上海地区10月15～25日播种，行距100厘米，株距25厘米。每667平方米播2 670穴，每穴2粒。5月中旬可收青荚。适宜上海市种植。

（三）生长发育过程

1. 出苗期

播种后4～5天，种子吸水后膨胀，种皮从胚芽处裂开，俗称“裂腰”。裂腰期土壤湿度不宜超过40%，否则烂豆严重。萌芽时，首先下胚轴的根原分生组织发育成初生根，突破种皮伸入土中，成为主根。初生根伸出后，胚芽突破种皮，上胚轴向上生长，长出茎、叶，露出土面2厘米，称出苗。从播种到出苗一般需8～14天。气温为16℃时，11天出苗；11℃时，18天出苗。

2. 分 枝 期

蚕豆在 2.5～3 台复叶时发生分枝。气温为 13℃时从出苗到分枝需 8 天;6℃时,需 15 天。分枝能否开花及开花结荚的多少,主要取决于分枝出现的早晚和长势的强弱。另外,还与土壤肥力、密度、品种及管理有关。一般早出生的分枝大多能开花结实,春后产生的分枝,长势弱,多不能开花结实。所以,采取适时播种,施足基肥,促进分枝早发,巩固冬前分枝,花期整枝等措施,是提高产量的重要保证。

3. 现 蕾 期

现蕾指主茎顶端已分化出花蕾,并为 2～3 片心叶遮盖,轻轻揭开心叶能明显见到花蕾。现蕾时,植株高矮对产量影响很大:过高,荫蔽大,落花多,甚至引起倒伏;过矮,不能形成丰产长相,产量低。一般蚕豆现蕾时株高占成熟时株高的20%～30%,蕾期干物质形成和积累较多,要有一定的生长量,但不能过旺,应协调好生长与发育的关系。

4. 开花、结荚期

蚕豆有无限开花的习性,花簇可不断产生,基叶也陆续生长。一般每个花梗上着生 2～6 朵花,也有 7～9 朵的。不论主茎或分枝,都是下部节位的节上花数较少,中部节位上花数最多,上部节位又减少。一般主茎多由下向上第七至第十节着花,第一次分枝大都在第四至第六节着花,第二次分枝在第三至第四节着花。主茎花先开,然后是一次分枝、二次分枝的花依次开放。以一个分枝或一个花簇而言,也是由基部向上逐渐开放。每朵花的开放时间持续 2～3 天,一朵花的开放时间从上午 9 时后开放，日落后大部闭合。如此进行 3 天，8～11 天形成幼荚。全株开花期 15～25 天，蚕豆开花期长达 50～60 天。从开始开花到豆荚出现，是植株生长发育最旺盛的时期，需要充足的水分、营养、光照，要灌好花荚水，增施肥料，整枝打顶。蚕豆花期长，易受低温和霜冻危害，应做好防冻措施。

5. 鼓粒成熟期

蚕豆边开花边结荚。一朵花凋谢后幼荚开始伸长，荚内种子也开始增长。随着种子的发育，荚果向宽厚增长，籽粒鼓起。种子充实的过程称鼓粒期。鼓粒到成熟阶段是蚕豆种子形成的重要时期，这时除叶片同化旺盛外，水肥供应必须充分。为增进养分积累，必须加强以养根促叶，通风透光，防止早衰为中心的田间管理。当蚕豆下部豆荚变黑，上部豆荚呈墨绿色，叶片变枯黄时即为成熟期。

（四）生长发育需要的条件

1. 温　度

蚕豆喜温暖湿润的气候，不耐暑热，耐寒力比大麦、小麦差，尤其是花荚期不耐低温，故北纬 63°以北无蚕豆分布。种子在 3℃～4℃时发芽，－4℃时遭受冻害，－5℃至－7℃时死亡。发芽适温 16℃，最适 25℃，最高 30℃～35℃。出苗适温 9℃～12℃，营养器官形成在 14℃左右，开花期适温 16℃～20℃，结荚期 16℃～22℃。平均气温 5.4℃，最低气温－2.2℃，地面最低温度－3.6℃时，花蕾、花及幼荚均受冻。花和花蕾受冻后，初呈水渍状稍带棕色，5～6 小时后变成乌黑色，幼荚呈水渍状斑块，萎蔫，变黑，枯死。温度低于10℃时，开花少；13℃以上开花多。平均气温达12℃以上，受精结实。全生育期有效积温需1 500℃～2 200℃。早熟品种需积温少，晚熟品种需积温多。

2. 光　照

蚕豆喜长日照，整个生育期需要充足的阳光。种植过密，会发生大量落花。蚕豆的光合作用效能为18毫克二氧化碳/平方分米·小时，仅高于燕麦和大麦，比小麦、玉米低得多。空气中一般含氧量为21%，氧分压降至5%～8%时，很多植物的呼吸强度降低，而蚕豆幼苗在氧分压低于2%时仍能正常呼吸。蚕豆在缺氧呼吸时，放出的二氧化碳还超过有氧呼吸时放出的二氧化碳。

3. 水　分

蚕豆不耐干旱，须种植在能灌溉的田地里。种子粒大，皮厚，含蛋白质量多，膨胀性大，发芽时需吸收相当于本身重量110%～120%的水分。水分不足，则出苗迟或不出苗。幼苗期较耐旱，如果土壤水分过多，不仅根系浅，而且土壤通气性差，幼根易受病菌侵染，造成烂根死苗。从现蕾开花起，需水量渐增，开花期是需水临界期，要有充足的水分才能满足需要，否则会引起授粉不良，或授粉后败育，花荚脱落增多。结荚至鼓粒期水分充足，才能保证籽粒发育。

4. 土　壤

蚕豆对土壤条件选择不严，以排水良好、肥沃、土层深厚、富含有机质的中性或微碱性土壤为宜。较耐碱，适宜pH值为

6.8～8 的土壤，根瘤菌能抗 pH 值高达 9.6 的碱性，而在过酸的土壤中生育不良，甚至死亡。一般认为，生长条件良好时，蚕豆所需氮素的 2/3 由根瘤菌供应。在一般生产水平下，每 667 平方米的根瘤菌可从空气中固定氮素 5～10 千克，相当于硫酸铵 25～50 千克。蚕豆根系吸收磷素的能力很强，在含磷较少的土地上，也能从土壤中吸收较多的磷素。对各种微量元素反应敏感，特别是缺硼时，根系维管束生育不良，根瘤获得的碳水化合物减少，固氮能力减弱，植株发育不良。

（五）周年生产技术

1. 春播栽培技术

我国秦岭、淮河以北为蚕豆春播区，其中华北南部或沿海地区，也可秋播越冬。秋播比春播的早熟，产量也高。忌连作。重茬蚕豆消耗单一土壤养分，使一些营养得不到恢复和调节，磷、钾显著减少，不利于发育，土壤酸度增大，噬菌体增多，根瘤减少，病虫害增加，所以必须轮作。一般只能种 1 年，最多 2 年。蚕豆作为水稻、棉花、玉米、甘薯、烤烟的后茬，与大麦、小麦、油菜、豌豆、紫云英、苜蓿等实行隔年轮作，也可与麦类、马铃薯、糜子等轮作换茬。蚕豆是需肥较多和喜钾的作物。主根入土深，侧根分布广，需深耕。蚕豆需氮磷钾较多，对硼、钼等微量元素也十分敏感。形成 100 千克蚕豆籽粒，需从土壤中吸收氮素 7.8 千克，磷 3.4 千克，钾素 8.8 千克，钙 3.9 千克。虽然蚕豆所需氮素主要由根瘤菌固氮供应，但仍有 1/3 左右从土壤中吸收，所以增施磷、钾肥有明显增产效果，增施氮肥也有增产效果。每 667 平方米施农家肥 2 000 千克，过磷酸钙 20

千克，草木灰100千克或氯化钾10千克，尿素10千克做基肥。在缺钼地区（土壤中钼含量在1～1.5毫克/千克以下），播种时每千克种子拌2克钼酸钙，可增产15％。3月上中旬至4月上旬，土壤解冻后，当旬平均气温稳定在3℃以上时播种。采用地膜覆盖或小棚栽培，可提早播种。播前，可进行种子低温处理：种子吸水膨胀后置于20℃左右处催芽1天，待露白时再移放到2℃～5℃处10～15天，可降低着花节位，提早开花和增加产量。

春播区适宜蚕豆生长的时期较短，应选用早熟和中熟品种。在生长期较长、地力较好时，条播行距40～50厘米，株距20厘米；穴播穴距30～35厘米，每穴播3～4粒。宽行单株密植时，行距60～65厘米，株距12～15厘米。在生长期较短或地力较差时，可适当密植，一般行距33～40厘米，穴距20厘米左右，每穴播种2粒。

春播蚕豆可与其他作物间作。与小麦隔畦间作时，带幅宽80厘米，播6行小麦，2行蚕豆。蚕豆还可和大蒜、甘蓝等隔畦间作，也可在洋葱和韭菜的畦埂上或地边点种。

注意查苗补苗，多次中耕培土。苗期中耕2次，锄草松土，以提高地温，促进根系生长。4～5片复叶期，干旱时需浇水，随水每667平方米施过磷酸钙10～15千克，尿素10千克。开花结荚期，气温升高，耗水增多，需浇水2～3次，以保持土壤湿润。干旱缺水，会导致落花落荚。结荚初期，每667平方米施尿素10千克，过磷酸钙10～15千克或复合肥10千克，以满足花荚生长的需要。结荚后喷施0.05％硼砂溶液，可以增加产量。

春播蚕豆主要依靠主茎结荚，一般不去主茎。蚕豆植株有近一半的分枝是不现蕾、不开花、不结实的无效分枝。如留过多的分枝将会使植株营养生长过旺，消耗的营养物质多，限制了产量的提高。合理整枝，可改善田间通风透光条件，减少病虫危害和养分的过多消耗，调节植株内部养分的合理分配，保证蕾、花、荚营养良好，提高坐荚率，促进早熟和增加粒重。所以，整枝是蚕豆栽培技术中的一项有效的增产措施。整枝包括打主茎、打无效枝和打顶。对冬性、半冬性品种，于4片真叶时将主茎顶端1～2台摘除，可促进分枝早发，推迟开花期，减轻冻害。蚕豆第一分枝和第二分枝结果多，应尽早摘除第三分枝以后的分枝。保证早发枝能正常结荚。在50%以上的植株下部已结成小荚、中部开始结荚、全株开花终结时进行轻度摘心，摘去带1片真叶和1个心叶的嫩尖，控制株高。

7月中旬至9月上旬，当蚕豆下部豆荚变黑、干燥时收获。蚕豆成熟后遇雨在植株上可以发芽，因此，必须提早收获。

2. 秋播栽培技术

蚕豆在秦岭、淮河以南为秋播区，10月下旬至11月初，当日平均气温下降到接近16℃时播种。早播，冬前植株易徒长，茎叶柔嫩，抗寒力弱，越冬时易受冻害；晚播，冬前发棵差，营养生长期短，有效分枝少，茎秆细，冬季也易受冻，结荚节位上移，有效荚数和籽粒数少。

植株高大、分枝多、生长旺盛的品种，在较肥沃的土壤上播种时，密度宜小些，一般行距80～100厘米，穴距33～40厘米，留双株，或按25厘米株距条播。分枝少的品种，或在肥力较差的田块上栽培，则可适当加大密度，行距为40～55厘米，穴距为20～30厘米；条播时，株距12～15厘米。播种过密，通风透光不良，易落花落荚，导致减产。蚕豆适宜与粮棉作物或蔬菜进行间作套种，以提高土地利用率。

蚕豆的田间管理主要是灌水、施肥和植株调整。苗期生长量不大，气温逐渐降低，水分消耗少，一般不浇水，以控制地上部的生长，使根系深扎，为后期高产打下基础。冬前中耕时结合培土，保护根系，以利于幼苗越冬。苗高8厘米，有3～4个复叶时，每667平方米施尿素10千克，或人粪尿1000千克，促使幼苗生长健壮，提高抗寒力，并促进早发、多发分枝。

春天植株返青后，从现蕾到初花期正是植株旺盛生长时期，每667平方米施尿素和氯化钾各5千克，以满足茎叶生长和蕾、花发育的需要。开花结荚期，植株生长发育最旺盛，花荚大量出现，茎叶继续生长，需要供应充足的肥水，使植株生长健壮，提高光合效率，养根护叶，防止早衰，提高结荚率，增加粒数和粒重。开花结荚初期，每667平方米施碳铵15～20千克；结荚中后期，叶面喷1～2次0.3%～0.5%磷酸二氢钾和1%尿素液，0.3%硼砂溶液和0.05%～0.2%的钼酸铵溶液。

春蚕豆也需要整枝，整枝工作宜在晴天中午进行，阴雨天和有朝露时不要整枝，以免伤口进水而引起腐烂。

青荚是在植株下部叶片开始变黄，中下部的嫩荚已充分长大，荚面微凸或荚的背筋刚显淡褐色，豆荚开始下垂，种子已肥大，但种皮尚未硬化时收获，分2～4次收完。

蚕豆落花落荚非常普遍和严重，常达90%左右。在蕾、花、幼荚三者中，尤以落花为最多，高达5%～8.6%，落荚占50%～68%，落蕾占18%～36%。蕾、花、荚的脱落，主要是不同器官在生长发育上矛盾对立统一的结果。光合产物不能满足蚕豆营养生长与生殖生长时间的重叠和大量生殖器官的形成。外界环境条件不良，将加剧这些矛盾，使蕾、花、荚脱落更严重。目前，保花保荚的有效措施是：①选用多花多荚的高产品种。②适期播种，使盛花初荚期避过重霜。③苗期打主茎，增加分枝，延迟开花期。但迟播的，以主茎结荚为主，植株生长不良的不宜打主茎。④合理供应充足的肥水，防止干旱、缺肥和减轻病虫害。⑤合理密植，在现蕾和花荚期整枝，后期打顶，调节营养分配。⑥在植株生长的中后期，叶面喷洒2～3次0.1%硼酸和10～20毫克/千克萘乙酸混合液，可提高植株叶绿素的含量和光合强度，减少落花落荚。最好在阴天或晴天傍晚喷洒，整株喷雾。喷雾时叶背面要喷到。盛果期喷3次增产灵，每667平方米用增产灵0.3千克，对水42千克。

（六）留　种

选择具有品种典型性状，无病虫害，结荚率较高，成熟比较一致的植株做种株，选各分枝基部1～2个花序上的荚做种。

植株大部分叶子枯黄，中下部豆荚变黑褐色，表现干燥时立即采收。如果遇雨，种子吸水过多，容易发芽和霉烂变质。晒干脱粒后，入仓前暴晒2～3天，使含水量降至15%以下。注意防止贮藏期生虫，发热。有蚕豆象为害的地区，应用开水烫种，或用药剂熏蒸处理，杀死幼虫。

贮藏要选干燥、阴凉、空气流通、光线充足的仓库，将墙壁上的裂缝裱严；用20%的石灰水粉刷，消灭虫卵及成虫。贮藏方法较多，主要是拌糠贮藏：将细糠拌在种子内，30千克糠拌100千克种子，先在仓底铺上6～10厘米厚的豆糠，中间放一个口朝下的空竹箩，一面放糠和豆，一面把它们踩实，而后盖15～30厘米厚的净糠。

蚕豆种子贮藏期间，豆粒种皮会由乳白色或浅绿色逐渐变成浅褐色或黑褐色，这种现象称“褐变”。变褐一般先从合点和脐的侧面突起开始，先为浅褐色，扩大后变成深褐色至红色或黑褐色。蚕豆褐变是由于种皮内含有多酚氧化物质及酪氨酸，这些物质参与氧化反应所致。反应速度与温度和pH值有关，还与光线、水分和虫害有关。在40℃～44℃，pH值5.5左右时氧化酶活性加强；强光、水分多和虫害，可使酶的活性加强，因而褐变加快，色泽加深。变褐的蚕豆，食用价值大为降低。用二氧化硫可以防止蚕豆褐变，其原理是在豆壳内产生醌-亚硫酸盐的复合物，能钝化酚酶的活性，而抑制褐变的发生。二氧化硫的用量一般是每立方米蚕豆用90～150克，用硫黄燃烧获得，或用亚硫酸盐饱和溶液加入浓硫酸产生。二氧化硫有毒，施药时要注意安全。甘肃省临夏市粮食局，采用带荚干燥法入库前再脱粒，在低温、干燥、密闭的地方贮藏，可延迟褐变4个月以上。

（七）病虫害及生理病害防治

1. 主要病害

蚕豆锈病

蚕豆锈病是分布很广、危害较重的病害。该病危害叶、茎和豆荚，以危害叶、茎为重。最初在叶片正背两面发生淡黄色的隆起小斑点，直径1毫米左右，是初生的夏孢子堆。夏孢子堆逐渐变为黄褐色，破裂后散出锈褐色粉末，即夏孢子。后期在叶和茎上产生一种深褐色的椭圆形或纺锤形的较大隆起病斑，表皮破裂后向左右两面卷曲，其内散出黑粉，即冬孢子（图30）。

该病由蚕豆锈菌引起，属同主寄生。以冬孢子在被害植株

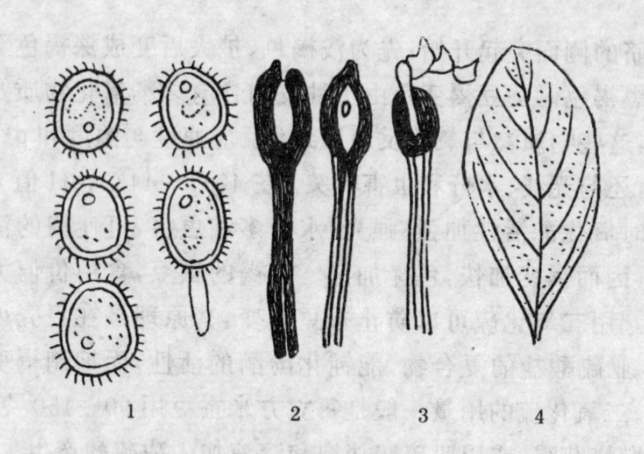

图 30　蚕豆锈病

1. 夏孢子　2. 冬孢子　3. 萌芽的冬孢子　4. 被害叶

上越冬，翌年条件适宜时，冬孢子萌发形成担孢子，靠风吹落到蚕豆叶上萌发侵入，在寄主组织内先后形成性孢子器和锈孢子器。锈孢子器中的锈孢子成熟后随风落到茎叶上，萌发侵入，经 1 周后即形成夏孢子堆，夏孢子又可在田间进行多次再侵染，最后形成冬孢子堆。温暖潮湿，相对湿度高，气温在 14℃～24℃之间，适宜产生夏孢子堆。相对湿度为 65%以上时，有利于发病。

防治方法：① 适时播种，减少冬前病源基数，避开锈病盛发期。锈病冬前大多在主茎上危害，因此打主茎有减少冬前病源的作用，还能促进分枝。② 用 0.5%波尔多液，或 0.5 波美度石硫合剂，或 15%粉锈宁 50 克对水 150 千克喷洒，以控制发病中心。喷药要及时，连喷几次。③ 清水洗种，可减轻危害。

蚕豆赤斑病

该病又叫红斑病。是危害较大的病害。重病年平均损失

20%～30%，个别田块减产 50%～60%。其主要侵害叶、茎，严重时幼荚也发病。开始时叶片上发生赤色小点，正面较多，逐渐扩大，呈圆形或椭圆形，直径 1～3 毫米，中央稍凹陷，色较浅，边缘紫红色，微隆起。大型病斑上有灰色霉状物，即分生孢子。茎上病斑开始时与叶面上病斑相似，也是赤色小点，扩大后呈条斑，有赤褐色边缘，表皮破裂后形成长短不等的裂口。空气潮湿时，病斑黑色。病情严重时，叶片掉落成光秆，变黑，枯萎。剖开茎可看到黑色、扁平的块状物贴附在茎的内壁，即菌核。该病借风传播，在多雨天、湿度大时发生快。

由蚕豆赤斑病菌引起。分生孢子梗淡褐色，直立细长，上端 1/3 处产生分枝。分生孢子无色，卵圆形，单胞，像一串葡萄簇生在分生孢子梗的分枝上。菌核黑色，椭圆而扁平，表面粗糙（图 31）。

病菌主要以菌丝留在病残体内或以菌核遗落土表越夏和越冬。菌核可长出分生孢子，病斑上又产生大量分生孢子，靠风雨传播，进行再侵染。病菌侵染的最低温度为 0℃，最高为 30℃，20℃最适合分生孢子萌发和侵染。在 20℃时，病菌孢子自发芽至侵入仅需 8～12 小时；5℃时，需 3～4 天。诱发病害和产生分生孢子必需的田间空气湿度为 85%或 85%以上。干旱、少雨时，赤斑病很少。淫雨超过 13 天，雨量达 120 毫米以上为病害流行年份。

防治方法：①开沟排水，减少土壤湿度。增施磷、钾肥料，增强抗病力。②合理密植，开花结荚期整枝，减少菌源，加强通风，降低株间湿度。③收获后将病株烧毁。赤斑病只危害蚕豆，与其他作物轮作 2 年以上，可减轻病害。④用 1∶1∶100 倍波尔多液或 65%代森锌 500 倍液或 25%多菌灵 750～1 000 倍液，或 50%退菌特 1 000～1 500 倍液喷洒，每 7 天喷

1次，连喷2～3次。

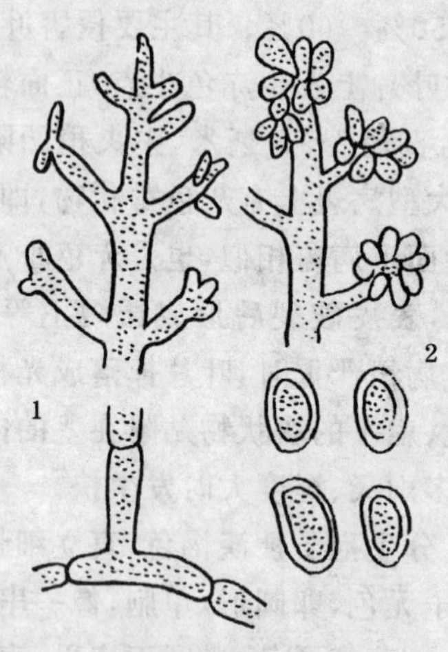

图31　蚕豆赤斑病菌的分生孢子梗及分生孢子

1.分生孢子梗　2.分生孢子

蚕豆根腐病

由镰刀菌侵入引起。一般在蚕豆开花期发病，病株叶片呈苍绿色或黄绿色，下部叶片边缘产生大小不等的黑色坏死病痕，病痕扩大后使整个叶片枯死变黑，严重时茎秆部分或大部分变黑，根部完全发黑、腐烂、干缩。茎基部亦变黑下陷收缩。

初次侵染来源主要是遗留在田里的病株残体，特别是病根。种子也带菌。病菌在土壤内至少可存活2年。土温10℃～18℃，干旱或排水不良，容易诱发此病。

防治方法：①保持土壤水分充足，防止过干过湿。②进行轮作，病田第二年改种其他禾谷类作物。③妥善处理有病植株，勿将病株放在田间晒干。对严重病株要予以烧毁。④发病初期向植株基部喷淋50%多菌灵可湿性粉剂600倍液或10%甲基硫菌灵500倍液。

蚕豆镰刀菌基萎蔫病

又叫枯萎病、立枯病。是蚕豆重要病害之一。一般在开花期或接近开花期发病，也可在苗期1～3片复叶时发生。开花期发病者，根尖变黑，逐渐向主根蔓延，引起根部腐烂；地上部叶片呈淡绿色，逐渐变淡黄色，叶缘尤其叶尖部分往往变黑、枯焦，有时整株变黄，叶片自下而上顺序枯萎，干枯脱落，茎基部变黑，后期须根几乎烂掉。主根干腐，根内维管束变褐色。

由镰刀菌基萎蔫病菌引起。病菌以菌丝体及分生孢子在田间病株残体上越冬。病菌在土壤中可存活2～3年。土壤干旱、缺肥，特别是在缺钾及酸性土壤中发病重。

防治方法：①选用抗病品种，实行轮作。②增施农家肥料和磷、钾肥。③播种前用56℃的温水浸种15分钟，杀死附着在种子外部的病菌。收获时清理病株，减少病源。

尖孢镰刀菌萎蔫病

该病在我国发生普遍，在冬蚕豆区内均有发生。病菌自根系侵入，病根上呈现大小不等和形态不一的黑色病痕。根系未腐烂前，植株上叶片叶尖或叶缘开始变黄，后呈灰黑色，逐渐扩大使整个叶片变黑、枯萎，茎基部30厘米高的茎内维管束变成暗褐色，根表有白色带粉状霉层。

该病菌主要生存在土壤和病株残体内，可随时侵染下一季播种的蚕豆。病株残体所带的病菌，在土壤内至少能存活2年。土内病菌能随灌溉水和农具等带走，种子也可带菌传播。

防治方法：同蚕豆镰刀菌基萎蔫病的防治方法。

细菌性茎枯病

是一种寄生性细菌引起的病害，主要危害茎、叶和叶柄，有时豆荚也感染。茎叶上先产生黄绿色水渍状小斑，叶上病斑沿叶脉扩张，最后变成黑色条斑或斑块，叶柄变黑。茎上病斑向上下蔓延，大部变黑、软腐。病株荚少，籽粒不饱满，严重者不结荚。病菌随风、雨、水等传播。一般幼苗期开始感染，受到病虫害、霜冻等伤害和高温多湿条件下发病较重。

防治方法：①实行轮作。开沟排水，适时灌水，速灌速排。②及时查田，发现病株，立即拔除烧毁。③用波尔多液喷洒。

蚕豆轮斑病

为世界性病害。我国东北、华北、长江流域各省及福建、广西均有发生。主要危害叶片，较少侵害茎和荚。开始，叶表产生很小的赤褐色病斑，逐渐变大，直径可达6～15毫米。病斑中央浅灰色，周边深紫赤色，病健部界限分明。病斑上呈现同心圆轮纹，潮湿时病斑的正面、背面长出灰色霉，即分生孢子梗和分生孢子。雨天病斑常腐烂穿孔。病叶多发黄，容易脱落（图32）。

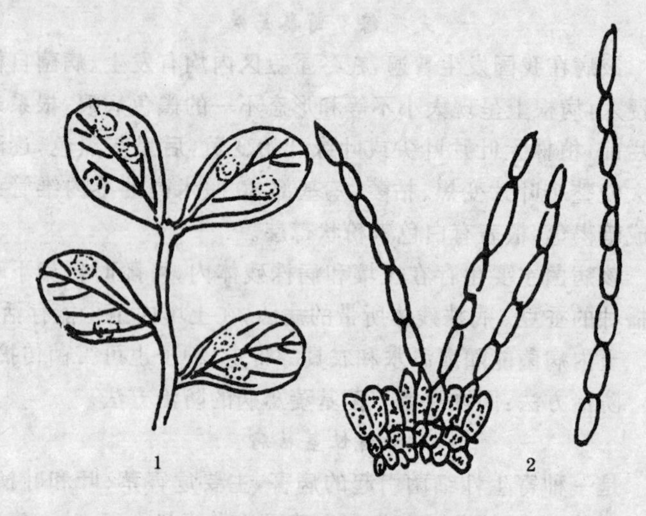

图32 蚕豆轮斑病

1.病叶 2.分生孢子和束生分生孢子梗

病菌以菌丝体潜伏于寄主的病组织内越冬，随分生孢子传播侵染。阴湿、气温为18℃～25℃时，适合发病。潮湿、排水不良、密度过大时发病较重。

防治方法：①消除残株。深翻土地，与其他作物轮作。②合理密植，使通风透光良好。花荚期整枝，打去病叶并烧毁。③用

0.5%～0.6%的波尔多液或0.2%的代森锌溶液喷2～3次。

2. 主要虫害

蚕豆象

又叫豆牛、豆蛀虫、豆乌龟。是蚕豆的主要害虫。主要为害蚕豆,也为害豌豆及其他豆类。被害蚕豆被蛀成空洞。豆粒被蛀后,容易被霉菌侵入,使豆粒变质,变黑,产生苦味,影响发芽。用这种豆粒做种,易遭受其他害虫、病菌侵害,使豆粒霉烂。

蚕豆象每年发生1代,在蚕豆开花时飞到田间采食花粉、花蜜和花瓣。花落结荚时,在豆荚上产卵。卵孵化后,幼虫钻入豆荚为害豆粒,只在豆粒的种皮上留下黑点,到收获时幼虫长大。幼虫乳白色,弯弓状,腹部肥大,多皱纹,长约0.5厘米。在豆粒内化蛹,化蛹前先将豆粒表皮咬薄,造成一个直径约3毫米的圆圈,以利于成虫飞出。蛹变成成虫后,顶破圆圈薄片飞出。成虫黑褐色,背部中央有灰白色三角形斑点1个,两翅后半部有“人”字形白斑1排。成虫有假死性。

防治方法:①开花期,当其飞到田间采食花粉、花蜜和花瓣时,用50%敌百虫对水1 000倍,晴天下午喷洒。②蚕豆收获后15天内,被蛀豆内的幼虫未变成虫时,选晴天用大铁锅盛八成水,把水烧开。用竹筐盛干燥的有虫豆粒,连竹筐一起浸入开水中,上下搅动,约经35秒钟(食用豆粒可浸40秒钟),立即提出置冷水中散去余热,冷却后晒干。③将充分晒干的种子放入仓库,按每立方米用氯化苦27～35.5克,在室温20℃以上,密闭熏蒸48小时,杀虫效果达100%。熏蒸时种子要充分晒干,以免种子变质影响发芽。氯化苦气体比空气重,应放在高处才能使毒气分布均匀。因氯化苦有毒,工作人员应戴防毒面具操作,工作完毕后用肥皂洗手洗脸;熏蒸完毕，将门窗打开，使毒气发散后再进入仓库。熏蒸后的蚕豆至少经1周才能食用。

蚕豆蚜虫

蚕豆蚜虫又叫腻虫。是蚕豆生产上的主要害虫之一。受害后叶片皱缩，生长停滞，植株矮小，严重时蚜虫密集顶端，将整个花序遮盖，使豆荚不能发育，形成秕粒，甚至整株枯死。蚕豆蚜虫又可传播病毒病，造成减产。

为害蚕豆的蚜虫有苜蓿蚜（又叫黑蚜，体形较小，黑色闪光）、桃蚜（又叫烟蚜，绿色或樱红色，或黄色）、豌豆蚜（又叫绿蚜，鲜绿色，或淡黄绿色）及蚕豆长管蚜等4种。其发生蔓延与株间湿度呈负相关，与平均温度成正相关。因此，干旱时要特别注意防治。

防治方法：①蚜虫初发期打去有虫的蚕豆尖，并撒灰，可减轻为害。②及时喷药，可用40%乐果乳剂1 000～2 000倍液，或1.5%乐果粉剂1.5～2千克，或50%马拉硫磷乳油2 000倍液，或20%二嗪农乳油1 000倍液，或70%灭蚜松可湿性粉剂2 000倍液；或50%敌敌畏乳油1 500～2 000倍液，或25%亚胺硫磷乳油1 000～1 500倍液，或2.5%鱼藤精600～800倍液喷洒，1周喷1次，连喷2～3次。喷药要周到，尤其是叶背面要多喷些。为增强药液的展着力，药液内可加入0.1%的洗衣粉。③蚜虫不严重时，可用烟秆、桉树叶水喷洒：5千克烟叶秆和2.5千克桉树叶，加25千克水，煮沸2～3小时，冷却后加50%敌百虫75克，对水3倍左右喷雾。

3. 生理病害

低温冻害

冻害一般分为茎枝冻害和蕾花荚冻害两类，前者指茎枝达到一定节数，花芽分化到一定程度时，遇到0℃以下低温，使生长点受冻死亡，其冻害温度指标是0℃左右；后者指花和幼荚抵抗低温的能力最弱，当气温降到-1℃（株间最低气温-3℃左右）时，蕾开始受害；花和幼荚在最低气温-1.5℃（株间最低气温-2.5℃左右）时开始受害，最低气温-1.5℃以下，花和幼荚受冻较重，低温时间愈长，受害愈重。

防治方法：①适时播种，避过严重低温冻害。②灌水防霜。水温降低时放出的热量很多，而且水的传热较慢，所以含水量多的土壤，在气温降低时能放出较多的热量，使土温和株间气温下降减慢。生产上可以利用水的这个特性，在可能有霜的夜晚对可能发生冻害的田块及时灌水，以水调温，减轻低温霜冻的危害。③熏烟防霜。燃烧发烟物形成烟幕，覆盖地面，可以阻止温度下降，起到防止或减轻霜冻的作用。

生理性叶烧症

蚕豆叶烧症又称火烧叶、莴苣豆。从进入5台叶期前后陆续开始发生，严重时整株成片枯死，对产量影响极大。缺锰是诱发蚕豆叶烧症的主要原因，每667平方米可用50千克0.1%的硫酸锰溶液喷施，或每千克蚕豆用4～6克硫酸锰拌种。据云南省大理市农牧局杨汝政等试验，蚕豆叶烧症是土壤中速效性钾、氮比例失调，引起缺钾性生理病害，施用钾肥能有效地防治该病的发生和发展。在蚕豆发病后，于初花期用0.2%磷酸二氢钾溶液喷施叶面2次，病情可显著减慢，并能继续正常开花结实；施肥时期，以出苗后2.5台叶期施用为好。

(八)加工与利用

1. 商品选购

蚕豆品种繁多,根据种子大小、种皮色泽的不同,主要分为粮用和菜用两大类。做蔬菜鲜食,宜选大粒种,种皮棕白色的比褐色的品质好。一般种皮褐色种多为粮用或饲用种。选购时,以嫩豆荚为绿色,表面白色短茸毛新鲜直立,每荚有种子 2～3 粒的为佳。剥开豆荚,嫩豆粒肥大,种皮浅绿色,种脐白色,嫩豆质软糯,品质佳。若豆荚已变黑褐色,种脐变黄或变黑,表明该豆已老熟,宜剥出豆瓣烧菜或煮汤食用。

2. 常用食谱

肉末豆瓣酥

蚕豆剥去外壳,洗净,用水煮至熟软,沥干水分;香葱洗净,切成细末;生姜去皮,洗净,切末。热锅放油,将姜末放油中爆一爆,倒入猪肉末炒至上色,烹上料酒,倒入煮过的豆瓣炒几下,倒入高汤,加盖焖至豆瓣熟酥,加盐、味精,撒上葱末,淋上香油即成。

奶油茴香豆

将蚕豆用清水煮沸 10 分钟,加入桂皮、茴香、盐搅拌。改用中火煮至熟香,滴几滴奶油香精拌匀,取出晾干或烘干,装瓶贮藏。

蚕豆炸饼

蚕豆用水浸泡 2 天,剥皮洗净。洋葱、芹菜、蒜瓣洗净,与蚕豆拌匀,放绞肉机绞成末。加发酵粉、盐、桂皮粉、胡椒粉、茴香籽粉搅拌均匀，制成直径5厘米、厚约2厘米的圆饼，沾上芝麻。油锅烧至5成热时，放入豆饼炸至金黄色即可。

蚕豆酸汤

芝麻酱、柠檬汁、盐、味精放在一起拌匀。干蚕豆用冷水浸泡一夜，去皮洗净，用水煮至酥软。将上述配好的调料倒入混匀即成。

焖蚕豆吐司

将熏腿肉片置锅中煎熟，烤面包片外均匀包上1层芥末，然后平放盘中，趁热将煨熟蚕豆泥浇在烤面包片上，并撒上适量碎干酪。在每片烤面包上放上1片煎熏腿片，上锅蒸3分钟即可。

雪菜蚕豆瓣酥

蚕豆去壳，用水煮熟软；雪菜洗净，水中浸泡片刻，挤干水分，切成粗末；香葱洗净，切细。将油烧至6成热，放入香葱末炝锅，倒入蚕豆瓣煸炒几下。再加入雪菜末翻炒，倒入高汤，中火加盖焖至豆酥，再加入盐、味精，调好口味即可。

油炸兰花豆

蚕豆用开水浸泡至针扎易穿时捞起沥干，用小刀把每粒蚕豆顶端纵横各割一刀（“十”字形），再稍晾干。待豆壳表面无水时，进行旺火油炸，至顶端开花，豆壳由黄变红时迅速取出冷却，吃时加盐拌和。

五香蚕豆

挑选蚕豆，洗净，放入锅内加水浸没并用大火煮沸，加入食盐、花椒、大料、茴香、桂皮，然后用小火煮熟，捞出晾干，或焙炒至种皮稍有开裂时，加入甘草粉，再稍加炒干即可。

蚕豆酱

又称豆瓣酱。是以蚕豆为主要原料，用面粉做碳源，添加盐和水等制成。如果添加辣椒及香辛料，即成辣豆瓣酱。其操作要点如下：

① 浸泡去壳　将蚕豆用水浸泡，至断面无白心并有发芽状态时，用温度为 80℃～85℃，浓度为 2%氢氧化钠溶液浸泡蚕豆 4～5 分钟，即可去壳，再用冷清水漂洗至无碱性。用干法去壳时，则用石磨或钢片磨磨碎，用筛子筛取豆瓣，去除豆壳。

② 蒸煮和拌入面粉　为保持蚕豆瓣形状，一般宜用小锅蒸煮。豆瓣蒸熟后取出冷却，拌入焙炒过的面粉(一般蚕豆瓣和面粉的比例为 100：3)，以待接种。

③ 接种培养制豆曲　将蒸熟拌入面粉的混合料，冷至 40℃左右接入种曲。一般种曲接种量为 1.5%～3%。将接好种的料压成一块饼坯，放竹帘上，移至室内，室温 30℃，进行自然发菌。一般 4 天左右饼坯上长出菌毛，即成豆曲。

④ 下缸发酵　将豆曲取出，日晒数小时，将其弄碎放入缸中，加入 15 波美度的盐水，淹没豆曲，而后将豆曲加纱罩移至阳光下暴晒发酵。每天早晨搅拌 1 次，经 40～50 天，当酱色变成黑褐色，并放出香味时即成。还可根据口味要求，将胡椒、辣椒、茴香等磨粉加入，制成辣豆瓣酱等。

⑤ 装罐灭菌　将空罐消毒灭菌后装入豆瓣酱，加盖后再消毒灭菌 10～15 分钟，杀菌后密封贮存。

蚕豆粉丝

将蚕豆粉摊放在木炭煨火的板坑内进行热处理。冬季，以 40℃～50℃，处理 10～12 小时；夏季，以 30℃～40℃，处理 4～6 小时，不能见烟。每 100 千克淀粉中，取出 4～5 千克，先加 60℃～70℃温水 4～5 千克，搅成糊状，迅速倒入 20 千克沸水中，加入明矾(夏季加 200 克，冬季加 300 克)，不断向一个方向搅拌成透明均匀的粉浆——浆芡或粉糊芡。待打好的粉糊芡不烫手时，把淀粉加入拌匀，并用劲揉和，捣碎颗粒，直至拌成用手提起可成丝状，往下流时不断，没有疙瘩为宜。然后，在灶上装好漏粉桶（底部有许多小孔）及挤压机械。漏粉时，锅中水温控制在95℃～98℃，待粉丝转动大半圈开始浮起时，立即用筷子捞起放入理粉池中冷水冷却，清理成束截断，再放入漂洗池中漂洗几下，挂在竹竿上晒干入库。

制罐头

通常用白粒型蚕豆制罐头。在蚕豆粒青嫩时收获，豆粒于77℃水中软化2分钟，接着浸洗，检验，装入蔬菜罐头盒，加入热盐水（1.6%的盐和1.4%的糖），排气，在116℃下处理25分钟。

金钩蚕豆

将鲜蚕豆去壳，入沸水锅内氽至刚熟，捞出用清水浸漂。将虾米去净杂质，洗净，用沸水泡涨。锅内下油烧热，放入蚕豆煸炒，加鸡汤、盐、虾米，烧入味，加味精，勾薄芡起锅。

糖醋胡豆

将姜末、蒜末、泡辣椒、花椒粉、醋、糖、酱油和盐一起盛入碗内，加温开水调匀。将胡豆用菜油炒成金黄色时铲起，放入调料碗内翻拌，加盖淹渍约15分钟，再翻拌1次，继续淹渍15分钟，再搅匀，撒上葱花即成。

青煸鲜蚕豆

将青蚕豆剥去外壳，取豆粒。葱洗净切碎。锅先烧热，再放油。油热后把蚕豆下锅，炒至豆皮裂开时，加糖、盐再烧2～3分钟，再把葱加入，翻炒一下即可。

五、扁　豆

扁豆因其荚形宽阔扁平而得名。又因种脐如蛾的眉羽，被称为蛾眉豆、眉豆。还因粗大的一条白色种脐突出于种皮之上呈鸟喙状，故称为鹊豆。

扁豆原产地尚无定论。一般认为原产于非洲和亚洲热带地区，也有人认为原产于印度和印度尼西亚的爪哇一带。我国自汉、晋时代已引入扁豆，至今已有 2 000 多年的栽培历史。16 世纪由隐元禅师将其带到日本，故日本人称之为“隐元豆”。18 世纪末至 19 世纪初，扁豆才传到美洲，欧洲栽培不多。

我国南北各地都有扁豆栽培，主要利用宅旁、庭院和房前屋后空闲地零星种植，商品生产量不大。江苏、安徽、湖南等省栽培较多。我国福建省福州地区，多剥食扁豆的鲜豆粒，日本有食扁豆叶的习惯。扁豆主要以嫩荚供食。100 克豆荚含蛋白质 3 克，是青椒、番茄、黄瓜等蔬菜的 1～4 倍，含碳水化合物 5～6 克。特别是富含人体必需的微量元素锌，锌是维持性器官和性机能正常发育的重要物质，是促进智能发育和视力发育的重要元素，还能提高人体免疫力，所以青少年常吃扁豆，对生长发育大有益处。扁豆含钠量低，是心脏病、高血压、肾炎患者的理想蔬菜。印度科学家经动物实验证明，扁豆还有降低血糖和胆固醇的作用。扁豆可炒食、煮食，还可腌制、酱渍、做泡菜或晒干，供长年食用。老扁豆粒可煮食，做豆沙或扁豆泥等。花、荚和种子都是白色的扁豆，所含的蛋白质、铁和维生素 B_1 的量，都比青扁豆高，营养好，为珍贵食品。白扁豆有补脾健胃、消暑化湿之功用，可治脾虚呃逆、食少久泄、暑湿吐泻、小儿疳积、糖尿病、赤白带下等症。黑色扁豆药用不及白扁豆好。红褐色扁豆有清肝消炎作用，可治眼生翳膜。种子与莲子加糖共煮，有清热去暑，祛湿与解毒的功效。花、根、茎、叶和荚皮均可入药。扁豆中含有胰蛋白酶和淀粉酶的抑制物，可减缓各种消化酶对食物的快速消化作用，所以过多食用可引起胃腹胀满，故脾胃虚寒者应少食。扁豆含有毒蛋白血球凝集素和溶血素，能使人体局部充血和溶血。这些毒素物质在高温下将遭到破坏，烹调时炒、煮时间宜长些，以彻底消除有毒成分。

(一)植物学特征

扁豆属1年生草本植物。根系深，侧根多，吸收力强，耐干旱。根部根瘤与豇豆族根瘤菌共生，形成球形根瘤。茎分矮生和蔓生两种，矮生种蔓长60厘米，顶端为花轴，分枝多，生长有限；蔓生种蔓长3～4米或更长，节间长，缠绕生长，能抽生分枝。初生2片叶为单生叶，以后为3叶型复叶。小叶卵圆形，光滑无毛，叶柄长。总状花序。花梗长10～30厘米或更长，其上着生4～20朵花，花紫色或白色，少数为蓝色或玫瑰色，每一花序结荚4～10个。豆荚宽扁条形，长6～8厘米甚至10厘米以上，宽2～3厘米，背腹线发达，鲜嫩时肉质肥厚。嫩荚有紫红、淡绿、绿、粉红等颜色；老熟时革质，黄褐色。种子表面平滑，扁椭圆形，有黑色、褐色、白色或带花纹。种脐一侧边缘有半月形白色隆起的种阜，似白眉，故名眉豆，占周径的1/3～1/2，剥去后可见凹陷的种脐；紧接种阜的一端有一珠孔，另一端有较短的种脊。千粒重300～500克。发芽力2～4年(图33)。

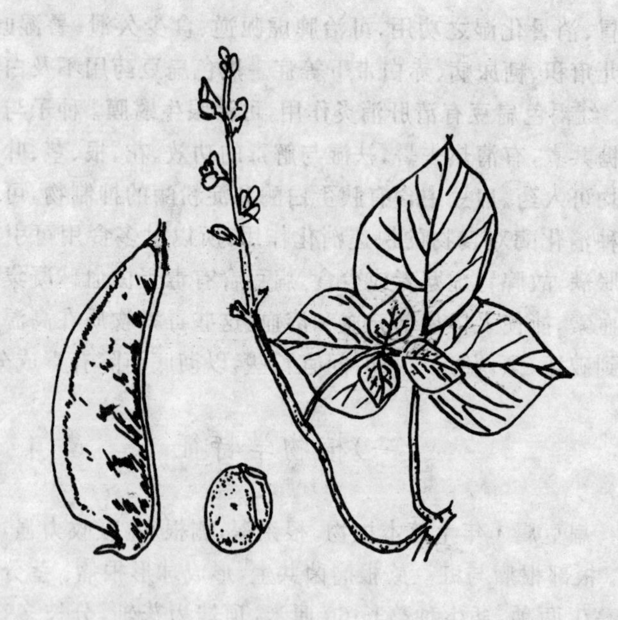

图33 扁 豆

(二)类型及品种

1.类 型

按茎蔓长短分为矮生种和蔓生种两类,我国各地栽培的多属蔓生种。根据荚的颜色,可分为白扁豆、青扁豆和紫扁豆3类;根据花色,可分为红花扁豆和白花扁豆2类。红(紫)花扁豆的茎为绿色或紫色,花紫红色,叶柄、叶脉多为紫色。荚紫红色或绿色带红,种子黑色或褐色,一般以嫩荚供食,如上海和武汉的红筋扁豆,南京的红绣鞋,杭州的早红扁豆,江西的婆婆耳、鸡脚爪等。白花扁豆的茎、叶柄及叶脉均为绿色，花白色，荚绿白色，种子白色，以嫩荚或种子供食，如上海的小白扁、大白扁，江西的斧头种，成都的泥鳅豆，安徽的宽白扁豆等。按种子颜色又可分为白色、黑色和褐色 3 种。

2. 品 种

宽白扁豆

安徽地方品种。嫩荚绿白色，半弯月形，长 8～10 厘米，脆嫩，品质好。种子椭圆形，黑色，有赭色宽短条斑纹。中熟种。

斧头扁

江西南昌地方品种。茎分枝力强，结荚率高。嫩荚肥厚，长 8 厘米，宽 3 厘米，玉白色，脆嫩，品质好。每荚含有种子3～6 粒，豆粒较大，紫褐色。

明枝白花豆

茎蔓高，绿色。花茎长，分枝力强。花序伸出于株丛的外部，花白色。荚绿白色，长 8.7 厘米，宽 2.3 厘米。荚肉厚，嫩而香，品质较好，种子圆形，呈淡紫褐色，种脐白色。

大青芸豆

花紫色。荚宽眉形，长约 12 厘米，宽约 3.6 厘米。单荚重 10 克左右。种子黑色，长圆形，较大。中熟种。

矮性鹊豆

引自日本。矮生，株高 65 厘米，顶端着生花序。花梗长 33 厘米以上，花多，花白色，结荚率低。荚小，长约 6 厘米，淡绿色，品质佳。种子茶褐色。早熟。适宜保护地栽培。

崇明白扁豆

豆荚扁平，白色。每荚含种子 2～3 粒，种皮和种仁均为白色。豆粒绵糯，易煮酥，品质佳。冬季食用补脾益胃，夏天食用清暑提神。

紫扁豆

北京市地方品种。植株长势强，分枝多，茎暗紫色。每花序生花 10 余朵，花紫红色。荚较窄，短而厚，嫩荚长约 8 厘米，宽 2～2.5 厘米，厚近 1 厘米。荚紫红色，肉肥厚，脆嫩，煮熟后软绵，品质好。每荚有种子 3～5 粒，种子较圆，黑褐色或近黑色。

红绣鞋

江苏省南京市栽培。荚镰刀形，长约 9.5 厘米，宽 2.3 厘米，厚约 0.6 厘米。荚面绿色并带紫色。品质尚好。早熟。

阳信扁豆

山东省阳信县地方品种。荚长 17.4 厘米，宽 3 厘米，厚 0.47 厘米。荚绿色，眉形，重 14.5 克。种皮黑色，有浅花纹，椭圆形，中大。晚熟。

白皮扁豆

河北省地方品种。承德市郊区栽培较多。蔓生，长势强，分枝多。茎浅绿色，叶浅绿色。花白色，嫩荚眉形，白绿色，长 11～13 厘米，宽 3～4 厘米。嫩荚纤维少，味浓，品质中上等。每荚种子 5～6 粒，种皮灰黑色，脐白色。中晚熟。耐寒，耐热，耐旱。适宜春夏季栽培。

猪耳朵扁豆

又叫紫边扁豆。属河北省地方品种。北京、唐山、承德市郊区均有栽培。蔓生，长势较强，分枝中等。茎蔓紫红色，叶片绿色，花紫色。嫩荚猪耳朵形，浅绿色，背腹线紫红色。荚长7.1 厘米，宽 3.7 厘米。每荚种子 1～6 粒。种子近圆形，黑色，脐白色。肉质嫩，煮熟后质面，品质佳。中晚熟。耐寒性弱，耐热性强，喜肥水。夏季生长旺盛，耐旱及抗病力强，适宜春夏栽培。北京市 4 月中下旬播种，8 月上旬至霜降收获。

望扁1号

安徽省望江经济作物技术研究所用当地优良品种为父本选育成的极早熟扁豆。植株蔓生，长2.5米左右，长势旺，有分枝。生育期短，从播种到收获只需50天。色泽嫩白，表皮光滑，口味纯正，品质佳，纤维含量低。耐寒、耐热能力强，产量高。每667平方米收嫩荚4500～5000千克。春播，5月初可收嫩荚，可一直采收至霜降，采收期长达6个多月。南北各地露地、保护地栽培均可。保护地一般在1月初播种，北方露地在4月播种。用小拱棚育苗移栽，可提前到2月上中旬播种，秋季可在7月下旬前播种。

大青荚眉豆

湖北省地方品种。蔓生，蔓长3米以上，生长势强，分枝多。茎较细，浅绿色。叶绿色，叶柄及叶脉浅绿色。主茎第十八节着生第一花序，每序有花10～15朵。花淡紫色，每序结荚5～8个。荚刀形，长9厘米，宽2.2厘米，厚0.8厘米，淡绿色，脊背部青绿色。每荚有种子4～5粒，种子褐色。荚肉较厚，纤维中等，质较硬，品质一般。晚熟，生长期110天。耐高温，耐旱，较耐阴，抗病力强，对土壤适应性广。每667平方米产650千克。

4月下旬育苗，8月中旬至10月下旬采收。株距60厘米，每穴留苗2株，在篱笆、灌木上攀援生长。10月下旬采收种子。适宜湖北省十堰市郊栽培。

猪血扁

江西省地方品种。植株蔓生，茎紫红色。三出复叶，叶深绿色，叶柄、叶脉紫色。花紫红色。嫩荚长8～11厘米，宽2.8厘米，青绿色，边缘有紫晕，缝合线深紫红色。每荚有种子4～5粒。荚肉较厚，纤维少，豆腥味较重，品质尚好。晚熟，播种至采收嫩荚约150天，采收期可持续到11月中旬。每667平方米产1 000千克。

江西省上饶地区4月上旬播种，行距100厘米，株距66厘米，每穴2～3粒。蔓长30厘米时，搭架引蔓。6～10月采收。

白扁豆

四川省成都市郊区地方品种。蔓生。叶柄、茎浅绿色，叶绿色，花白色。每花序结5～10荚。嫩荚浅绿白色，背、腹缝线细锯齿状，荚长约10厘米，宽约2.3厘米，厚0.9厘米，荚半月形，重7克。老熟荚皮乳黄色，每荚种子3～5粒，种子椭圆形，白色。较晚熟，播种后150天左右进入嫩荚采收期，结荚期长。适应性广，耐旱，抗病力强。分枝多。每667平方米产600～700千克。

当地3月下旬至4月上旬播种，多在房前屋后田边地角栽培。单作行距83厘米，穴距40厘米，每穴2株。9月上旬始收嫩荚，可持续到11月末。适宜四川省各地栽培。

（三）生长发育需要的条件

扁豆的生育期，早熟的只有75～80天，晚熟的可达300天。有的早熟种，可周年栽培，播种后60天结荚，持续结荚120天。有时作多年生栽培，第二年才收获。

扁豆喜温怕寒，遇霜即死。种子发芽最低温度为8℃～10℃，适温为22℃～25℃。生育期适温为25℃～30℃。较耐热，在35℃～40℃下仍可正常生长发育，不易落花。较长时间8℃以下低温会阻碍其生长发育，甚至受伤害。在亚洲热带，通常从海平面到海拔1 800～2 100米处均有栽培。

扁豆为短日照蔬菜，大多数品种在日照渐短、昼夜温差较大和天高气爽的秋季，有利于开花结荚。在8小时以下的日照中，植株矮小，主茎基部分枝多，结荚少。在长日照下，植株枝叶繁茂，延迟开花或不开花。少数品种对短日照要求不太严格，如杭州紫花黑籽扁豆，当地春播后在6月上旬的长日照下，能开花结实。

扁豆适应性强，对土壤条件要求不严，但以排水良好、富含有机质的沙质壤土为好。可耐pH值5～7.8的土壤酸碱度，但以6.5为好。不耐水涝，也不耐盐土，忌连作，以间隔2～3年为好。对空气湿度要求较低，在秋高气爽下，生长茂盛，结荚良好。在年平均降水量为400～900毫米的地区均可栽培。

（四）周年生产技术

1.露地栽培

一般一年一季，露地栽培以直播为主，从断霜到6月下旬均可播种。如河北省于4月下旬至5月中旬直播，7月中旬始收，到10月霜降来临前结束；东北地区为争取霜冻前多收扁豆，常用育苗摘心矮化栽培法，如吉林省在4月下旬至5月初育苗，苗龄20～25天，5月底定植。苗高45厘米时摘心，侧枝抽生后再摘心，连续摘心2～3次，可使植株矮化。矮化后每节生一叶、一枝和一个花序，每花序有9～11节，每节可着生7～8朵花，7月中旬可以采收，一直采收到霜冻前。播种过晚，收获期短，产量低。扁豆通常是单播或与玉米间作，以玉米秸秆作支架。有时在高粱、玉米地混播少量或补空播种，也可种在地头田边，或与大蒜套种。

播种前每667平方米施农家肥5 000千克，过磷酸钙30千克，钾肥20千克，然后翻地、整平，做平畦或做垄。

扁豆以直播为主，也可育苗。播前进行晒种、粒选处理。早熟种行距40～50厘米，穴距33～40厘米；晚熟种行距50～60厘米，穴距40～50厘米，每穴播种3～4粒。落水播种，覆土3厘米。

真叶期间苗，每穴留苗2～3株。苗期中耕除草2～3次。定苗后施催苗肥，促进幼苗生长。抽蔓后视土壤水分情况浇水，以保证植株正常生长。坐荚后浇水、追肥各1次，以提高结荚率，防止干旱引起落花落荚。结荚盛期每7～10天浇1次水，施1～2次追肥，施肥要氮、磷、钾配合。蔓长40厘米左右时设立支架，支架可用"人"字形架或单排篱架，零星栽培时可牵绳爬树或上房。整枝可提早结荚，主蔓5～6片复叶时摘心，促使各叶腋发生侧枝，待侧枝长到3～4片叶时再摘心，促使各侧枝叶腋抽生花梗。开花结荚后，蔓生长缓慢，不可再摘心。采用篱架或"人"字架栽培的，一般在蔓长到架顶时摘心，可促荚早熟。一般在谢花后15天左右，荚已充分长大，豆粒初现时即可采收。收获时如不伤花轴，1个月后可继续结荚。矮生种，或矮化早熟栽培时，7月上旬可始收；中晚熟品种8月下旬至9月始收，以后每3～4天采收1次，可一直收获到霜前。

收获时对成熟度要求不严，适采期幅度较大。一般花谢后13～17天，荚已充分长大，豆粒初现时即可采收。货架期短，一般仅1～2天，如贮藏温度为0℃～2℃，保持85%～90%的相对湿度，最长可贮21天，嫩豆粒可保存5～7天。

扁豆留种应选择生长健壮、结荚多的植株做种株，用植株中部的果荚做种荚，上部嫩荚要及时采摘食用，以使养分集中，种子饱满。待荚果充分老熟并出现枯黄时采收，充分后熟后再脱粒晒干。

2. 拱棚早熟栽培

选生长势旺，对日照反应不太敏感，发棵早，结荚早而集中，结荚率高，耐旱、耐热和抗病的品种，如淄博白粒青扁豆和杭州黑籽扁豆等。2 月中旬至 3 月中旬用小棚或阳畦播种，早的可在 1 月中下旬，利用大棚内的电热苗床播种。营养土用充分腐熟的厩肥晒干碾细过筛后，按肥与土 1∶3 的比例与肥沃又未种过豆科作物的菜园土混合而成。每立方米营养土加入过磷酸钙 20 千克，草木灰 40 千克，充分混匀后装入苗床。苗床先浇透水，再划切成方块后播种，或用营养土块育苗。选粒大、饱满的籽粒做种子。催芽后播种，每钵播种 2～3 粒，覆土 2 厘米厚，上面再盖地膜，保湿增温。气温低时可支小棚保护。播后保持 25℃～28℃，出苗后除去地膜。如遇阴雨天或强寒流，温度偏低，为防止烂种，可采用电热线或火炉加温。出苗后及时降温，白天保持 20℃～25℃，夜间 12℃～15℃，防止幼苗徒长。定植前 10 天开始低温炼苗，白天保持 15℃～20℃，夜间 10℃～12℃。定植前 5 天，将夜温逐步降至 5℃～10℃。播种后出苗前不要浇水。出苗后苗床不干不浇水。定植前 1～2 天需浇水，水量宜小，以湿透钵土为准。

定植前 20～25 天扣好棚膜，提高地温。待土壤完全解冻后，每 667 平方米施土杂肥 3 000～4 000 千克，过磷酸钙 20～30 千克，硫酸钾 10 千克或草木灰 100～150 千克，尿素 5～10 千克做基肥。施后翻地，使土肥均匀混合，再整平耙细。做成 1 米宽的栽培畦，两边沟深 20 厘米，畦面中央留一小沟，以便于以后膜下暗灌。实行全地膜覆盖。

早的 2～3 月定植，晚的可在 4 月上旬定植。每畦定植 2

行，将营养钵置于定植穴内，用土填实，浇水，覆土。穴距33厘米，每穴1钵，每钵2～3株。扁豆易生侧枝，过密植株容易徒长，落花落荚严重。

扁豆喜温怕寒，较长时间8℃以下的低温会阻碍其生长发育。一般在大棚内套盖1层小拱棚，如遇强寒流夜间须在小拱棚上盖草帘，或采取其他增温保温措施，使棚内最低温度不低于5℃。定植后1周内不能通风，以促进缓苗。缓苗后，棚温达30℃以上时开始通风，并进行中耕除草。

为保持扁豆快速生长，要保持棚内土壤湿润，特别是开花结荚后需要较多的肥水。结荚期结合膜下沟内灌水，每667平方米施尿素5～10千克，共追肥1～2次。夜间栽培畦温低于10℃时不宜浇水。为促进早熟，可采用矮化栽培法：蔓长50厘米时，留40厘米摘心，抽侧枝后留3个壮枝，直到侧枝长出3～4个叶时再摘心，促生二次侧枝。照此法连续摘心4次。开花期喷洒5～10毫克/千克萘乙酸，防止落花。也可实行高秧栽培，一般蔓长40厘米时，搭支架或拉绳吊蔓。

扁豆嫩荚成熟标准不严格，一般谢花后13～17天即可采收。矮化栽培的7月可以拉秧。每667平方米产1 500千克。搭架栽培的，如长势好，可以越夏延秋。7月底至8月间气温高，多雨或干旱，开花结荚少；8月下旬后气温下降，日照缩短，扁豆再次发枝长叶，开花结荚。8月上旬施尿素或复合肥，8月下旬起继续收获，可一直采收到霜前。每667平方米可收3 000千克。

3. 温室早熟栽培技术

温室栽培宜选用生长势旺盛，对日照反应不太敏感，发棵早，结荚早而集中，结荚率高，耐旱、耐热和抗病的品种，如紫边扁豆、矮生鹊豆和寿光绿荚猪耳朵等。

作温室栽培时，9月下旬至10月上旬播种育苗，10月下旬至11月上旬初移栽，12月下旬开始采收，翌年2～5月为采收盛期，6月下旬至7月上旬清园拉蔓。做宽40厘米、高15厘米的地膜畦，沟宽40厘米，用150厘米宽的薄膜实行隔沟盖沟法铺膜。每垄栽1行，穴距33厘米，每穴2株。

播种前选成熟的健粒，在25℃～30℃温水中浸种12～16小时，捞出后进行湿土催芽。芽长1～1.5厘米时播种。播前苗床先浇透水，再划切成方块后播种，或用营养土块育苗，以便定植时能带上大土坨。每钵播种2～3粒，覆土2厘米，上面再盖地膜保湿增温。播后苗床温度保持在25℃～28℃，促进发芽。出苗时除去地膜，出苗后床温要降到20℃～25℃，防止幼苗徒长。苗期白天温度保持20℃～25℃，不低于12℃～14℃。2叶时选晴天适量通风，定植前要加大通风量，进行低温炼苗。苗龄35～40天，3～4叶时定植。

定植前，每667平方米施充分腐熟的鸡粪及鸡圈肥10立方米，磷酸二铵100千克，硫酸钾50千克，硝酸钙20千克或尿素10千克做基肥。施后深翻30厘米，整平耙细。按大行90厘米、小行60厘米起垄，垄宽50厘米，高20～25厘米，垄面呈弓形，然后喷洒灭菌药液密封，利用连续晴天高温闷棚3～4天。按穴距70厘米定植，每穴栽一苗坨（钵），双棵苗。栽时，开大穴，先浇水，后放苗坨，水渗入2/3时埋土封穴。如果基肥不足，可在穴内施碳酸氢铵或尿素做种肥，施后埋土。栽后修整垄背，覆盖地膜，随盖膜随割膜孔放苗。用幅宽为165～170厘米的地膜做双行覆盖，将垄背垄沟全覆盖，膜缝在大行中间，而且重叠10～15厘米。

定植后8～10天为缓苗期，白天保持22℃～27℃，夜间

16℃～18℃，10 厘米地温维持在 18℃～20℃。当中午前后气温高达 28℃时可通风降温，至 22℃时关闭通风口再升温。在确保棚内夜间气温不低于 16℃的前提下，尽可能早揭晚盖草苫，以延长叶片光合时间。

缓苗后至现蕾期，需 40 天左右，是扁豆营养生长占主导地位和生殖生长逐渐加强的时期，管理的重点是控制浇水追肥，防止徒长，促进侧枝形成；适当提高昼温，加大昼夜温差，促进花芽分化，为中后期开花结荚奠定基础。苗期，植株小，蒸腾量不大，土壤蒸发量也小，特别是穴栽，浇足水后，一般在 4 片复叶前不表现旱象，第四复叶后往往缺水而影响生长。所以，缓苗后 7～12 天可于地膜下沟浇 1 次暗水，但浇水量宜小，以水满半沟，浇后 1 天内能渗湿整个垄背为宜。最好用 16℃以上的热水，以晴天上午浇为宜。在地膜覆盖下，这次浇水后一般至开花坐荚前不再浇水。苗期一般不追肥，如基肥不足，可在缓苗后 7～12 天浇水时，每 667 平方米冲施尿素7～8 千克和过磷酸钙 10～15 千克。扁豆幼苗至抽蔓期需要温度比开花结荚期高，而花芽分化和形成花蕾又需要较大的昼夜温差，所以此期棚内气温白天保持 22℃～28℃，夜间维持 16℃～18℃，凌晨短时期最低气温也不应低于 15℃，使昼夜温差保持在8℃～12℃。为增强棚室的升温和保温，应适当早揭晚盖花苫，上午揭苫时间以揭苫后棚温不降低为最适宜，下午盖草苫时间，以盖后 2 小时棚内气温降到不低于 20℃为适宜。及时擦棚膜保持透光率，同时在后墙内面张挂镀铝反光幕，增加棚内反光照。夜间棚面盖浮膜（即在草苫上面再加盖一层塑料膜），加强保温。如遇阴雪天气，夜间加盖浮膜，可以防止积雪融化，湿透草苫而降低保温性能。白天适当晚揭早盖草苫，增加保温时间；勤扫除棚膜上的积雪，争取光照。如连续阴雪天中骤然天转晴，在转晴的第一天要晚揭花苫，防止强光高温灼蒸而伤害茎叶。

当主蔓长达 30～40 厘米时，应拴绳，引茎蔓上吊架：先在棚膜下离棚面 40～50 厘米处拴上顺南北行的 14# 铁丝，铁丝要拉紧，南北两头都拴在拴吊架专用的东西向拉紧的 8# 铁丝上。再在顺行拉紧的 14# 铁丝上拴吊绳，每埯 2 棵，拴4～6 根吊绳。然后把茎蔓引缠到吊绳上，茎蔓便向左旋，缠绕吊绳向上伸长。

扁豆开花结荚期较长，我国北方地区晚秋播种的棚室扁豆，12 月下旬进入开花结荚期，一直陆续开花结荚至翌年 6 月下旬至 7 月上旬。扁豆开花结荚期，是营养生长和生殖生长同时并进阶段，需要良好的光照，温热而又带凉爽的气温，充足的肥水。因此，管理中应掌握好以下几点：

①保持适温。扁豆开花结荚的适宜温度范围为 16℃～27℃，以 18℃～25℃最适宜，低于 15℃和高于 28℃对开花结荚不利，尤其高于 32℃时会大量落花落荚。1～6 月大棚扁豆开花结荚期，中午前后容易出现高温，因此，当棚温高于 28℃时要通风降温。到 3 月份，晴天 10～14 时，既要开天窗，又要开前窗通风降温。4 月份，晴天昼夜可将大棚底脚膜撩起，置前檐上，并开天窗，整个白天大通风，使棚内气温控制在白天 18℃～25℃、夜间 16℃～18℃的范围内。

②浇水追肥。未坐荚前，不宜浇水追肥。第一花序坐荚后，宜用膜下浇暗水方法，随水冲施速效化肥或腐熟人粪尿。一般 12～15 天施 1 次，每次每 667 平方米冲施三元复合肥 10 千克，或人粪尿 100 千克；结荚中期，一般 8～10 天随浇水施肥 1 次，每次冲施尿素 7～8 千克或硝酸钙 10～12 千克；结荚后期，即上部花序开花结荚和侧枝翻花结荚期，一般 10 天左右

浇水冲施肥1次，每次冲施硝酸钾7～8千克或尿素和硫酸钾各5千克。生长后期，叶面喷洒0.3％～0.5％磷酸二氢钾。

③整枝。当主蔓伸长到1.5米左右时摘心，以促进发生侧蔓。当侧蔓缠绕吊绳生长达吊绳上端时，要摘心，促进下部花序发育和侧蔓上发生孙蔓。同时移动吊绳，使吊绳上缠绕的茎叶顺行合理分布。对从吊架上垂下来的枝蔓，要及时引至本行的吊架上。结荚中后期，要将中下部老黄叶及时摘除，并在茎叶过密处，疏去部分叶片和抹掉晚发的嫩芽。也可当蔓长50厘米时，留40厘米摘心，抽侧枝后留3个壮枝；到侧枝长出3～4片叶时再摘心，促生二次侧枝。照此连续摘心2～4次，使植株呈低矮丛状生长，茎部每节都长出叶片和抽生花序。

（五）病虫害防治

扁豆病害少，主要是防治虫害。主要虫害有豆蚜、白粉虱、豇豆荚螟、豆荚斑螟等，除在通风口设置细纱网遮挡，防止外部害虫迁入大棚内，一旦棚内发生害虫，要在发生初期及早喷药，每667平方米可用1％乐果粉，或1.5％灭蚜净1.5～2千克喷粉，或用40％乐果乳油2 000～3 000倍液喷雾。

（六）留　种

选生长健壮、花序结荚多的植株，留茎蔓中部花序早期开花所结的豆荚至充分成熟，豆荚枯黄时采收晾晒，脱粒后贮藏。贮藏寿命2～4年，发芽率85％～95％。在贮藏期，扁豆种子易受豆象和象鼻虫为害，因此，一旦荚内种子成熟，应即摘收、晒干、脱粒。亦可用磷化铝熏蒸。

(七)营养成分及利用

1. 扁豆的营养成分

扁豆的营养成分如表13所示。据杜克报道,每100克干种子含吡哆醇(维生素 B_6)0.15毫克,泛酸1.2毫克,叶酸21.8毫克以及维生素 B_{12}。种子含胰蛋白酶抑制素和胰凝乳蛋白酶抑制素,并含氰化合物和豆甾醇。种子是儿茶酚氧化酶的主要来源。

表13 扁豆的营养成分 (100克中的含量)

项目	干豆	鲜豆	项目	干豆	鲜豆
热量(千卡)	334.0	32.0	磷(毫克)	368.0	49.0
水分(克)	8.9	90.1	铁(毫克)	6.0	2.1
蛋白质(克)	20.4	2.5	胡萝卜素(毫克)	—	0.07
脂肪(克)	1.1	0.2	硫胺素(VB_1)(毫克)	0.59	0.07
碳水化合物(克)	60.5	5.1	核黄素(VB_2)毫克)	0.14	0.08
粗纤维(克)	6.0	1.5	尼克酸(V_{PP})(毫克)	1.70	0
灰分(克)	3.1	0.6	抗坏血酸(VC)(毫克)	0	13.0
钙(毫克)	57.0	110.0			

资料引自:中国医学科学院卫生研究所,食物成分表,21,23页,1981

2. 扁豆的利用

扁豆种子是一种有营养的粮食,以白花白荚白种子的白扁豆品质为最佳,为我国的珍贵食品。在印度,扁豆种子用水浸泡发芽,去皮煮成糊状,加调料油煎,也可烤食或磨碎做成精美食品。嫩荚、嫩豆可做菜用,因嫩荚与鲜豆含氢氰酸,食用前应充分煮熟。在印度尼西亚,花序也可做蔬菜,嫩枝、嫩叶、嫩荚和成熟种子均可食用。以下介绍几种扁豆食谱。

姜汁扁豆

扁豆去筋洗净,沸水焯至熟透,沥干装入盆内,加盐、味精、姜汁、香油拌匀,调好即可上菜。

鱼香扁豆丝

扁豆去筋洗净,切丝,放锅内干炒片刻,再放入辣油、盐炒至断生,加入豆瓣酱、泡红辣椒丝、蒜末、姜末、糖、酱油、醋、花椒末、胡椒粉、味精,炒匀,调好口味,再倒入湿淀粉勾芡。

三丝扁豆

扁豆去粗筋,洗净,切细丝;茭白、榨菜洗净,切细丝;大蒜去皮,洗净,切细末。油锅烧热,放入蒜末炝锅,倒入扁豆丝、茭白丝翻炒后,焖烧片刻,再放入榨菜丝翻炒至香熟,加入盐、味精,淋上红油。

酱爆扁豆

扁豆去粗筋,洗净,切成中段;大蒜切成末,香葱切小段。油锅烧热,放入蒜末炝锅,倒入豆瓣酱爆一下,再倒入扁豆段翻炒,加入盐、味精炒匀,焖熟,撒上香葱段。

椒油扁豆

扁豆摘去筋,洗净,切小段;香葱洗净,切末。油锅烧热,放入花椒粒,炸出香味,成花椒油。取出花椒粒,放入香葱末炝锅,再倒入扁豆段,煸炒片刻,烹上少许清水,加盖,烧熟,加入盐、味精,淋上红油。

素烧三样

扁豆摘去筋丝,放入水锅里烫煮一下,捞出,控净水。豆腐切 3 厘米长、1 厘米厚、1.5 厘米宽的片,放开水锅里汤煮一下,捞出,控净水。番茄切去底盘,切成橘子瓣。锅内放油,烧热，用葱末、姜末炝锅，下番茄略煸炒，加少许水。将豆腐和扁豆同时下锅，加精盐、味精，轻炒拌匀，勾粉芡，淋少许熟豆油。

鱼香扁豆

扁豆折段、摘筋，过一下油。锅内留底油，烧热，放入葱、姜、干辣椒丝及豆瓣酱、蒜泥等，煸炒出红油，再放扁豆炒几下。加料酒、酱油、糖、醋和水，大火烧开，小火焖烧，汤汁减少后掺入扁豆时加点味精，勾上薄芡，见卤汁变稠，均匀包裹在扁豆上，淋些明油即可。

油焖扁豆

扁豆掐去两头，再掐成 3 厘米左右长的段，开水焯透，捞出用冷水浸泡。炒锅放油烧热，葱、姜、蒜片炝锅，放入扁豆煸炒。放酱油和水，烧开，小火焖烧，至汤汁减少、扁豆接近酥软时，加白糖，再焖 2～3 分钟，汤汁稠浓时盛起。

金钩翡翠

海米置小碗中，用开水浸泡。扁豆去筋洗净，每根半斜刀一分为二，姜切碎末。炒锅上火加热，注入花生油，至八成热时，先放入姜末炝锅，再放入扁豆、精盐、味精煸炒至八成熟，倒入海米，翻炒后出锅。

六、大　豆

大豆是黄豆、青豆、白豆、黑豆的总称，但主要是指黄豆。大豆起源于中国，在我国有5 000年的栽培历史。是我国的五大作物之一。近年来，我国同美国、巴西一起，被列为世界大豆三大主产国，其总产量约占世界大豆总产量的96%。大豆具有很高的营养价值，其籽实中一般含40%左右的蛋白质，氨基酸配比平衡，含有19种氨基酸，其中包括8种人体必需的氨基酸，20%左右的脂肪。是人体重要的植物蛋白质资源，也是我国人民主要的食用油料之一。大豆既是粮食作物，又可做蔬菜食用。一般是在未成熟时采收青豆，作鲜菜用，可炒、煮或制作罐头。成熟的干种子，是做豆腐、豆干和豆芽菜的主要原料，在我国蔬菜供应上占重要地位。

大豆营养十分丰富，被称为"天然营养宝库"、"绿色乳牛"、"植物肉"，含有丰富的优质蛋白、功能性油脂、大豆磷脂、低聚糖、膳食纤维、大豆皂甙等多种营养和功效成分，有多种保健功能。利用大豆做原料，开发大豆功能保健食品，在国内外受到高度重视。我国大豆制品发展十分迅速，除传统的豆油、豆腐、豆浆、豆奶粉、腐竹、豆豉外，大豆分离蛋白、大豆卵磷脂、大豆低聚糖、大豆乳清粉、大豆纤维等产品的生产，也获得巨大进展。特别是大豆分离蛋白，在国内已有多家大型企业生产，设备、工艺、产量和质量等已达到或接近世界先进水平。吃整粒的大豆，由于大豆蛋白质被包在厚厚的植物细胞壁里，牙齿咀嚼，不能充分粉碎细胞壁，肠消化液难于完全接触蛋白质而将其消化。另外，大豆含有一种叫胰蛋白酶抑制素的物质，在加热不充分时不能彻底破坏，它可抑制肠消化液消化蛋白质，使蛋白质消化率只有 60%，经水泡、磨碎，充分煮沸制成豆制品后，大豆蛋白质消化率可提高到 90%以上。

大豆在我国分布很广，北起黑龙江，南至海南岛，东起山东半岛，西达新疆伊犁盆地，均有种植。随着人们对大豆营养价值和保健功能认识的深入，开发利用大豆资源，研制出更多更好的豆制品，调整和优化食物结构，提高饮食质量，具有广阔的前景和重要意义。

（一）植物学特征

大豆为 1 年生草本植物。根系发达，主、侧根上均有根瘤。大豆的根瘤形成早，而且发达。茎秆坚韧、圆形且有不规则的棱角；幼茎绿色或紫色，老茎灰黄色或棕褐色，密生茸毛。子叶出土后，在子叶节上面先长 2 片对生单叶，以后的真叶为 3 叶型复叶。花细小，颜色分白色、淡紫色和紫色。短总状花序，腋生或顶生。自花授粉。荚形较直或呈弯镰刀状，侧面扁平或半圆形，先端尖。嫩荚绿色或黄绿色，老熟荚呈灰白、草黄、灰褐、深褐等色。每荚有种子 2～3 粒。

（二）类型及品种

1. 类　型

大豆按主茎的生长习性，可分为直立型和半蔓生型；按开花结荚的习性，可分为有限结荚型、无限结荚型和中间型。在栽培上，根据大豆对短日照反应的强弱和对温度的适应性分为早熟种、中熟种和晚熟种。早熟种的生育期在90天以内，对日照长短要求不严，易于结荚，植株矮小，分枝少，叶小，产量较低，品质一般；中熟种的生育期为90～120天，种子大小中等，品质尚佳；晚熟种的生育期为120～170天，植株高大，分枝多，种子大，产量高，品质好。

2. 品　种

三月黄

株高45～50厘米，茎节短，分枝2～3个。叶黄绿色。花紫色。荚扁圆，较小而直，着生密。每荚有种子2～3粒。嫩豆粒黄绿色，品质中等。干豆粒椭圆形，黑色，脐深褐色。生育期90天，适宜早春播种。

矮脚早

中国农业科学院油料作物研究所育成。有限生长型。株高约45厘米，主茎12节，侧枝2～3个。叶深绿，花白色，结荚集中，单株结荚22～23个。每荚种子2～3粒，嫩豆粒绿色，椭圆形，质地脆松，品质好。干豆粒黄色，千粒重180克。较耐寒，耐热，适应性广，不易裂荚。早熟，生育期95天，适宜春秋两季栽培。每667平方米产青荚500～700千克，产干豆180千克。适于江西、浙江、江苏、湖北等省种植。3月下旬至4月上旬春播，行距20厘米，株距约16厘米，每穴4～5粒，每667平方米用种量9千克。秋季7月直播。

大青豆

株高80～100厘米，分枝2～3个。主茎18～20节，有限结荚。叶较大，浓绿色。花紫色。荚宽大，茸毛白色。每荚有种子2～3粒，籽粒大，近圆形，种皮绿色，种脐褐色。喜肥水，抗倒伏。产量高，品质好，晚熟。

绿 光

引自日本。株型较紧凑，主茎有 12 节，分枝 3～4 个。花白色。青荚绿色，每荚有种子 2 粒。青豆浅绿色，质嫩。老豆粒大，浅绿色，品质好。适宜速冻加工。

小寒王

江苏省启东市普遍栽培的地方菜用大豆品种。植株矮生，高 70～80 厘米。茎秆开展度 62 厘米，叶色深绿。花冠紫色，第一花序着生于主茎 5～6 节，每花序结荚 5～7 个，青荚绿色，老熟荚黄褐色，长 4.5～5.5 厘米，宽 1.5～2 厘米，厚 0.8～1 厘米。每荚有 2～4 个豆粒，其中 2 粒豆的荚占 80%～90%。种子近圆球形，嫩豆粒绿色，成熟种子种皮有淡黄色和淡绿色两种，种脐深褐色。青豆粒百粒重 80～90 克，干豆粒百粒重 38～44 克。青豆粒炒食酥糯，清香，味鲜爽口，商品性好。生长期 120～130 天，适宜无霜期 180～240 天处种植。以夏播为主，6 月上中旬播种，9 月下旬至 10 月中旬收青荚上市，每 667 平方米产 800 千克左右。10 月下旬采收成熟荚，每 667 平方米产干豆粒 140 千克左右。

鲁青豆 1 号

山东省烟台市农业科学研究所利用当地青豆和黄豆品种杂交，选育成的菜用品种。株高 70～75 厘米，有限生长类型，主茎节数 13～14 节。叶片中等大小，椭圆形。花紫色，茸毛棕色。籽粒绿皮，青子叶，椭圆形，黑脐。百粒重 25 克左右，无紫褐斑粒。蛋白质含量 42.4%，脂肪含量 16.8%。籽粒菜用，蒸煮易烂，适口性好。早熟，烟台夏播生育期 90～95 天。全生育期 0℃以上活动积温 2 200℃左右，对光照反应不太敏感，适应性较强。胶东沿海和山东内陆地区 6 月下旬播种，9 月底前后正常成熟，不耽误小麦播种。江苏淮阴、无锡 4 月中下旬播种，7 月底 8 月初收青荚，9 月上旬籽粒成熟。抗倒伏，较抗花叶病毒病和霜霉病，有较强的抗旱耐涝性。适合收获成熟干豆，适宜菜用和加工，亦适合收青毛豆食用。

特早 1 号

黑龙江省宝全岭农场与安徽省种子公司合作育成。植株直立，有限生长，株高 62.5 厘米，开展度 23 厘米。圆叶，紫花，单株分枝2～3 个，结荚 20 个左右，成熟整齐。每荚含种子 2～3 粒，鲜豆百粒重 49 克。荚易剥，豆荚易煮烂，品质好。适宜华北各地保护地栽培。华北南部地区 2 月中下旬播种，株行距 20 厘米×22 厘米，每 667 平方米保苗 2 万株左右。

早生白鸟

吉林省农业科学院蔬菜花卉研究所育成。植株有限生长型，生长势强，株高 80～100 厘米，开展度 70 厘米，分枝 2～3 个。花白色，嫩荚浅绿色，茸毛褐色。单株结荚 60～80 个。结荚部位低，结荚集中。豆粒大，绿色，千粒重 330 克。适宜吉林省各地种植。在安徽、江苏、北京等省、市推广，表现良好。

新六青

安徽省农业科学院蒙城大豆研究所育成。植株有限生长，株高 70 厘米，侧枝 2～3 个。叶绿色。第一花序着生于 14 节。单株结荚 35 个。荚绿色，被灰茸毛，每荚种子 2～3 粒。种子扁圆形，种皮绿色，子叶黄色。千粒重(鲜)700 克，干重 240 克。早熟，全生育期约 80 天。味甜，易煮熟。抗旱，耐涝，抗大豆花叶病毒病。适宜春季栽培。每 667 平方米产鲜荚约 850 千克。

春季露地栽培，4 月上旬播种，行距 33 厘米，株距 26 厘米，每穴 3 粒，定苗 2 株，667 平方米 13 000 株以上。适于安徽省种植。

鄂豆5号

湖北省孝感地区农业科学研究所育成。植株有限生长，株高30厘米，直立不倒伏。侧枝2.5个。叶绿色，花白色，每花序结荚2～3个，单株结荚28个。嫩荚绿色，微弯，镰刀形，长4.5厘米。老熟荚黄褐色，茸毛棕色。每荚种子2.5粒。种皮黄色，脐褐色，椭圆形。千粒重200克。早熟，全生育期90天。耐热，耐旱，耐涝，抗病虫。适宜春季栽培。每667平方米产干粒豆子150千克以上。

湖北地区春季栽培，3月下旬至4月上旬播种。单作每667平方米3万～3.5万株，与粮棉间作1 500株左右。适于湖北省东南、西南等地种植。

六月白

上海市地方品种。有红芒六月白和白芒六月白之分。植株有限生长，株高约31厘米，侧枝6～8个。叶绿色。花紫色（红芒六月白）或白色（白芒六月白）。荚长5厘米，宽1.2厘米。每荚有种子2～3粒。种荚茸毛褐色（红芒）或灰白色（白芒）。老熟种子种皮黄色，种脐褐色。千粒重约170克。中熟，全生育期110～120天。种子供菜用。红芒者质硬，白芒者质软，品质中等。适宜春季栽培。每667平方米产青荚550～600千克。

春季栽培，4月中下旬播种，行距27厘米，株距27厘米，每穴3粒。8月上旬收青荚，8月中下旬收干粒。适宜上海市郊区种植。

华青18

浙江农业大学农学系用复合杂交育成的新品系。株高40～50厘米，叶色较浓，分枝较短小。耐肥抗倒，抗病毒病。有限结荚型，结荚较密，三粒荚占70%以上。每667平方米产鲜毛豆荚 500～650 千克，产干豆 125～150 千克。上市早，杭州3 月下旬播种，6 月 10 日可供鲜毛豆。为白毛品种，鲜荚色绿，外形美观，采荚期较长。荚鼓粒大，干豆百粒重 20～22 克，鲜豆易煮烂，软而可口，食味佳。适宜浙江省及邻近地区种植。3 月底至 4 月初露地播种，亦可采用保温措施提早播种。

扬州 843

江苏省扬州市双桥乡选育的带有糯性的特大粒毛豆新品系。株高 80～90 厘米，株型紧凑。圆叶，有限结荚。主茎 20 节左右，分枝多。紫花，有灰毛。成熟豆粒黄色，有光泽，脐褐色。干豆一般百粒重 45 克左右，最大的达 50 克。鲜嫩商品豆粒具糯性，味道可口，品质优良。适于鲜食和保鲜速冻加工。全生育期 120 天左右，中晚熟。每 667 平方米产鲜豆荚 1 000 千克，留种田产干豆 200 千克以上。适宜江苏省部分地区种植。长江中下游地区 6 月下旬至 7 月初播种，行距 50 厘米，穴距 25 厘米，每穴2～3 粒，留 2 株，每 667 平方米保苗 1 万株。

角角四

江苏省地方大豆品种。平均株高 91 厘米，种皮黄白色，粒型扁圆。百粒重约 25 克。每荚平均 2～3 粒。每 667 平方米产干豆 125～150 千克。青豆上市期为 8 月中下旬，成熟期 9 月中旬。青豆及干豆适口性好。适宜江苏省及邻近地区种植。

矮脚早

中国农业科学院油料作物研究所从蔬菜用的毛豆中系统选育成的早大豆品种。有限结荚，株高 45 厘米左右，茎秆中粗，分枝 3 个左右，株型紧凑。白花，茸毛灰色。结荚密集。荚熟时呈褐色，粒椭圆形，种皮黄色，脐褐色。百粒重 18 克左右。全生育期 95～100 天。轻感病毒病，紫斑病轻。不易裂荚。一般 3 月下旬至 4 月上旬播种，每 667 平方米 1.3 万穴，每穴3～4

粒，保苗 2.5 万株。适宜江西、浙江、江苏、湖北等省种植。

开锅烂

江苏地方品种。又名等西风。平均株高 120 厘米左右，株型高大，茎秆粗壮，适宜地边种植。种皮黄白色，长椭圆形。百粒重 37 克左右。每 667 平方米产青豆 150～200 千克。青豆上市期为 9 月下旬至 10 月上旬，成熟期 10 月下旬。主要特点有二：一是生长期较长，一般中秋节后才上市；二是品质特优，青豆煮熟后青绿油亮，适口性好，为宴席佳品。煮熟即烂，故名“开锅烂”。适宜江苏省种植。

新六青

安徽省农业科学院蒙城大豆研究所育成的常规种。有限结荚，有效分枝 2 个左右，株高 70 厘米，幼茎紫色，花紫色，主茎第十四节上着生第一花序。单株结荚数 35 个左右。荚皮绿色，灰茸毛，每荚 2～3 粒种子。种子扁圆形，种皮淡绿色。子叶黄色。种子百粒鲜重 70 克左右，干重 24 克左右。采荚期为 6 月底至 7 月初，每 667 平方米产鲜荚 850 千克左右。味甜，易煮。蛋白质含量 35%左右。对光不敏感，抗旱，耐涝，抗大豆花叶病毒病。露地栽培，4 月上旬播种；塑料小拱棚育苗，可于 3 月上中旬播种，4 月上旬移栽。行距 33～34 厘米，株距 26～27 厘米，每穴 3 粒，双株定苗，每 667 平方米保苗 13 000～15 000 株。适宜安徽省种植。

AG10

安徽农业大学农学系和安徽省农业厅培育成的新品种。株高 80 厘米左右，主茎粗壮直立，株型紧凑，有限结荚习性。叶色浓，花紫色，有灰色茸毛。主茎约 18 节，每节有荚，一般 3 个以上。荚粒数较多，平均单株有 2～3 粒豆的荚数 42 个。百粒重 24.3 克。鲜荚嫩绿色，荚熟时黄褐色。籽粒椭圆形，脐较小，淡褐色，种皮青色，肉质黄色。平均每667平方米产150多千克。

属夏大豆，宜于6月上中旬播种，不宜早播。如于5月份播种，植株生长过旺。节间长，籽粒较大，百粒重34克以上。每667平方米保苗12 000株，还可在田埂上栽培。适于淮河以南，纬度29.5°～33°地区种植。

（三）生长发育需要的条件

1. 温　度

大豆为喜温作物。种子发芽的最低温度为6℃～8℃，适温为25℃～38℃。大豆幼苗能忍受－2.5℃～－3℃的短期低温，－5℃以下时幼苗受冻而死亡。生育期适温为20℃～25℃，根系生长的最低温度为10℃～12℃，正常生长温度为14℃～16℃，最适温度为25℃～30℃。开花结荚期适温为22℃～28℃，在昼温24℃～30℃、夜温18℃～24℃下开花提早。在不低于16℃～18℃的环境下，开花多，昼温超过40℃时，结荚率明显下降。生长后期对温度的反应特别敏感，温度过高，生长提早结束；温度急剧下降或霜冻过早，种子不能完全成熟，影响产量和品质。

2. 水　分

大豆需水较多，形成1千克干物质一般需消耗水分580～744千克，全生育期需水量在325～625毫米之间。北方春大豆区，包括东北三省，内蒙古，陕西中北部，山西、河北省北部，甘肃大部，青海省东北部和新疆的部分地区。这些地区气温低，日照长，年降水量在500～700毫米之间，大豆多在4月播种。生长期120～150天。每667平方米产150～260千克时，全生育期需水量为370～540毫米。夏大豆区，主要分布在黄河、淮河及长江流域，北起山东、河北、陕西等省南部，南至浙江、湖北、湖南、四川、江西等省，一般在6月中下旬播种，9月中旬至10月上旬收获，全生育期90～120天。由于生长期短，生育期内总日照数少，其中降水量大致在390～450毫米之间。

种子发芽期，如水分充足，可使出苗快而整齐。幼苗期比较耐旱，相对干旱一些，可使幼苗根系发达，生长健壮。从始花到盛花期，植株生长最快，应保持土壤水分充足；干旱或雨水过多，均易引起落蕾落花。结荚期土壤水分充足，有利于豆荚生长，保证种子发育。

3. 光 照

大豆为短日照作物，每天12小时的光照即可起到促进开花、抑制生长的作用。出苗后1周左右，第一片复叶出现时，就能对短日照发生反应。

大豆是典型的 C_3 作物，它在光合过程中所需的光饱和点较低，而二氧化碳补偿点较高，达30～60毫升/升。

4. 根与土壤

大豆属直根系，由主根、侧根和不定根组成。主根较粗，垂直向下生长，长30～50厘米，最长者达1米左右。侧根细，由主根长出，不定根生于胚轴或基部茎上。大豆根系多集中于0～20厘米表土耕层内。管理得当，不定根量可达定根量的1/3左右。根上有根瘤菌侵入，可形成根瘤，能固定空气中游离的氮素，变为可溶性硝酸盐类。根瘤菌与植株营共生生活，通常每667平方米地的根瘤可固氮3～3.5千克，相当于17千克硫酸铵的肥料。大豆对土壤条件要求不严，以富含有机质和钙质、排水良好的微酸性和中性土壤为好。大豆需要的矿质营养最多的是氮、磷、钾，其次是钙、镁、硫等，也需少量的硼、钼、铜、锌、锰等微量元素。每667平方米产224千克大豆籽实，需氮20.9千克，五氧化二磷5.3千克，氧化钾9千克。大豆植株中全氮的25%～66%来自根瘤固氮。

（四）周年生产技术

1. 春播栽培技术

早春精细整地，每667平方米施入农家肥2 000～3 000千克，过磷酸钙25～30千克。地力差的田块，基肥中还应加8～10千克硝酸铵，供幼苗生长。

北方地区在4月中下旬至5月上中旬，5～10厘米地温达8℃～10℃时播种。因幼苗能耐短期轻霜冻，可在终霜前几天播种，地膜栽培的还可早播几天。行距25～30厘米，穴距15～20厘米，每穴播种子3～4粒；条播时，株距5～8厘米，深度3～4厘米。按距离挖穴点播或开沟条播，覆土后再盖些草木灰，这样既可保持地面疏松，又能增加钾肥。

幼苗出现复叶时进行间苗，淘汰弱苗、病苗和杂苗，每穴留2株壮苗。在幼苗高6～8厘米和15厘米时各中耕1次，疏松土壤，提高地温。开花前进行最后一次中耕培土，防止根群外露和植株倒伏。

苗期一般不浇水，以促进根系发育，使幼苗健壮生长。如过旱时，可浇小水，保持土壤持水量的60%～65%。从分枝到开花期，生长量逐渐加大，对水分的需要量增加，应及时浇水。结荚期植株生长旺盛，需要充足水分，应浇水2～3次，使土壤持水量达到70%～80%。

2叶期每667平方米施硫酸铵10千克或腐熟人粪尿200千克，以促进根系生长和提早分枝。开花初期，每667平方米施尿素、过磷酸钙、硫酸钾各10千克，以满足结荚所需养分，提高结荚率。灌浆期，肥水应充足，延长叶片的光合作用，防止早衰，促进蛋白质的形成，减少落花落荚。叶面喷施2～3次2%～3%的过磷酸钙浸出液或0.3%磷酸二氢钾液，对提高产量和改进品质，都有良好的作用。在朝露未干时顺风向叶面撒草木灰，每次每667平方米用50千克，可通过叶面吸收补充钾肥，防止缺钾症的发生。花荚的脱落受生长素的调节与控制，用0.02%的三碘苯甲酸(TIBA)溶液喷施大豆，可使单株开花数提高12%～30%，单株粒重增加26%～85%。

当豆荚由深绿变为黄绿，豆粒仍保持绿色，籽仁四周尚带种衣时即可收获。此时豆粒的含糖量最高，品质好而鲜嫩。收获后的植株或豆荚，应放在阴凉处，以保持产品鲜嫩。

2. 夏播栽培技术

夏播大豆能否高产，早播、保全苗是关键。北方地区，6～7月初播种，一般用中熟品种。迟播的用早熟品种。

夏播大豆的前茬一般为小麦。夏季气温高，易跑墒，小麦收后及时用旋耕机灭茬整地，保湿省时，有利于早播。播种以条播为主。为提早播种，可采用麦田插播的方式，一般可在麦收前10～20天进行。大豆种子发芽所需的含水量约为50%。在有灌溉的条件下，要视墒情灌好麦黄水或播前灌溉，以利于出苗。中熟品种，行距40～50厘米，穴距20～30厘米，条播株距 10 厘米；晚熟品种，行距 50～60 厘米，株距 12 厘米。

夏播大豆出苗快，苗期短，应及时间苗定苗，使个体分布均匀，有利于通风透光，达到合理密植、提高产量的目的。

苗期中耕除草 2 次，以保持土壤疏松。幼苗生长弱时，施入适量氮肥，促苗生长，为丰产打下基础。初花期结合中耕，每 667 平方米追施尿素 8～10 千克或碳铵 20～30 千克。视墒情浇水，保持土壤湿润，以满足花荚发育的需要。

鼓荚期喷施 0.5%磷酸二氢钾 1～2 次，促进籽粒饱满。

中、晚熟品种开花后 40～50 天，豆粒长足后适时收获，可增加淡季蔬菜种类；除鲜食外，还可进行冷藏保鲜，冬春供应市场。

3. 豆芽及其栽培

豆芽菜又叫豆卷（黄珏《本草便读》）、大豆卷、黄卷皮等，一般是用黄豆、绿豆、红小豆等加水湿润，保持适当的温度，使之发芽长成的嫩芽。

豆芽菜是我国的特产，日本不多，欧美几乎没有，仅在大城市华人菜馆中少量生产，作为珍蔬供尝试。

黄豆发芽后，脂肪含量变化不大，蛋白质的人体利用率也基本未变，谷氨酸下降，天门冬氨酸增加。黄豆中含有棉籽糖和鼠李糖，这类物质人体不易消化，又容易引起腹胀，但在生芽过程中会消失，人吃后无胀气现象；有碍于食物吸收的植物凝血素几乎全部消失；生芽中因酶促作用，使植酸降解，释放出磷、锌等矿物质，可以增加矿质元素被人体利用的机会。最有趣的是维生素 B_{12} 的变化，以前认为，只有动物和微生物能合成维生素 B_{12}，而瑞士人做黄豆无菌发芽试验时发现，豆芽中维生素 B_{12} 大约增加 10 倍。黄豆和绿豆中都没有维生素 C，而生成豆芽后维生素C含量却较丰富，维生素C对增进人体健康有重要作用。所以，豆芽的营养价值很高。另外，豆芽的颜色洁白，质地脆嫩，味道鲜美，同时能四季生产，长年供应，特别是冬春缺菜时更成了人们最经济实惠的佳蔬。豆芽菜还有一定的药用价值：豆芽含维生素C和氨基酸较多，又富含不饱和脂肪酸，因而有预防坏血病和牙龈出血的作用，能防止血管硬化，降低血液中胆固醇水平，防止小动脉硬化和治疗高血压。不饱和脂肪酸还有护肤养颜和保持头发乌黑发亮的功能。豆芽中粗纤维较多，能防止结肠癌及其他一些癌病的生成。维生素 B_{12} 有助于抑制恶性贫血，促进血红细胞的发育和成熟。黄豆芽佐餐，可治寻常疣（江苏新医学院《中医大辞典》）。如妇女怀孕期间血压增高，可服用煮3～4小时的黄豆芽水，每日服数次。如胃有积热，取黄豆芽、鲜猪血共煮汤食用。干黄豆芽性甘平，能利湿清热，对胃中积热、大便结涩、水肿、湿痹、痉挛等病均有较高的疗效。

豆芽栽培的方法如下：

（1）选好豆子　培育豆芽菜最常用的是黄豆、黑豆。豆子发芽，主要是处于胚根与子叶之间的下胚轴部分伸长，子叶在豆芽的上部，看起来美观，也合乎人们的食用习惯。同时，黄豆原料来源广，成本低，所以一般都用它泡豆芽。但是，用黄豆生豆芽，干物质损失20%左右，豆瓣也不易消化，所以从营养角度上看，用黄豆生豆芽不合算，最好用绿豆。绿豆粒小，生的豆芽多，维生素C也比黄豆芽高。

豆粒要选充分成熟，发芽率高，无虫蛀、无发霉的新籽。不太成熟的种子，皮发皱，发芽慢，芽子寿命也短；虫蛀过的种子有时能发芽，但芽子长势弱，产量低，质量差；贮藏受热的走油豆，生命力弱。

(2)**地点和容器的选择**　豆芽菜一般都在房子里培育。豆芽房必须黑暗，同时要能保温、保湿。用的器具根据经济条件和培养量确定。量少时用瓦盆，量多时用瓦瓮、瓦缸。瓷瓮不吸水，保温性好，适宜冬天用；瓦缸含水量大，性凉，适合夏天用。缸或瓮的尾部要有排水孔，里里外外都要洗净，要求无油污、无盐渍。用旧缸时，尤其是用在泡豆芽过程中发生过腐烂毛病的容器时，应洗净后要多晒几天。如果没有缸或瓮，也可在室外进行沙培。具体做法是：挖一培养床，深 50～60 厘米，弄平床底后铺 10 厘米的湿沙，沙上挨紧放 1 层浸泡过的豆子，再盖上湿沙，厚 10～13 厘米。

(3)**浸种和入缸**　用自来水或井水浸种。自来水清洁卫生，因有余氯，具漂白作用，生出的豆芽洁白美观。井水有浅水井和深水井，大城市浅水井水量小，水质差，pH 值高，不宜用于生豆芽。深水井水量大，水质好，一年四季温差小，最低 18℃，最高 22℃，长年可用于生豆芽。江河水和塘水有异味，不宜用于生豆芽。将豆子放到锅里或其他容器中，先用45℃～50℃的水泡半小时，再用笊篱捞出瘪籽和霉籽，继续泡2.5～3小时。当豆粒充分吸水完全膨胀变圆后捞出，直接放入豆芽缸中培育。装入缸中的豆子数量要适宜。据农民的经验，内径 55 厘米、高 65 厘米的缸，装 5 千克干豆即可。装入过少，豆芽长得细而长，产量虽高，但“丝”多，质量差；装量过多，不仅芽长不长，产量低，而且当其长满缸，露出缸口后，容易受冷受旱，不利于生长。豆子装入缸中后，缸口用麻袋片、塑料布或草帘等盖严，防止光照。如果豆芽缸少，可在竹笼下部和周围铺些有孔的塑料布，再把浸泡好的豆子装入，用塑料布和麻袋等盖严，放到温暖处催芽，芽子长到 2～3 厘米时，再倒到缸中继续培养。

(4)管理　豆子入缸后的主要管理工作是浇水和控制温度。冬季温度低，豆子入缸后须立即用30℃左右的温水从缸的四周浇入，以提高缸的温度。浇第一次水后，开始2～3天每天隔3～4小时浇1次，4～5天后5～6小时浇1次。水温随豆芽菜的生长逐步降低，由第一天的30℃逐渐降低，到第六天时降到15℃左右。浇水量应逐日增加。豆芽房的温度应控制在18℃～25℃以内。温度过高时，豆芽的根和茎秆发红，须根多，芽子不壮实；温度过低，豆子发黏，易腐烂。

豆子装入缸中后，经6～7天，芽长到5～7厘米时，开始上市。出售前，先把豆芽放到水中，稍加搅动，使种皮与豆芽分开，因豆皮比重大，所以沉于水下，用笊篱将豆芽从水中捞出，装入筐中即可。

(5)培育豆芽中常遇到的问题及解决方法

①红根　豆子发芽后不久，当根很短时，胚轴上先产生红斑，不再长须根，进而使豆芽发红、腐烂。这是由于温度高低变化过大、浇水不匀所致。防止红根的关键是掌握好水温，适时浇水。

②猛根与坐僵　猛根，系指豆芽须根过多过长的现象。这是由于水温高，浇水时间短，而导致根系过度生长。坐僵，系指豆芽头大梗细、无力生长的现象。这是由于豆子浸入水中时间过长，引起缺氧和营养物质外渗造成的。解决的方法是，掌握好浸豆的时间，发芽后注意掌握好浇水量。

③烂缸　烂缸有3种情况：一是豆芽两头完好，而中间腐烂，俗谓“折腰”。二是豆芽成块迅速腐烂，其原因是温度太高、水分过多以及病菌污染。因此，除注意温度、湿度外，要及时清除烂豆，严格消毒。三是豆芽根部发黑，不长须根，芽子很短，进而逐渐腐烂。这种现象在温度低，湿度又大的情况下容易发

生。防止烂缸的方法，除控制温度、湿度外，还要注意卫生，避免豆芽受污染。

南京市蔬菜研究所从1980年开始，经过3年试验，利用食品添加剂NE-109培育无根豆芽获得成功。无根豆芽不仅节省摘根时间，而且豆芽的食用率提高15%～20%。经过江苏省及全国食品添加剂标准化技术委员会审定，认为是安全可行的。其培育技术如下：①培养豆芽的场所要冬暖夏凉，空气稳定，阴暗。用具、容器要洗净。②种子用清水浸4～6小时，再用0.1%漂白粉浸半分钟，搁置1分钟，然后用清水淘净，放入容器中。黄豆芽长到1.8厘米时，用NE-109一号粉剂溶液（每包对水50～75千克）将豆芽浸1分钟，取出搁置4～6小时，再用清水淋洗。芽长到5厘米时，用黄豆芽二号粉剂溶液（每包对水50～60千克）浸2分钟取出，5～6小时后再淋水。500克黄豆第一次用药液2.5千克，第二次用3千克。③第二次用NE-109处理后，当下胚轴伸长，胚根基部呈圆形，无须根，即表明豆芽发育成熟，可以上市。④用豆芽机培育豆芽时，黄豆芽用黄豆芽二号粉剂溶液（每包对水250千克）处理两次：第一次在芽长1.8厘米、第二次在芽长5厘米时淋入NE-109溶液。每次9分钟，两次间隔1.5小时。淋洗4次后，另换新药液。

4. 绿色大豆芽栽培技术

（1）建棚整畦　大棚建好后在棚内做畦，畦南北向，宽1.2～1.5米，长依棚宽而定，深10厘米。畦底面要平坦压实，畦埂要直而且整齐，畦与畦之间留25～30厘米的作业道。冬春寒冷季节和低温期宜用砖或土坯砌畦埂，把畦床建在地面之上，以便提高畦温。

(2)选用大豆种　最好是选用褐红色大豆，其次是选用“赶牛料”黑豆和褐色大豆，再次是青色豆、双色豆、黄豆。豆种要用当年产的新豆种，不能用隔年陈种子和变质种子。

(3)浸泡种子　每平方米畦面用种子2千克。浸种前剔除破籽、烂籽及杂质，将其放入30℃温水中浸泡24小时，同时按水量加入相应的无根豆芽素。每10千克豆种用50千克水，加无根豆芽素4毫升，待大豆吸足水分、无皱皮时捞出微凉后即可播种。

(4)铺沙、播种、盖沙　播种前，先在畦面铺厚2～2.5厘米的细沙，搂平做底土。将浸泡好的种子均匀撒布到畦内沙面上，而后在种子上撒盖厚约2.5厘米的细沙，搂平，洒水浇透。为预防病害，在浇水中加上杀菌剂(100千克水中加入50%多菌灵可湿性粉剂或70%代森锰锌可湿性粉剂15～20克)。

(5)播种后的管理

①光、温调节　绿色大豆芽喜弱光照，最怕强光照射。为防止强光照射和减少水分蒸发，播后要对菜畦实行低拱棚覆盖或平盖，覆盖半透明的塑料编织袋、麻袋片、黑布和白布等，并根据光照强度，进行调整，使畦面接受散光照，防止不见光照。大豆发芽生长所需的温度为15℃～35℃，最适温度为20℃～25℃，要通过揭盖草苫的早晚和通风时间及通风量来调节棚内的温度。冬季，如上午拉苫后棚内温度不下降时，应拉草苫敞晒；下午棚温降至22℃时放草苫覆盖保温，使白天棚温保持在20℃～30℃，超过30℃时立即通风降温；夜间保持在14℃～18℃。夏天，大开天窗和撩起前窗棚膜置于前檐上，昼夜大通风，使棚内白天气温保持在24℃～28℃，夜间18℃～20℃。

②收沙与浇水　播后2～4天，豆芽进入“顶鼻”期，将覆

盖的沙土顶起，当沙土出现裂纹时，将表层沙收取运到棚外。收沙后略露出豆芽，随即喷一遍水，再盖上遮阳物。以后浇水，一般掌握夏秋季每两天喷浇 1 次，冬春季 3～4 天喷浇 1 次，使畦内经常保持湿润。

③施用增粗剂和无根豆芽素　豆芽菜长到 1～3 厘米时，喷浇水时结合施用增粗剂和无根豆芽素，每 20～25 千克水中对入无根豆芽素和增粗剂各 10 毫升。

④适时收获　绿色豆芽适宜的收获时间是当株高 15～20 厘米，出真叶前，一对子叶似开非开而上下重叠时。收得过早，产量不高，而且浸烫后凉拌食时豆瓣生硬；收得过迟，商品品质下降。随采收随绑把，0.5 千克一把，10 把一捆。一般下午至傍晚采收绑把，翌日上午出售。

(6)采收后下一茬的准备工作　采收后将畦内底层沙取出，修整畦埂和畦底面，然后撒铺新沙，即可再播。在棚内备足温水，最好在适当处挖一坑池，池内铺上不漏水的塑料薄膜，提前灌存上井水预温，以便下茬浇水时能用上温水。

(五)病虫害防治

1. 病　害

大豆病毒病

俗称毒素病。主要有大豆花叶病、大豆芽枯病(顶枯病)和大豆矮化病毒。大豆花叶病发生普遍，在叶片上病状明显，刚展开的真叶表现明脉症，2～3 天后消失，变成浅绿和深绿相间的花叶症状，新株新叶上也发生类似明脉症和花叶症。由大豆花叶病毒(SMV)侵染引起，病毒体为线条状颗粒，其体外存活期在室温下为3～5天，2℃左右为2周。该病毒主要在带毒种子内越冬，存在于成熟种子的胚部和子叶内，种子上的症状为褐色斑驳，斑纹以脐为中心呈放射状，或通过脐部成为带状环斑。播种褐斑粒多的种子发病率高。为系统性发病，由汁液、蚜虫和种子传播。寄主范围较窄，主要侵染大豆。芽枯病主要由烟草环斑病毒(TRSV)引起。带毒种子生长的幼苗，子叶上产生褐色环斑，生长点坏死，病苗易枯死。开花期症状明显，病株节间及茎顶端延长，生长点坏死变脆，花荚脱落，病株不结粒或很少结粒，严重时整株枯死。寄主范围很广，除大豆、烟草外，还有其他豆科、茄科、葫芦科作物。体外保毒期约3天。对低温抵抗力强，－18℃可保持毒力达22个月。失毒温度为60℃，稀释终点为1 000～100 000。病毒粒体圆球形，为系统性侵染，以种子传毒为主。病毒在大豆种子内的保毒时间，与种子贮藏期的温度密切相关，在低温(1℃～2℃)条件下，60个月内病毒仍然存活；在室温下24个月以后，病毒存活少。病毒还可在多年生寄主上越冬，在田间主要靠农事操作，借汁液接触传播，蓟马、蚜虫和线虫均有传播能力。线虫只能向大豆根部传毒，不能引起大豆枝、叶感病。大豆矮化毒病的病毒(SDV)，分矮化毒系群和黄化毒系群两类。前者引起植株矮化，株高不及健株的一半，叶柄及节间显著缩短，叶小而细长、皱缩；后者也引起矮化，小叶边缘皱缩和叶脉间黄化，老叶边缘变红。

防治方法：选用抗病品种，建立无病留种田；足墒早播，合理施肥、灌水，促使根系发育，培育壮苗；早治蚜虫：一是喷洒敌敌畏、乐果等杀虫剂，二是用颗粒剂拌种或施入土中。

大豆霜霉病

大豆从苗期到结荚期都可发病，叶片、荚和豆粒都可受害。苗期叶片出现淡黄色大斑块，大部分从子叶柄基部沿叶脉向上扩展；后期变黄褐色，如天气潮湿，病斑背面产生白色霜霉状物，叶片凋萎早落。成株感病，初期叶面散生许多圆形或不规则黄绿色小斑点，后期渐成灰色或灰褐色，叶背病斑上生有白色霜霉状物。豆荚受害后，无明显症状，豆荚内壁有灰色霉层，豆粒表面布满一层白霉(图 34)。

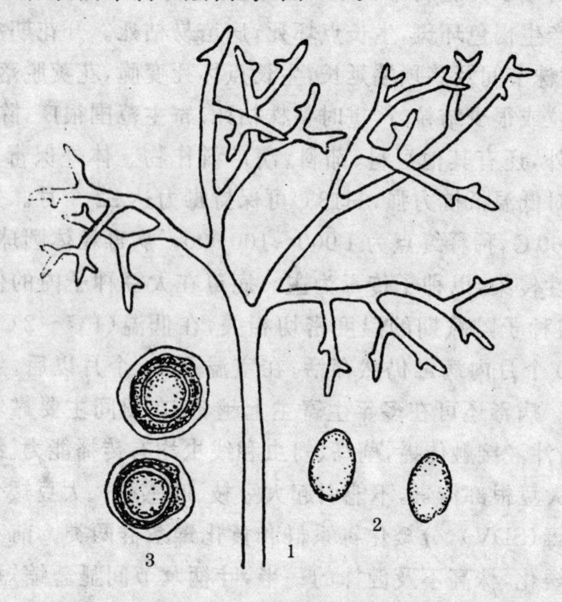

图 34　大豆霜霉病菌

1. 孢囊梗　2. 孢子囊　3. 卵孢子

该病以卵孢子在种子上和病残体中越冬。种子发芽时，卵孢子萌发，侵入胚芽生长点，蔓延至幼芽真叶及胚芽，形成系统侵染。大田中的病苗产生大量孢子囊，借风雨传播到健株叶片上，从气孔或表皮侵入组织进行再侵染。结荚后侵染豆荚和豆粒；大豆收获后，以卵孢子在种子及病残体上越冬。发病适温为 20℃～24℃,7～8 月份降雨多,有利于孢子囊的形成和萌发,容易流行。大豆开花结荚及鼓粒期,土壤含水量长期在 80%以上,使病害加重。

防治方法:选用抗病良种,播前清除病粒;实行两年以上轮作,收获后深翻,清除病叶、残株;增施磷、钾肥,提高抗病力。用 65%福美特 0.1 千克,或 70%敌克松 0.15 千克,或 50%福美双 0.25 千克,拌大豆种子 50 千克;大田发病初期,用 90%三乙磷酸铝可湿性粉剂 500 倍液,或 50%福美双 500～1 000 倍液,或 60%琥·乙磷铝可湿性粉剂 500 倍液,或 65%代森锌 500 倍液,或 75%百菌清 700～800 倍液,或 40%乙磷铝 250～300 倍液喷洒 1～2 次,可控制病害发展。

大豆紫斑病

可侵染叶片、茎秆、豆荚和种子。苗期子叶受害,病斑为紫褐色云纹状,圆形,病重时苗呈畸形而枯死。成株叶片受害,初期出现紫红色圆形斑点,扩展后为叶脉所限呈多角形。病斑中央灰褐色,边缘赤褐色。湿度大时,病斑上密生黑色霉状物。严重时病叶干枯、穿孔。叶柄和茎秆受害,病斑红褐色,叶间略带黑色,长条形或梭形。豆荚上病斑为圆形或不规则的较大斑块,灰黑色,边缘不清,干后变黑。豆粒受害,大多脐部附近呈放射状紫色斑纹。严重时,整个种皮呈紫黑色,并有裂纹。

该病由大豆紫斑病菌引起。主要以菌丝体潜伏在种皮内越冬,也可以子座在病株组织内越冬,子座产生分生孢子,侵染大豆幼苗。以后病部产生分生孢子,随气流传播,不断蔓延。结荚期平均气温在 25℃～27℃时最适发病。遇多雨天气,即可流行。

防治方法:选用抗病品种;秋耕翻埋病株残秸;结合间苗,拔除病株;加强管理,防止积水;播前用相当于种子重量

0.3%～0.8%的50%福美双或相当于种子重量0.3%的70%敌克松拌种；开花期用65%代森锌400～500倍液或160～200倍量式波尔多液分别在开花始期、结荚期和嫩荚期各喷1次。

大豆锈病

由大豆锈病侵染引起。主要侵染叶片，其次为叶柄及茎秆。发病初期，叶片散生赤褐色小斑点，扩大后呈圆形或不规则形，叶片背面病斑稍隆起，呈灰褐色或黑褐色，即锈病菌的夏孢子堆。病斑破裂后，叶片正反两面均散出褐色粉末（夏孢子），以叶片背面为多。后期在病斑上形成黑褐色稍隆起的斑点，即冬孢子堆。发病重的植株，叶柄及茎秆也会发生相同的病斑，叶柄枯黄早落，结荚少，豆粒不饱满。

该病主要通过夏孢子传播危害。夏孢子萌发的适温为20℃～25℃，低于8℃或高于30℃时不易萌发。大豆结荚期前后，雨天多，雨量大，持续高湿时容易流行。

防治方法：选用抗病品种；适期早播或晚播，避开发病期；增施磷、钾肥，提高抗病力；及时排除积水，降低田间湿度；发病初期，用75%百菌清可湿性粉剂1000倍液，或15%三唑酮可湿性粉剂1000～1500倍液，或50%甲基硫菌灵·硫黄悬浮剂800倍液喷洒，连续喷施2～3次。

大豆孢囊线虫病

又叫萎黄线虫病。是一种毁灭性病害，属异皮线虫科，异皮线虫属。生活史包括卵、幼虫、成虫3个时期。在环境条件不良时，雌成虫角质层变厚，可直接转化为柠檬状的孢囊，内藏大量卵粒。卵囊或孢囊中一般有卵200～300粒，在卵囊内卵可存活10年以上，孢囊可抵御高温、干旱、寒冷和腐烂等不良环境及微生物的侵染。

孢囊线虫的寄主除大豆外，还可侵染小豆、绿豆、秣食豆、野生大豆和豌豆等。

孢囊线虫病在大豆整个生育期中都可发生。受害后根系不发达，支根减少，细根增加，根瘤极少，根上附生许多黄白色虫瘿，是孢囊线虫的雌虫。病株明显矮化，分枝少而黄，花器丛生，结荚少而小，嫩荚萎缩。

孢囊线虫病在徐州地区 1 年发生 6～9 代。以卵在孢囊内于土壤中越冬，春季卵孵化。雌幼虫在土壤中找到寄主后，从寄主幼根的根毛侵入皮层，随卵的形成而虫体逐渐膨大呈梨形，突破皮层露出根外，仅用口器吸着寄主，与根外在土中生活的雄虫交尾，产卵于卵囊或孢囊中。孢囊线虫在土中只能活动 30～60 厘米，在田间主要靠农机具和人、畜携带及灌水和粪肥传播，混有线虫的大豆种子也能远距离传播。土壤温度为 17℃～28℃，湿度在 60%～80%时最适宜孢囊线虫发育；土温在 14℃以下与 35℃以上，过干、过湿时不能正常发育。种植禾谷类作物，有促进孢囊线虫幼虫死亡的作用。

防治方法：调种过程中实行检疫；与禾谷类或棉花实行 3～5 年轮作；合理施肥灌水，提高抗病能力；播前 10～15 天，每 667 平方米用 80%二溴氯丙烷 2～3 千克加水 75～100 千克制成毒液，或加入 30～35 千克细沙制成毒沙，也可每 667 平方米用壮棉氮乳剂（30%二溴氯丙烷＋30%硝基氯丙烷）2.5千克，配成毒液或毒土，开沟浇灌或撒施，施后覆土镇压。播种时，每 667 平方米用 3%呋喃丹 2.5～3 千克，施于播种沟内，而后播种，有良好的防效。

菟 丝 子

菟丝子又名黄丝藤、菟须等。旋花科菟丝子属，是大豆田的一种恶性寄生性杂草。除大豆外，还寄生于多种作物和杂草上。菟丝子的茎丝状，直径1～1.5毫米，黄色、淡黄色或黄绿色，光滑无毛，向左缠绕。叶鳞片状，膜质。花黄白色，多数簇生，呈绣球花。子房半球形，2室，能生成4粒种子。种子近圆形，黄色、黄褐色或黑褐色。以茎蔓缠绕寄生，产生吸盘(吸根)，扎入寄主皮内吸收营养和水分。一株菟丝子能连续寄生大豆100～300余株，结出140余万粒种子。土温为25℃～30℃时，最适菟丝子种子萌发，15℃以下和35℃以上均不萌发。土壤湿度以80%左右最适宜，低于30%时不能萌发。种子萌发时，生长出白色较粗的圆锥形胚"根"，贮存营养和水分，供幼芽生长。幼芽伸出土面，遇寄主即缠绕攀援，并形成吸根，伸入寄主体内，营寄生生活；下端幼茎即渐干枯，与胚"根"脱离。菟丝子生长甚快，一昼夜能生长10厘米以上，尤其阴雨时更甚。菟丝子种子抗逆性颇强，可存活多年而不失去发芽力。线茎有很强的再生能力，被折断后即使只有一个生长点，遇寄主仍能发育成新株丝。生育期约90天。主要靠种子传播，水、风及鸟也可传播。

防治方法：在发病严重的地区，可与水稻、玉米、高粱、谷子、山芋等作物实行3～5年轮作，也可与玉米间作，但不宜与马铃薯、甜菜等作物轮作。播前用簸箕和筛子等清除菟丝子种子。菟丝子萌芽出土时，及时铲除。发现菟丝子缠上大豆时，要及时将其拔除，集中销毁。混有菟丝子种子的秸秆不宜做沤肥材料和饲料。菟丝子萌动和发芽初期，每667平方米用45%敌草隆可湿性粉剂0.15千克，或30%毒草安乳剂1千克，或40%燕麦敌1号0.25千克，对水喷雾，或拌细土15～25千克撒到地面。生长期间用鲁保1号，浓度每毫克水4 000万～6 000万个，雨后或傍晚喷洒，每隔7天喷1次，连喷2～3次。

2. 虫　害

大豆蚜虫

该虫主要为害叶片和嫩芽。播种时，用3%呋喃丹处理种子；发现为害时，用40%乐果2 000倍液或90%乙酰甲胺磷1 500倍液，或50%辛硫磷乳剂2 000倍液喷雾，或每667平方米用5%西维因粉1.5～2千克喷粉。

大豆红蜘蛛

当豆叶出现零星黄白斑点时，用40%乐果乳剂2 000倍液，或80%敌敌畏乳剂1 500倍液，或三氯杀螨砜600～800倍液喷洒。

豆秆黑潜蝇

该虫为害主茎、分枝及叶柄的髓部，其粪便充满髓道，呈红褐色。成虫飞翔力较差，一般在6～9时和16～18时活动最盛，成虫多集中在上部叶片飞翔。成虫无趋化性，对糖、醋、酒、发酵物无趋化性。幼虫先在叶表皮内取食，并沿主脉到叶柄、分枝及主茎蛀食髓部和木质部。其粪便排泄髓道内，初为黄褐色，后为红褐色。老熟幼虫在茎壁上咬羽化孔，并在其附近化蛹。

防治方法：越冬成虫羽化前，认真处理寄主秸秆，减少虫源。生育期，可用40%乐果，或50%杀螟松，或50%马拉硫磷，或50%辛硫磷1 000倍液喷雾，对成虫有较好的防效。成虫盛发期，每667平方米可用4%乙敌粉1～1.25千克，或2.5%溴氰菊酯（敌杀死）乳油20毫升对水50千克，隔6～7天喷1次，连续喷2～3次。

大豆造桥虫

为害大豆的造桥虫主要有银纹夜蛾、大豆小夜蛾和云纹夜蛾3种（图35），俗名透风虫、豆青虫、步曲虫。分布于我国大豆主要产区，以黄河、淮河、长江流域为害较重。幼虫将大豆叶片咬成缺刻或孔洞，致使大豆落花、落荚，籽粒不饱满。其主要虫种在田间发生3代，其混合种群形成于7月上旬、8月上旬、8月下旬至9月下旬3个为害盛期。其中以8月上旬为害最重，是防治的关键时期。成虫多昼伏夜出，有趋光性，多趋于植株茂密的田内产卵，卵多产于豆株上中部的叶片背面。

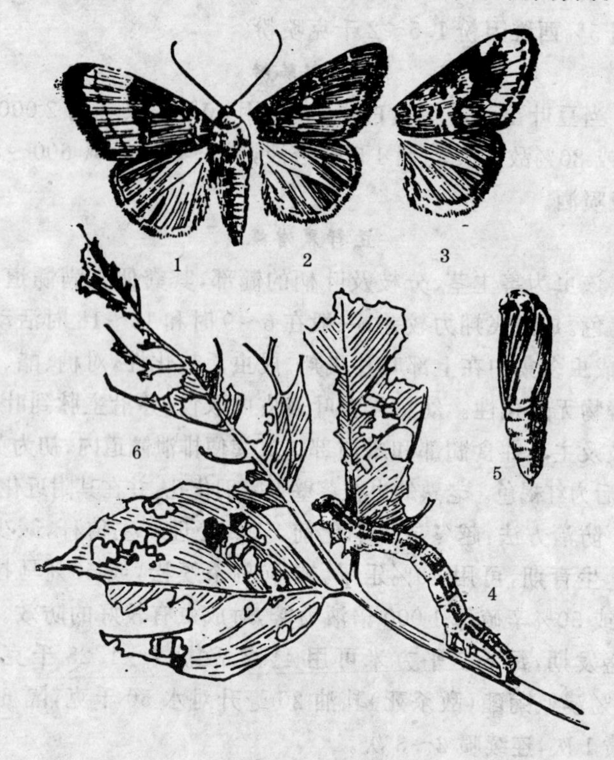

图35　大豆小夜蛾

1，2，3. 成虫的不同型　4. 幼虫　5. 蛹　6. 大豆被害状

防治方法：以百株有虫50头以上时为适宜防治期，每

667 平方米用 2.5%敌百虫粉剂，或 2%西维因粉剂 2～2.5 千克喷粉，对 3 龄以下幼虫有效；每 667 平方米用 50%杀螟松或 50%马拉硫磷 150～200 毫克超剂量喷雾，对各龄幼虫杀伤率均达 90%以上。

豆天蛾

俗称豆蛾、豆虫(图 36)。该虫除为害大豆外，还为害刺

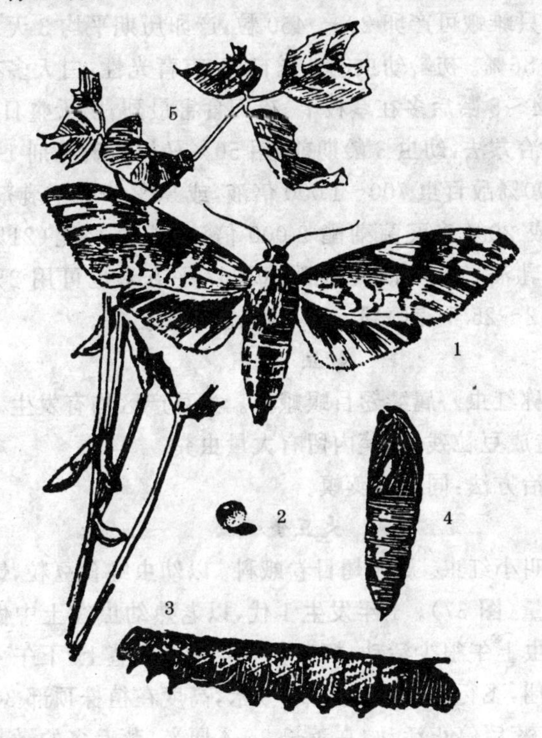

图 36 豆天蛾

1.成虫 2.卵 3.幼虫 4.蛹 5.大豆被害状

槐、绿豆和豇豆。幼虫暴食豆叶，严重时可将植株吃成光秆，使

之不能结荚。豆天蛾发生世代因地区而异，河南、山东、江苏等省1年发生1代，湖北省2代，以老熟幼虫在土中9～12厘米深处越冬，以豆田及豆田周围土堆边、田埂等向阳处为多。翌年春暖，幼虫移至土表做土室化蛹。成虫多在生长茂盛的作物茎秆上栖息，易于捕捉，受惊则飞翔。傍晚开始活动，直至黎明。有趋光性。成虫寿命7～10天，卵多产于叶背面，每叶1粒。每只雌蛾可产卵200～450粒，产卵历期平均3天。孵化率平均86%。初龄幼虫能吐丝自悬，有背光性，白天多在叶背潜伏。4～5龄后多在茎枝上，夜间食害最烈，阴天整日为害。

防治方法：幼虫3龄期前，用50%马拉硫磷乳剂1000倍液，或90%敌百虫700～1000倍液，或50%辛硫磷乳剂1000倍液，或20%杀灭菌菊酯2000倍液，或杀灭毙（21%增效氰·马乳油）3000倍液喷洒；每667平方米也可用2%西维因粉剂2～25千克喷粉。下午喷施，效果更好。

豆荚螟

俗称红虫。属鳞翅目螟蛾科。大豆产区均有发生。蛀食豆粒，造成豆粒残缺，荚内留有大量虫粪。

防治方法：同豇豆荚螟。

大豆食心虫

又叫小红虫。属鳞翅目卷蛾科。以幼虫蛀食豆粒，影响产量和质量（图37）。1年发生1代，以老熟幼虫在土中做茧越冬。成虫上午很少活动，栖息在豆叶背面或茎上，下午4时后开始飞翔，飞行距离一般为3～5米，高度在植株顶部30厘米上下，日落后停止活动。在荚长3～4厘米、荚毛多的嫩荚上产卵最多，荚毛少的产卵少。卵散产，一般每荚只产1粒，1头雌蛾产卵百余粒。初孵幼虫多从豆荚侧边蛀入荚内，幼虫一生可食害2个豆粒。幼虫在荚内经20～30天老熟。老熟幼虫于9

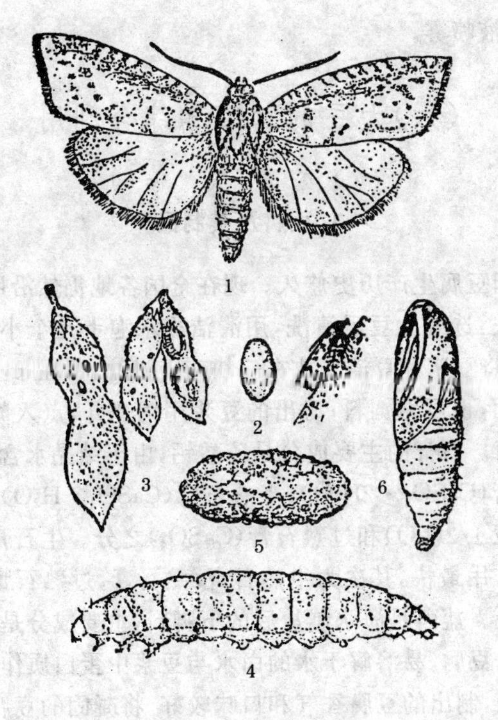

图 37 大豆食心虫

1. 成虫 2. 卵 3. 有卵豆荚及为害状 4. 幼虫 5. 茧 6. 蛹

月下旬后从荚内咬孔爬出，脱荚入土做茧越冬。翌年 7 月下旬至 8 月上旬，越冬幼虫再破茧爬至土表化蛹。

防治方法：成虫发生盛期，每 667 平方米用 80%敌敌畏 100～150 克，截取两节长的玉米秆或高粱秆，将其一端砸劈蘸药，另一端插入豆田中，每 667 平方米插 30～50 根，熏杀成虫。此方法一般可维持药效 7～10 天。成虫盛发期后 7～10 天，每 667 平方米用 2%杀螟松粉剂 2～2.5 千克，或 50%杀螟松乳油或 90%敌百虫 1 000 倍液，或 40%乐果乳剂 1 500～

2 000 倍液喷雾。

(六)大豆的加工和综合利用

1. 豆腐及其制品

我国豆腐生产历史悠久。现在全国各地仍然沿用传统的制造方法:选好大豆后清洗,用清洁冷水泡十几个小时,上石磨磨碎,将豆浆和豆渣浆放在一块布上过滤,留在布上的豆渣可以食用,也可做饲料;滤出的豆浆用锅烧开,点入凝固剂石膏或盐卤。石膏的主要成分是硫酸钙,由于结晶水含量不同,有生石膏($CaSO_4 \cdot 2H_2O$)、半熟石膏($CaSO_4 \cdot H_2O$)、熟石膏($CaSO_4 \cdot 1/2H_2O$)和过熟石膏($CaSO_4$)之分。生石膏对豆浆的凝固作用最快,其次为半熟石膏、熟石膏,过熟石膏的凝固作用最慢。盐卤是海水制盐后的下脚料,主要成分是氯化镁。用盐卤点豆腐,易溶解于水的卤水与豆浆中蛋白质作用强烈,凝固力强,制出的豆腐香气和口味较好。将凝固的豆腐放在木框中,用布包严,经 15～20 分钟凝固即为豆腐。现在除继续使用石膏或盐卤凝固豆腐外,还推广用葡萄糖酸-δ-内酯凝固剂点豆腐。葡萄糖酸-δ-内酯是一种酸化凝固剂,它的特性是不易沉淀,容易和豆浆混合。葡萄糖酸-δ-内酯溶在豆浆内会转变成葡萄糖酸,使蛋白质呈酸凝固。因此,在生产上,一般在30℃以下的豆浆中先加入葡萄糖酸-δ-内酯,再装入塑料袋或盒内,经过高温加热后,再行冷却,即成为保水性强、弹性好的豆腐。

此外,大豆还可制作豆腐脑、豆腐干、豆腐皮、腐竹、豆腐丝、酱豆腐、冻豆腐。大豆还可制作豆酱、酱油和豆豉等,大豆饼粕还可制作味精。

2. 直接食用

大豆可直接做成豆面、炒豆、炒盐豆、油炸豆食用。大豆鼓粒末期采收，加盐煮熟(盐水毛豆)，清香可口，别有风味；也可将其去壳后，取籽粒直接做成菜肴。盐水毛豆的制作方法：将毛豆剪去豆荚的两尖，洗净。锅中加水烧开，把毛豆放入，煮到半熟，加盐略翻拌，再煮，直到豆粒酥烂，即成盐水毛豆。将姜切末，放勺内用热油炸 下，放入调料，添少许汤，再倒入大豆。大豆煮熟后，用旺火浓缩汤汁，再用淀粉勾芡，滴上香油，出锅即成香辣豆，味辣鲜香，是下酒的佳肴。豆芽是我国普遍食用的一种蔬菜。有长短两种，短的芽长 1～2 厘米，长的一般芽长 5～6 厘米。豆芽含有丰富的维生素，营养丰富。

3. 豆　浆

精选大豆，浸泡后，经磨碎、过滤、煮熟即成豆浆。豆浆中含有较高的蛋白质，不含胆固醇，所含多种氨基酸与人奶较接近，是一种易于消化的植物性完全蛋白，有很高的营养价值。豆浆是碱性食品，对肉、米、面粉等酸性食品有中和作用，糖尿病人和过于肥胖者常食用有好处；对预防老年病，促进幼儿大脑皮层质等中枢神经组织的发育及促进儿童牙齿蛋白质组织的生成等具有明显效果。

4. 维 他 奶

维他奶又叫强化奶、维他豆奶，是一种高级营养饮料。我国浙江等地有批量生产。其制作方法是：取浓豆浆 80％，加入 20％新鲜牛奶，蒸煮消毒杀菌，温度稍降后加入微量维生素和香料，装瓶或包装袋内即为成品。也可按人体需要，加入少量微量元素或滋补品。这种食品，可起到植物性蛋白和动物性蛋白的互补作用，从而提高蛋白质的吸收和利用率。也可将豆奶浓缩加工干燥成晶或粉，称维他奶粉（晶）。

5. 豆腐乳

豆腐乳风味独特，营养丰富，由于形状和配料之不同，品种较多，如添加红曲的称红腐乳、酱豆腐、酱乳腐，简称红方；添加糟米的称糟豆腐乳，简称糟方；添加黄酒的简称醉方；添加火腿的称火腿豆腐乳；还有不添加曲料，成熟后具有刺激食欲的臭气，表面呈青色的称为青方，俗称臭豆腐乳。

豆腐乳的制作方法：将压好的豆腐划成小块即成腐乳坯，在前期发酵中利用空气中遗留的毛霉或根霉，在豆腐乳坯上培养霉或毛霉，使菌丝生长繁殖于表面，形成一层韧而细密的皮膜；再行后发酵，将经过前期发酵长出皮膜的毛坯用盐腌，再根据不同品种的要求配料，将腐乳坯连同配料一起装入坛中，加盖，用碎草泥封口，贮藏发酵成熟。

6. 豆　酱

豆酱的制作分为制曲和制酱两个步骤。制曲的工艺流程如下：

水（→浸泡）　水（→蒸熟）　种曲（→接种）

大豆→洗净→浸泡→蒸熟→冷却→混合→接种

→厚层通风→培养→大豆曲

（中料 3.951 号曲霉，沪酿 3.042 曲霉）

将大豆用清水洗净，除去夹杂物，加入缸或桶内浸泡。至表面无皱纹，豆内无白心，用手指轻揉能破成两瓣时，放入锅中煮，或放入蒸桶、蒸锅中通入蒸汽常压蒸豆，维持2小时，焖2小时，至大豆全部熟透酥软，保持整粒不烂时出锅。送入曲池（或曲箱）内摊平，加入相当于大豆重量40%的面粉，并用耙翻动，通风冷却到40℃，接入0.3%种曲，保持23℃左右，堆积升温。待温度升至36℃～37℃，再通风降温至32℃，促使菌丝迅速生长。至豆粒表面有大量黄绿色孢子出现时，曲即制成。

制酱发酵方法很多，以固态低盐发酵法为好。将大豆曲倒入发酵容器内，稍压实，当温度升至40℃左右，再将145波美度的盐水加热到60℃～65℃加入面层。每100千克大豆曲加水90千克，使其全部渗入曲内，上面加封面盖好。大豆曲加热盐水后，醅温即能达到45℃左右，维持此温度10天，酱醅成熟。发酵完毕，补加24波美度盐水（每100千克大豆加曲40千克）和细盐10千克，拌匀，再发酵4～5天即成。

7. 豆　豉

是利用毛霉、曲霉、根霉或细菌的蛋白酶的作用，分解大豆蛋白质，达到一定程度后加盐和酒抑制酶活力，延缓发酵过程，让熟豆的一部分蛋白质和分解产物，在特定条件下保存下来，形成具有特殊风味的发酵食品，称为“豉”。我国豆豉多产于四川、湖南、江西等省，品种繁多，如米霉霉干豆豉、米曲霉水豆豉、西瓜豆豉、毛霉豆豉、细菌豆豉、湖南辣豆豉、潼川豆豉、永川豆豉、临沂八宝豆豉、浏阳豆豉、广东阳江姜豉、广西黄姚豆豉等。

豆豉为黑褐色，油润光泽，颗粒完整，松散，有酱香、醇香味，味道鲜美，回甜。例如，北京豆豉是豆瓣状的，较湿润，味咸醇香；四川潼川豆豉用黑豆做原料，加以五香粉等辅料，别具风味；河南开封西瓜豆豉，继承了祖先的瓜豉法，使豆豉锦上添花；而福建豆豉则以汁沁人，豉汁幽香，扬名中外。

8. 豆　油

豆油属半干性油，是一种良好的植物油，也是我国人民主要的食用油之一。豆油含大量不饱和脂肪酸，可以降低胆固醇，对高血压、心血管疾病有辅助疗效。豆油中含的磷脂，有利于神经系统的发育。豆油沉积物中含有大量的卵磷脂，在糖果食品工业、医药、造纸和制革方面广为应用。豆油经过加工，可制成致酥油和人造奶油。经加工成甘油后，可制火药，又是医药、造纸的原料。豆油与桐油或亚麻油混合，制成的油漆，有韧性，适于室外油漆之用。用大豆油为原料制成的汽车喷漆，质地优良，色彩天然，不被日光氧化。

9. 大豆在饲料上的应用

大豆的籽粒及其加工的副产品，是家畜良好的精饲料；大豆秸秆、荚壳、叶等是具有营养价值的粗饲料；豆粕是优良的精饲料。

10. 大豆在医药上的用途

大豆含有丰富的钙、磷，对小儿佝偻病及患骨质脱钙的老年人有预防作用。大豆中的皂角甙能吸收胆酸，并使之随粪便排出体外。胆酸的消耗，促使胆固醇的分解补充，从而减少胆固醇的沉积。大豆可以“长肌肤，益颜色，填骨髓，加气力，充虚能食”。黑皮大豆可加工成大豆卷、黑豆衣等，能调中下气，利水解毒。大豆卷可解表解热。黑豆衣(黑豆的种皮)可用做滋养止汗药。黑豆可治疗水痢不止、腹中痞硬、肝虚目眩、迎风下泪、死胎不下、闭经、鱼鳞癣等病。豆油加工后可用做掺合剂、静脉注射的乳化剂和营养增补剂,对肝硬化、慢性肝炎、肾脏病、糖尿病和风湿性心脏病均有一定疗效。

11. 大豆蛋白的开发

新大豆食品一般指用大豆榨油后的豆粕即脱脂大豆加工的食品,以及近年来新研制出来的全脂大豆食品。分离大豆蛋白,在美国、日本及其他一些国家越来越多地用于各种食品中。目前我国生产的大豆蛋白制品,主要有组织蛋白、浓缩蛋白、分离蛋白和大豆蛋白粉等,以及用大豆蛋白原料加工的大豆蛋白饮料、肉制品、面包、糕点和糖果等,此外,还生产出适应婴幼儿、老年人和不同需要的各种强化食品。大豆蛋白食品无论从品种上或产量上,都远难满足需要。因此,开发大豆蛋白,丰富人民饮食生活,是一项很有发展前途的工作。

12. 大豆制品中豆腥味的去除方法

用原料大豆磨成的浆、豆粉和豆糁等第一代产品中有严重的豆腥味,浓缩蛋白的豆腥味虽比第一代产品轻,但仍有一定的气味。一般认为,豆腥味是由大豆中的脂肪氧化酶引起的,而且在大豆生长过程中就已形成。在接近大豆表皮的子叶中,存在许多脂肪氧化酶,在粉碎等加工过程中,使大豆中的油脂氧化,产生有味物质。在豆乳中只要混入1‰的油脂氧化物,就会产生豆腥味。美国康奈尔大学对大豆腥味成分所做的研究,发现豆乳挥发物中包括80多种成分,其中有31种与豆腥味有关。生大豆中醇类,特别是正己醇浓度很高,这是产生腥味的主要成分。去除豆腥味有四大方法：一是物理方法，即通过物理处理或溶剂处理的方法去掉腥味；二是化学方法，即通过使用过氧化氢、亚硫酸系还原剂、肼系还原剂进行处理；三是添加砂糖、酸等香味剂进行遮掩；四是分离蛋白的方法，即在大豆或脱脂大豆的水浸出液中，添加酸或钙盐，分离出大豆球蛋白，而气味成分留在上澄液中，利用这种方法可加工出蛋白纯度高达95%的脱臭大豆蛋白。